艺术空间：
Art Space
艺术和艺术家对建筑学的贡献
The Contribution of Art and Artists to Architecture Vol. I

（上卷）

[希腊]安东尼·C. 安东尼亚德斯　著

Anthony C. Antoniades

张成龙　刘　姝　译

金　龙　校

U0285699

中国建筑工业出版社

著作权合同登记图字：01-2016-0720号

图书在版编目（CIP）数据

艺术空间：艺术和艺术家对建筑学的贡献．上卷 /
（希）安东尼·C. 安东尼亚德斯著；张成龙，刘姝译．—
北京：中国建筑工业出版社，2021.7
（希腊建筑师思想集）
书名原文：ART SPACE：The Contribution of Art
and Artists to Architecture Vol. I
ISBN 978-7-112-25531-3

Ⅰ. ①艺…　Ⅱ. ①安…②张…③刘…　Ⅲ. ①建筑艺
术—文集　Ⅳ. ① TU-8

中国版本图书馆 CIP 数据核字（2020）第 185856 号

Art Space: The Contribution of Art and Artists to Architecture Volume ONE
Copyrights © 1996 Anthony C. Antoniades
Chinese Simplified translation rights ©2020 China Architecture Publishing & Media Co., Ltd.
c/o Vantage Copyright Agency of China
All rights reserved

责任编辑：戚琳琳　董苏华　　文字编辑：吴　尘　　责任校对：王　烨

希腊建筑师思想集
艺术空间：
Art Space
艺术和艺术家对建筑学的贡献
The Contribution of Art and Artists to Architecture Vol. I
（上卷）
[希腊]安东尼·C. 安东尼亚德斯　著
Anthony C. Antoniades
张成龙　刘　姝　译
金　龙　校

*

中国建筑工业出版社出版、发行（北京海淀三里河路9号）
各地新华书店、建筑书店经销
北京点击世代文化传媒有限公司制版
北京中科印刷有限公司印刷

*

开本：880毫米×1230毫米　1/32　印张：9⅛　字数：362千字
2021年7月第一版　2021年7月第一次印刷
定价：46.00元
ISBN 978-7-112-25531-3
（36454）

本书献给：

索菲娅（SOPHIA）

简·艾布拉姆斯（JANE ABRAMS）

罗伯特·沃尔特斯（ROBERT WALTERS）

巴特·普林斯（BART PRINCE）

帕夫林娜（PAVLINA）

克里斯托（CRYSTAL）

米凯拉（MICHAELA）

以及，

娜塔莎（NATASSA）和共同研究"艺术与建筑学"课题的同事们。

目 录

勒·柯布西耶作品——朗香教堂细部（笔者拍摄）

艺术空间：
艺术和艺术家对建筑学的贡献

图中文字：雅典卫城的帕提农神庙，由政治家伯里克利（Pericles）的挚友、艺术家和雕刻家菲迪亚斯（Pheidias）主持设计和建造。参与设计的有伊克提诺斯（Iktinos）、卡利克拉特（Kallikrates）、利西克拉特（Lysicrates）等建筑师

[引自《伯里克利生平》（*Life of Perikles*），第 35 页]

笔者工作照，背景为帕提农神庙，电脑中是笔者的网站中，讨论艺术家与艺术的文章

绪 言

关于本书的写作和研究动机，笔者极力想回避个人兴趣方面的因素。同时又感到言不由衷，因为"个性空间"中的无穷魅力，一直令我痴迷不已。作为一名建筑师，我对建筑空间有自己的观念，且养成了独特的空间感知力。包括空间中的宁静感、音质和色彩性格、空间肌理和气味特征等，以及内部空间所形成的独特氛围！记忆中，学生们制作的那些大尺度模型仍然浮现在眼前，自然光线中模型内部空间的勃勃生机也仍然令人感动。一方面，通过共同参与空间的创造过程，师生分享实物成果，笔者发现空间内的崇高品质，不仅让人产生惊喜，还产生无限敬畏感。另一方面，笔者曾亲临世界各地考察建筑，而那些经典空间在脑海中留下深刻印象。其中，包括希腊爱琴海圣托里尼岛上那些充满诗意、无法用语言形容的地下空间，还有新墨西哥州神秘的土坯传统住宅，以及具有神圣、肃穆感的日本建筑，等等。这些空间形态截然不同，建造方法也各具特色。

此外，还有一些专业杂志中介绍的一些建筑案例，尽管笔者未能亲身体验，但是通过对内部空间细节、材料和形态等方面的了解，有时会令人产生情愿亲自设计的想法。还有一些经典空间案例，会令人耳目一新，同时也令人感到一丝遗憾，因为此生无法遇到类似项目以施展自己的创作才华。

笔者经常回味一生中所曾经历的那些建筑空间，并时常产生体验式幻觉。其中包括20世纪60年代中期在纽约公寓底层居住的阴暗的房间，其中裸露着锈渍斑斑的金属材料；那些伦敦的地下室空间，以及20世纪70年代在新墨西哥州居住的第一个具有"人性"的居所。笔者还曾在得克萨斯州居住过两套并联式住宅，其中一套用作工作场所，另一套作为生活空间。最终，笔者在希腊海德拉的一套多层私人住宅内定居，该住宅内设有许多台阶，内部存放着大量彩色玻璃和树脂玻璃画像砖，而且到处都是堆放着的画布。

笔者最早租用的两个建筑空间，内部环境非常混乱、无序，与理想中的空间特征形成了强烈反差。在那里，舒适和不舒适感同时存在，并令人产生许多烦恼。这些空间内总是有些地方令人感到不对劲，似乎总需要进行修改。在得克萨斯州的并联式住宅中，个人的"建筑空间"——即起初作为会客场所的"办公室"内的床铺上，堆满了画布，桌椅表面粘满油漆和颜料，室内还摆放着录音机、电视机，以及各种海报和文选资料。与相邻的生活兼工作室空间相比，两种环境截然不同，简直像是另一个人在使用着的空间。一旦产生灵感，我会在"办公室"内借助三脚架和遥控等装置，自动摄录整个创作过程，这种氛围难以言表。然而，在拍摄

左上、中：得克萨斯州阿灵顿克尔比街 217-219 号住宅室内氛围
右上：海德拉岛住宅中的台阶和彩绘玻璃砖；下：树脂玻璃画像砖
（图片由笔者提供）

建筑实物时，我却从未感到任何诗情画意。在笔者记忆当中，似乎所有摄影师拍摄的"完美建筑"都未表现出类似意境，无论建筑作品出自哪位建筑师之手，或者是属于何时期的风格。同时，笔者发现用相机拍摄所得到的模型、绘画和建筑作品的图像总是令人感到不够完美，似乎存在某些缺憾，包括感染力方面。而即使是发表在建筑杂志上的图片，类似"缺憾"也同样存在。

因此，笔者在 20 世纪 90 年代初进行了反躬自问，思考了到底在哪方面能够体现出自己的创造力。是体现在建筑设计方面？还是在学术成果以及研究写作方面？最终，笔者意识到，自己在绘画、摄影，以及相关视觉艺术方面的广泛兴趣，似乎属于自我放松的方式，或者说是个人爱好。毕竟，我终究是一名"建筑师"，而非纯粹的"艺术家"。

然而，笔者进一步思考道，在得克萨斯州的并联式住宅中，我在"艺术性"方面是否又是超越了我在"业务性"的范畴呢？通过这些思考，笔者恍然醒悟，认识到在个人空间内之所以布满绘画作品和草图、模型，完全是自己快乐情感之使然。

左：笔者在雅典国立理工大学拉扎罗斯·拉米尔斯（Lazaros Lameras）雕塑工作室，1961-1962 年；
中：笔者在户外写生，在新墨西哥州阿尔布开克市瓦萨街和普林斯顿街（20 世纪 60 年代末）；
右：笔者自画像，于得克萨斯州（20 世纪 80 年代早期绘制）
（ACA 档案）

导　言

　　笔者坚信，艺术家若不具有最卓越的创造力，那么又有谁能拥有呢？此外笔者还思考了一个问题：在艺术家的私人空间内，是否存在某种因素，对他们的创造力产生了影响？虽然这是毋庸置疑的，但却仍促使我对"艺术空间"进行了更加深入的研究。

　　本书主要研究那些孕育"艺术"的空间形态，并且是以艺术家的角度来对"空间"进行审视。研究聚焦艺术家的生活和工作场所，并从中总结出艺术家关于空间的态度和理念。

　　同时，也希望能通过那些孕育艺术家们"艺术创造力"的空间案例，得到一些启迪和线索，可以对我们提升空间塑造能力产生帮助。

　　本书将重点研究那些著名艺术家的住宅和工作室，包括他们为此所付出的不懈努力。也如我们将要发现的，在许多案例中这些付出都蕴含抽象性的、甚至是涉及艺术家逝后范畴的意义，而这些也将体现出他们一生的奋斗经历。有些艺术家去世之后，其住宅被改造成博物馆，在某种程度上也是实现了他们生前的意愿。无论是基于何种原因，这类曾经孕育出艺术家生前"艺术个性"和创造力的博物馆空间，也将在他们去世后成为永久的精神家园。显然，"艺术空间"汇集了三方面功能，也体现了艺术家在世时的使用功能，他们逝后的意愿，同时也将成为永久的纪念性场所。

　　因此，"艺术空间"的主题所针对的不仅仅是那些艺术家曾经工作和生活的空间，同时还涉及这些空间环境对建筑学所产生的跨界影响。在本书序言部分以及各章节当中，所提及或后续介绍的"艺术空间"，都将显示出某种独特的空间理念和个性的生活方式。相信到 20 世纪末，这种理念和生活方式终将普及到全球各地，并对人类的创造力产生激励作用。

　　本书对"艺术空间"的主题通过若干层面进行了研究，除了涉及历史和环境心理学层面，还包含建筑设计范畴，以及室内外设计、建筑色彩、建筑教育等方面。本书开篇从文艺复兴时期起步，研究内容一直延续到当今时代，涉及许多代表性艺术家案例，从拉斐尔到毕加索。而建筑与艺术之间的二元关联性也将一直作为研究的中心，通过重点概述与环境心理学、生活方式，以及与艺术家创作过程和创造个性相关的问题来加以阐述。而有资格进入研究视野的建筑师，则需要达到视觉艺术家的水准，例如勒·柯布西耶、阿尔瓦·阿尔托以及胡安·奥戈尔曼（Juan O'Gorman）等人，他们的案例都颇具代表性意义。

通过各种调查研究，本书将会得出：艺术家在建筑空间理念的演变过程中，发挥着先锋性的作用，许多艺术家的创新理念后来都由建筑师加以深入发展，从而对建筑理论和建筑学的整体演变作出了巨大贡献。这一结论相当于本书主题研究的附加成果，并也将被载入史册。基于这本书的基础性研究结果，笔者将提出一些至今为止都未曾得到建筑理论界关注的观点，例如："开放式空间"（Open Plan）形态可能是通过"艺术性"理念，由"画廊作品"和"艺术空间"演变而来。此外，在勒·柯布西耶提出某些开放式空间的方案之前，就有许多艺术家早已在探寻生活和工作场所的过程中对此类空间进行了探索和尝试。在持续研究过程中，笔者对**单间公寓**（Studio Apartment）这种目前尤其是在年轻群体中受到人们普遍欢迎的建筑类型的演变进行了调研并发现，在单间公寓的演变过程中，艺术家和开发商们发挥了巨大作用，他们曾努力在城市中为艺术家提供适宜的居住和工作场所。而在所有的这些"艺术空间"当中，要属巴黎和纽约的"艺术空间"，最为根本。类似的"贡献"，还包括艺术家关于在建筑和空间氛围中色彩运用的理念。早在文艺复兴时期开始，艺术家在色彩方面就对建筑师产生了极大的影响。而近代的影响，最早始于维米尔（Vermeer）的创作，日本艺术对荷兰建筑师的影响，以及梵·高和蒙德里安的贡献。《艺术空间》研究的另一个附加成果，在于发现了人类对空间的鉴赏力与"**生命阶段性需求**"之间的密切联系。这是这一命题首次出现在建筑学研究范畴。笔者相信，如果通过科学和心理学方面的充分研究论证，这一领域不仅能产生大量对建筑师有益的信息，甚至可能在建筑学领域引发变革与创新，从而使建筑在物质、心理和精神层面上更加适应人类的需求。最后，笔者感悟到艺术运动的重要性，特别是那些具有精神意义的运动，它们对艺术和建筑学领域均产生了重大影响。受《艺术与建筑中异教崇拜现象和神秘主义倾向》（*Cult and the Occult in Art and Architecture*）一文的鼓舞，笔者将揭示几位著名艺术家对这些运动的贡献。而也在这些精神运动的影响下，这些艺术家所展现出的私人空间，也在后来对建筑领域产生了长远的影响，并在20世纪持续了很长一段时间。研究发现，神智学（Theosophic）与神秘论（Anthroposophic）的色彩观念、理论以及关于个性的态度，对蒙德里安以及其他许多艺术家塑造其"艺术空间"与相关理念产生了显著影响。后来，这些艺术家又对整个20世纪的许多建筑师在环境设计的实践方面产生了影响。

在研究过程中，笔者调研了那些聘请建筑师建造私宅的艺术家、在建筑方面颇有建树的艺术家，以及那些在建造自宅过程中扮演建筑师角色的艺术家们的经历，而他们的经验也得以由此传承、发展。在调研过程中，笔者特别关注了那些具有独特建筑学理念的艺术家，在理论和实践方面，他们与建筑师毫无区别。面对他们的贡献，笔者作为一名建筑师感到十分敬佩。同时，笔者坚信，如德拉克鲁瓦（Delacroix）这样曾对建筑学作出过巨大贡献的艺术家，应当受到人们的关注。然而，以往的建筑学理论和主流史学研究却很少提及德拉克鲁瓦的名字，他的建筑观念更是无人问津。因此，笔者决定摘录一些德拉克鲁瓦关于建筑的论述，以唤起人们对这位艺术巨匠的关注。

对建筑学作出杰出贡献的艺术家当中，还包括亨利·马蒂斯（Henri Matisse）、巴纳特·纽曼（Barnett Newman）、古斯塔夫·库尔贝（Gustave Courbet）、塞尚等人。其中，只有塞尚对建筑师的根本影响得到了建筑学界的认可。

关于研究对象，笔者限定为画家和雕刻家，但未将目前在世艺术家的"艺术空间"纳入研究范畴。

本书分为三部分，研究从实体形态入手，再到心理学范畴，最终以空间的精神意义为总结。

本书主要的研究资料出自可查阅的艺术家传记和有关艺术家住宅和工作室的资料、介绍艺术家作品的著作和出版物，以及关于艺术家生活方式的相关信息及其他。此外，笔者从艺术期刊和相关资料中也获得了大量信息，且酌情吸纳了建筑文献和期刊中的内容。同时，对书中涉及的位于美国和欧洲艺术家的住宅或工作室，笔者也都尽最大努力亲临现场考察，从位于威尼斯的丁托列托府邸（Titian）和提香住宅（Tintoretto），到位于新墨西哥州阿比丘（Abiquiu）的乔治娅·奥基夫（Georgia O'Keeffe）的土坯住宅。在考察过程中，笔者都会用极快的速度绘出建筑草图尤其是在遇到之前未在建筑出版物中介绍过的案例时。这些草图都作为原始成果，代表本书研究的贡献。笔者也希望，今后能有更多人参与到这一重要主题的研究行列当中，并可以进行深度的研究和测绘等工作。

这是一个异常艰难的研究课题，不仅涉及许多国家和地区，而且在搜集相关信息和视觉资料过程中也困难重重。本书同时涉及"艺术"和"建筑学"两方面的话题，明确地记录了艺术家对建筑师所产生的有益影响，以及在艺术和建筑领域的先锋人物之间所产生的特殊矛盾。本书各章节的展开内容中，始终涉及这些方面，并在结论部分通过分析评论的方式加以概括。而在20世纪之末，笔者也在本书的结尾部分对处于时代前沿的"艺术空间"进行了一次深入思考。这方面的努力，最初是为了表达笔者自身的敬意，并呼吁人们关注艺术家的空间理念，以及由他们创造、并在后来得到建筑师认可的空间类型。而在这些空间当中直到如今，仍有许多是建筑学研究和理论界尚未涉及内容。笔者坚定地认为，在世纪之交，我们应当消除疑惑和误解，昂首迈向未来。

本书凝聚着许多人的爱与奉献，在此，我感谢所有那些给予我支持的人们，同时，或许有些戏谑地，也感谢那些拒绝帮助的人们。由于课题性质的原因，研究过程中经常需要现场调研。然而，许多场所很难获得进入许可，例如某些自己更换功能，或者是所有者的房产，以及那些被改建成博物馆的建筑。在这些场合中，涉及已故艺术家和当前使用者相关信息的调研或访谈内容会遭到许多曾经相关内容研究者的刁难和质疑。而对于遭到拒绝或被回避的问题，也只能另辟蹊径，通过现场采访其他人员或访谈与艺术家熟悉的邻居加以解决。或许通过这种方式得到的信息，会比房屋目前主人所提供的更加丰富。因此，作为一位研究者，我对所有人报以感激之情。在此，笔者由衷地感谢那位认识贾科梅蒂（Giacometti）并多次见过艺术家本人的老夫人，她曾热情地与我讨论了这位艺术家的情况；还要感谢几位博物馆的门卫，是他们引导我们到那些住宅或工作室的某个"不向公众开放"的角落，以及那些博物馆负责人先前并未答复我申请的那些房间，使我得以去完成我的那些速写。这些人都具有同情心和无私品德，且对笔者的研究提供了莫大的帮助。为了表达感激之情，笔者将他们的姓名列入后面的致谢名单。

致　谢

安东尼·C.安东尼亚德斯："纽约"（细部）
新墨西哥州，"圣菲博物馆艺术双年展"参展
作品（1971年）
（图片由笔者提供）

在这份致谢名单中，笔者记录了全球各地形形色色的人物，他们和所有那些我有幸能与他们产生交集的人们一样，而这幅题为"纽约"的画作（见上图），便是笔者对这些人物描绘的尝试，尽管目前作品还是处于未完成阶段，仍在不断地添加新的人物。名单中，那些曾阅读过本书的最初手稿，并提出全面反馈意见的朋友，笔者将他们的名字用粗体字加以展示；那些阅读过本书部分章节的人，其中有些是期刊编辑，曾将本书某些章节内容介绍在杂志上发表，还有一些友情提供图片资料的摄影师，他们的名字被加上下划线来表示。还有其他对研究工作做出贡献的人们，他们或是向笔者反馈了相关意见，或是提供了咨询服务，或者是授权笔者引用他们的研究成果，等等。以下是致谢人员名单：

画家吉恩·特纳（Gene Turner）教授，艺术史学家让·特纳（Jean Turner）女士，画家简·艾布拉姆斯(Jane Abrams)教授，艺术史学家鲁特格尔·提吉斯（Rutger Tijs）博士，普拉多博物馆（The Prado Museum）馆长、艺术史学家阿方索·E.桑切斯（Alfonso E.Pérez Sánchez）博士，《建筑与都市》（A+U）期刊编辑中村敏男（Toshio Nakamura）先生，《建筑》（*L'arquitettura*）杂志编辑布鲁诺·赛维（Bruno Zevi）博士，**建筑史学家、评论家兼编辑、阿尔瓦·阿尔托传记作者约兰·希尔特（Goran Schildt）博士**，普拉特学院教授、画家艾伦·韦克斯勒（Allan Wexler）先生，"威廉·莫里斯红屋"修复者和现主人爱德华·霍兰比（Edward Hollamby，他曾获大英帝国官佐勋章，还是英国皇家建筑师学会会员），达芙·布尔代勒（Duffet Bourdelle）夫人，雕塑家卡捷琳娜·查莱帕·凯撒图（Katerina Chalepa-Katsatou，希腊文化部建筑师洛丹尼斯·迪玛库波洛斯（lordanis Dimakopoulos）博士，建筑师里卡多·莱戈雷塔（Ricardo Legorreta，2000年获AIA金奖），建筑师查斯·格瓦西梅（Charles Gwathmey），"俄克拉何马城艺术画廊"经理克里斯托·蔡·安德森（Crystal Cai Anderson）先生，已故的坦尼安雕塑家、雅典国立理工大学拉扎罗斯·拉莫拉斯（Lazaros Lameras）教授，建筑师米尔托斯·帕帕季米特洛珀罗斯（Miltos Papadimitropoulos）先生，建筑师斯皮罗斯·斯皮罗普洛斯（Spyros Spyropoulos）先生，建筑师艾莱妮·科斯蒂察（Eleni Kostica）女士，建筑师兼编辑娜塔莎·特里维扎（Natassa Triviza）女士（她是《A3建筑师》杂志最后三位编辑之一），建筑史学家迈克尔·亚德利（Michael Yardley）教授，建筑史学家杰伊·亨利（Jay Henry）博士，尼古拉·乔列瓦斯（Nicholas Cholevas）教授，建筑师、建筑史学家玛利亚·阿斯普拉（Maria Aspra）教授，雕塑家、艺术史学家阿格蕾伊·利伯拉奇（Aglae Liberaki）女士，建筑师梅林达·尼诺·德·里维拉（Melinda Nino de Rivera）女士，艺术史学家凯·辛普森（Kay Simpson）女士，艺术家基思·阿伯特（Keith Abbot）先生，哥伦比亚大学建筑师及管理员帕梅拉·杰罗姆（Pamela Jerome）教授，"ACE画廊""利奥卡斯特利画廊"（Leo Castelli Gallery）、"马尔伯画廊"（Marlborough Gallery）负责人道格拉斯·克里斯马斯（Douglas Chrismas）先生，"迪亚艺术中心"（Dia Center for the Arts）的海蒂·费特纳（Heidi Fichtner），"303画廊"（303 Gallery）档案管理员克里斯托弗·戈登（Christopher Gordon），雕塑家沃尔特·德玛丽亚（Walter De Maria），博恩莱文建筑师事务所（Bone / Levine Architects），建筑师理查德·格鲁克曼（Richard Gluckman）和尤格斯·N.扬诺利里（Yorgos N.Yannoulellis）先生，《世界的建筑》（*The World of Building*）期刊编辑安东尼·普立兹（Antonis Poulides）先生。芬兰赫尔辛基建筑师学会的于尔基·塔沙（Jyrki Tasa）教授和名誉会员伊莫·瓦拉卡（Iimo Vajakka）教授，建筑师萨瓦斯·奇林内斯（Savas Tsilenis）先生；还有笔者在"拉胡石居"（La Ruche）遇见的一位来自希腊伊兹密尔（Izmir）的雕塑家（我没有记下他的名字），得克萨斯大学阿灵顿分校（UTA）建筑与艺术图书馆馆长鲍勃·甘布尔（Bob Gamble），以及该学院的米奇·斯捷潘诺维奇（Mitch Stepanovich）先生，得克萨斯州马尔法镇（Marfa）"Chinati基金会"（China ti Foundation）宣传总监尼克·特里（Nick Terry）先生，马尔法镇的凯瑟琳·科达蕾丝（Katherine Kordaris）女士；还有新墨西哥州《真理的后果》（*Truth of Consequences*）杂志的索菲亚（Sophia）和尼古拉斯·佩伦（Nicholas Peron），得克萨斯州达拉斯市的柯蒂斯·牛顿（Curtis Newton）先生，洛杉矶建筑师扬·莱皮科夫斯基（Jan Lepicovsky），建筑师兼出版商瓦西利斯·米斯特里奥蒂斯（Vassilis Mistriotis）先生（他为笔者拍摄了本书序言题页那幅以帕提农神庙为背景的精彩照片）。还要感谢埃弗里图书馆（Avery Library）的珍藏书籍管理员，并感谢巴黎布德尔博物馆（The Bourdelle museum）、巴黎罗杰·维奥莱档案馆（Roger Viollet archive）、维也纳国立博物馆，以及维也纳国家图书馆的鼎力支持。特别感谢来自新迦南（New Canaan）的建筑师维克托·F. 克里斯特－雅内尔（Victor F. Christ-Janer），他是我20世纪60年代在哥伦比亚大学学习期间的教授，我想我欠他一个人情，当然也要感谢我在哥伦比亚大学的同学维克托·查韦斯·奥坎普（Victor Chavez O'Campo），还有笔者在得克萨斯州从事教学工作期间的学生加布里埃尔·阿拉特里斯特（Gabriel Alatriste）。他们不仅对我早期在墨西哥开始领悟艺术与建筑相关的问题产生了极大影响，而且给予了我很多帮助。我也认为，自己的某些研究成果，某种程度上与所有影响因素密切相关。

注释（2006 年 11 月）

早在若干年前我就完成了本书的写作和相关研究工作，当时也感受到了"20世纪即将结束"的巨大压力。在此，我觉得我不应当在此序言中更改我写作的日期。

过去的十年间，我一直在祖国希腊的海德拉岛（Hydra）上生活。与我许多成果的命运相类似，直到印刷出版之前，本书的手稿也一直被搁置多年。有些人认为本书的基本命题存在很大争议性，有些颇有名气的编辑甚至向我表白道："这本书一旦出版，那么20世纪的全部建筑历史很可能会面临改写的问题。"笔者当然明白其中的原因，而且清楚无人能够提供更好的反馈意见。另外，有些人认为"该书会因昂贵的费用而难以出版"，还有人以笔者是一位建筑师为由，拒绝出版这本与艺术相关的著作。当然，这些仅仅是笔者个人的境遇。艺术一直与岁月同步发展，笔者也终能证实自己的某些预测和见解。"艺术空间"如今已是一个在全球范围内不争的事实。笔者从接触到的许多领域观察到，事实上艺术空间在希腊已经取得显著发展。尽管从未得到认可，但笔者仍暗自努力且也已经在希腊和国外期刊零星发表了一些相关文章，也最终建立学术根基。不过这就是发表学术成果的艰难现状。

笔者曾考虑是否需要在本书中更新部分有关希腊甚至海德拉岛的"艺术动态"和"艺术空间"方面的内容。但经过再三思索后，还是认为不改动为好。最终决定保持本书最初形态的清新与真实，就如同它首次出版后的那样。如果通过改写加入本地案例，可能给人以类似"赞美性论著"的感觉，从而失去本书的初心。因为笔者主张并相信，无论"艺术空间"今后在全球范围内如何发展，其起源都会追溯到40年之前。且无论当今在希腊或其他地方创造出何种"艺术空间"，都不应当阻止对真理的传播，以及对所有贡献给予客观的评价和认可。

在笔者的电脑中，保存着许多在过去十年中被创造出来的"艺术空间"案例，无论是源自希腊本土还是其他各地，这些资料或许能够为后来的研究者提供参考。

关于本书内容使用权限和版权说明

　　本书原始手稿于 1995 年保存在 UTA 大学建筑图书馆，除了供选修笔者建筑理论课程的学生阅览外，也面向四年级以及研究生课程的学生。本书呈现的所有信息皆为笔者多年的研究和写作成果，且全部是个人自费完成。书中来自档案馆或通过其他渠道授权使用的资料，也都是通过自付费取得（有时为了核实一张照片信息或者某位艺术家的情况，笔者甚至发出 20 余封信件）。

　　本书资料仅供教学及学术和理念方面的信息交流使用。同时，欢迎使用属于笔者个人的信息图片，同时也仅限于教学使用。如有商业用途需要，欢迎事先联系以获得许可。

　　本书第一版，名为《挤压葡萄》(*Press the Grape*)，由作者个人出资印刷，并无偿赠阅。

　　谢谢！

安东尼·C. 安东尼亚德斯，美国建筑师协会及美国注册规划师学会会员
建筑师—规划师
得克萨斯大学建筑学院　前教授
地址：邮政信箱 46 号
海德拉岛—18040
希腊，e-mail：aantonia@otenet.gr
网址：http://www.acaarchitectune.com

1

艺术空间：
艺术和艺术家对建筑学的贡献

非凡的传统

位于曼托瓦（Mantua）的安德烈亚·曼特尼亚（Andrea Mantegna）住宅内庭院
（照片由笔者提供）

第1章　非凡的传统

文艺复兴：艺术家的社会流动性

艺术家普遍给人留下贫困潦倒的印象。皮特·蒙德里安（Piet Mondrian）曾经表示，他终生未婚的原因就是由于自己太过贫穷；毕加索年轻时代的生活也是入不敷出，他曾和诗人马克思·雅各布（Max Jacob）同住一个房间，他甚至需要编排自己的休息计划，以免和同伴的睡眠时间相冲突；奥斯卡·柯克西卡（Oscar Kokoska）在向阿尔玛·马勒（Alma Mahler）求婚时也曾说过："……尽管我一贫如洗，但希望你能委屈一下，悄悄地嫁给我。"[1] 瓦萨里（Vasari）在《艺苑名人传》（Lives）中列举了大量艺术家的贫困轶事，并指出他们当中许多人生悲剧的根源，同时，他认为贫困"是一种有益的因素……，这种因素能激励人们不断完善自己的才华。"[2]

与当代大多数艺术家相比，乔托（Giotto）、莱昂纳多（Leonardo）、佩鲁基诺（Perugino）等人都出生在更为贫困的家庭，而且很可能是在艰苦条件中度过了他们的童年和学徒生涯。然而，这些艺术家在成名之后，却也都迎来各自的辉煌岁月，有些人居住在宫殿和教堂内，还有人在一些雇主们豪华的宅邸里生活。据瓦萨里介绍，艺术家彼得罗·佩鲁吉诺（Pietro Perugino）的出身最为贫寒，当他从佩鲁贾（Perugia）初到佛罗伦萨的时候，只能栖身于"类似箱体"的小空间内生活。[3] 佩鲁吉诺长期身无定所，过着贫困潦倒的生活，这些因素导致他内心产生了对生活和潜在危机的恐惧和忧患意识，以至于即使是到了他晚年功成名就且非常富有的时候，他仍旧把大量钱财都投资到房产上，在佛罗伦萨接连购置了房产。[4] 佩鲁吉诺曾建议说："当具备条件时，我们应建造房子，这样才能有备无患。"[5] 佩鲁吉诺在佩鲁贾有一位和自己同样贫穷而且为人谦逊的老师[6]，这位"技法平平"的画家曾鼓励他去放手一搏，争取跻身于公认的"画家行列"，并进而能由此富贵荣华。

莱昂纳多·达·芬奇本人的情况也不例外，他早年贫困交加，后来在那个时代贵族阶层的宫殿和宅邸里得到呵护，并在那里彰显了自己的才华。

然而，在美第奇（Medici）、贡萨加（Gonzaga）或者弗朗西斯国王（Francis）等赞助者的庇护下生活，也会消磨艺术家的意志和进取心。在宫廷中生活的艺术家可以获得他们想要的一切，除了从事艺术活动和创作完美的作品外，他们已是心无旁骛。对于这类艺术家中的多数人来说，他们无需烦恼日常务和平凡琐事。

这当中最富传奇色彩的要属多纳泰罗（Donatello）。他曾接受过科西莫·德·美第奇（Cosimo de Medici）赠送的一处房产，但是却在一年之后又退还了回去，因为他总是惦记家中琐事，内心无法平静。他曾对科西莫之子皮埃罗·美第奇（Piero de Medici）亲口表示"自己受够了这一切"，他宁愿饿死也不想花心思去管那些被风吹坏的鸽房、去亲自支付社区税费，或是去担心暴雨是否破坏了自家的花果植物。[7] 瓦萨里在传记里还介绍道，在皮埃罗收回房产之后，继续为多纳泰罗提供了等额甚至是更为丰厚的资助，可以"每周从银行提取"。[8]

对米开朗琪罗来说，工作与生活的安全保障具有现实和抽象双重含义。为了避开窃贼和对手，他设法选择私密性很强的工作场所，躲进了位于佛罗伦萨圣十字广场（Santa Croce in Florence）附近个人住宅的小房间内工作。[9] 在生活方面，米开朗琪罗非常节俭，他所担忧的只有自己逐渐衰老的身体。当然，还有他家庭的福利。文艺复兴时期，提香（Titian）是唯一能与米开朗琪罗相抗衡的艺术家，然而他却极其世俗且享乐无度，甚至曾为一个豪华宅邸倾其所有。[10] 作为年轻的艺术家，米开朗琪罗曾在"伟大的洛伦佐"（Lorenzo the Magnificent）豪华的宫廷环境中接受熏陶，在此他受到了意大利文艺复兴时期许多伟大人物的影响，其中包括诗人安杰洛·波利齐亚诺（Angelo Poliziano）、"东方学"研究专家皮科·德拉·米兰多拉（Pico della Mirandola），还有柏拉图著作的翻译家马尔西利奥·费奇诺（Marsilio Ficino）。[11] 米开朗琪罗汲取不同领域的营养，由此也成了艺术家群体中举足轻重的人物。在米开朗琪罗的时代，人们对画家社会和经济地位的认识和态度逐渐发生了转变，而他正是这一过程中的关键性人物。多纳泰罗"视金如土"，甚至能把钱放进吊在天棚下的篮子里，让朋友和员工们随便领取。[12] 而米开朗琪罗则不同，在他身上表现出艺术家复杂的性格特征，他能够清醒认识自己奋斗的价值，并能合理地使用金钱，他在书信中也经常向父亲和侄子莱昂纳多提出投资方面的建议。米开朗琪罗的投资策略从他博纳罗蒂（Buonarroti）的后辈身上便能看出显著成效，在佛罗伦萨的一座"博纳罗蒂府邸"（Casa Buonarroti），尽管这座宅邸在某种程度上"有悖"于米开朗琪罗的节俭精神，却依旧能体现出这位艺术家成功的投资理念。在米开朗琪罗的青年时代，画家的社会地位很低，而到他去世的时候，他们已经获得了贵族般的待遇。米开朗琪罗本人却对这些变化毫不在意，他从未刻意追求豪华居所，也不曾奢望拥有那些报道中所呈现的那座壮观的住宅。而他与亲属的往来信件中，大多也都是些关于购买和出售房产的建议，尤其是与他的侄子莱昂纳多之间。

文艺复兴时期，画家在生活条件方面已经和当时的贵族相差无几。他们的生活方式也表现出独特、奢侈、世俗的特征，某些方面还富有浪漫与豪华情调。其中，阿雷蒂诺（Aretino）、珊索维诺（Sansovino）以及提香三位艺术家的人生最具传奇色彩，他们的身份分别是诗人兼剧作家、雕塑家兼建筑师和画家。他们不仅居

位于佛罗伦萨的博纳罗蒂住宅
（照片由笔者提供）

住豪华住宅，而且都渴望获得主教头衔。当时，画家的社会地位很低，在社会流动性（social mobility）的体制中，主教是一个人有望达到的最高地位，而教宗职位则一般都留给那些能够决定意大利国家命运的富贵家族。

许多文艺复兴时期的画家，他们通常在去世之后才最终得到"社会认同"（social acceptability），其中大多数人也都葬在了那时建造起来，至今也依旧杰出的当地主教堂内。[13] 波提切利（Boticelli）是文艺复兴时期唯一一位特立独行与此相悖的画家，后来"郁郁而终"，而传说是因为他与萨沃纳罗拉（Savonarola）针锋相对[14]，而变得在生活方面"放纵"无度且非常"懒散"。

文艺复兴时期，提香和拉斐尔两人都在社会流动性方面取得了很高的成就。尽管提香没能成为主教，但他在生活的方方面面绝不逊于王亲贵族。如今，他的住宅隐没在街路狭窄、宛如迷宫般的威尼斯比利格兰德城区（Biri Grande district），几乎被人们彻底遗忘。而在当时，那里可是"举行庆典和纵酒享乐"的城市中心地带。[15]

位于威尼斯比利格兰德城区的提香住宅
（照片由笔者提供）

烛光点缀着的威尼斯夜景，遍布四处通亮的贡多拉小船[16]便是提香眼中文艺复兴时代的威尼斯。提香家中晚宴的场景，给所有宾客留下了"富丽堂皇"的印象。[17]不幸的是，提香因瘟疫去世不久后，这座房子便于1567年被他人侵占，并遭到严重损坏。[18]笔者曾经在20世纪90年代中期前去参观，当时已经没有贡多拉小船能到达这座房子的附近。提香住宅后来被改造成公寓，如今完全隐没在迷宫般的威尼斯城中，人们已经完全把它遗忘，而住宅内部墙面上至今仍留有一些历史上破坏过的痕迹。

在文艺复兴时期的学徒制工坊里，普遍采用严格的"动手训练"模式，其中充满着激烈的竞争、冲突和妒忌等现象，而这些经历终究也会影响艺术家未来的生活方式。在艺术家生涯中，所有人都有想要赶超的"目标"。众人皆知，提香和老师乔凡尼·贝利尼（Giovanni Bellini）以及和自己学生丁托列托（Tintoretto）之间争斗的异常激烈。丁托列托曾立志要在绘画色彩和创作手法方面超越他那善妒的老师，甚至希望拥有比提香更优越的居住条件。[19] 卡洛·里多尔菲（Carlo Ridolfi）撰写过多位文艺复兴时期艺术家的传记，其中包括丁托列托以及他的两个画家子女——多梅妮科（Domenico）和玛丽埃塔（Marietta），当中还详细介绍了丁托列托在工作室内的作画过程，以及住宅内部充满着快乐和音乐的氛围。卡洛·里多尔菲还为我们提供了一些明确线索来说明为什么文艺复兴时期艺术家要建立私人工作室，其中主要原因是为了避开潜在竞争对手的视线，隐藏自己的艺术"秘籍"。部分艺术家工作室设在住宅的院子里，还有一些是建在地下室。

如今，丁托列托住宅仍然是威尼斯的一座独特建筑，而且备受人们的喜爱。住宅正立面具有优雅的比例，红色的墙面，以及装饰着的昂贵阿拉伯花纹细节，这些特征均表现出城市宫殿式住宅的典型风格。由于立面所采用朴素的红砖材料，住宅的豪华特征有所淡化，但它典雅的形象和较大的体量，在平凡的街区中仍显得格外突出。住宅的形象朴实无华，表现出主人谦逊的品格，既不张扬，也无任何显富的迹象。通过这座舒适的住宅，这位成功人士试图向故土的亲人证明自己在社会上取得的成就，但这绝非是傲慢与招摇之举。类似的感觉，同样体现在安德烈亚·曼特亚（Andrea Mantegna）的住宅之中，这我们将在后面进行详述。

丁托列托的住宅内部已被彻底地改造，室内用隔墙划分出几间出租公寓，住宅中的开放空间也被插建了额外的结构。据里多尔菲回顾，丁托列托的工作室设在住宅的后部，而且不允许任何人接近，住宅后来经过多个主人的改造[20]，因此，朝向河道的背立面形式非常糟糕，很难想象这里曾经是艺术家的工作室。

丁托列托住宅，位于威尼斯运河畔摩尔人喷泉（the fountain of Moors）附近
（场地环境草图及照片均由笔者提供。墙面镌刻文字："纪念丁托列托"）

提香的另外一名学生埃尔·格列柯（El Greco），将丁托列托住宅中类似宫殿中充满音乐和宗教氛围的整体氛围向西移植到了西班牙[21]，并在自己的住宅内部营造出浓郁的生活气息。而鲁本斯（Rubens）则主要从普适性价值观和商业嗅觉出发，将丁托列托住宅的氛围特征移植到了北方国度。

米开朗琪罗时代为艺术家的贫困状态画上句号，而"贫穷"也变成了"后文艺复兴时期"的一个相对全新的现象。从"后米开朗琪罗文艺复兴"阶段开始来考虑艺术家的居住条件，那么若是说贫苦，总是会有些让人感到困惑。从文艺复兴到19世纪末，历史上的很多伟大画家不再一贫如洗。相反，他们往往成为赞助人的座上客，甚至住在富丽堂皇的宫廷或别致的庄园内，而且设法建造属于自己的住宅和工作室，其中有些住宅甚至不逊于那个时代最优秀的建筑。

许多著名艺术家如提香、丁托列托、拉斐尔、安德烈亚·曼特尼亚、朱利奥·罗马诺（Giulio Romano）、格列柯、鲁本斯和伦勃朗（Rembrandt）等人，都拥有由他们自己或聘请建筑师专门建造的、个性鲜明的居住设施或工作室。他们的做法后来又有很多效仿者，其中包括安东尼·范·戴克爵士（Sir Anthony Van Dyck）、昆汀·马西斯（Quinten Massys）、雅各布·约尔丹斯（Jacopo Jordaens）等荷兰和当时的佛兰德画家。对于这些艺术家来说，居住设施的意义非常重大，因为住宅能够给他们带来最为实际的安全感，同时也是他们社会地位的象征。艺术家建造"豪华住宅"的时代随着文艺复兴的结束戛然而止，也以阿尔布雷希特·丢勒（Albrecht Dürer）的住宅作为一个转折性标志。这座代表性住宅位于纽伦堡（Nürnberg）"蒂尔加特纳广场"（Tiergärtnertor）附近，是一座地域风格的多层建筑。这座住宅和它的主人，触及了神话与形而上学的领域，而这些也奠定了这位艺术家的学术和形而上学流动性的基调。

在18世纪的英国，住宅作为改善生活方式和提供工作设施的摇篮，其品质达到前所未有的巅峰状态。威廉·莫里斯（William Morris）和他许多"前拉斐尔派"（Pre-Raphaelite）的朋友，以及英国"汉普斯特德学院派"画家，都享有这般卓越的居住环境。相关案例将在"艺术运动"章节中加以论证。

在文艺复兴时期的画家当中，拉斐尔和鲁本斯则可以被称为18世纪最重要的代表人物。而在绘画方面之外，他们两人各自的住宅也颇具相似之处。拉斐尔非常喜欢由同胞伯拉孟特（Bramante）为他在罗马设计的"卡普里尼府邸"，遗憾的是这座住宅如今已不存在。鲁本斯则是出于对拉斐尔的热爱和敬仰，根据他在曼托瓦城市住宅的研究，以及他在意大利各地的考察经历，在家乡安特卫普建造出自己的豪华宅邸，在此之前，他的建筑学著作——《热那亚宫殿》（*The Palaces of Genoa*）刚刚出版。鲁本斯住宅的原始面貌，包括门廊和其他部分的形象，曾被范·戴克、约尔丹斯和鲁本斯本人描绘在作品当中。[22] 住宅的形象曾遭到改变，但目前已得到全面修复。

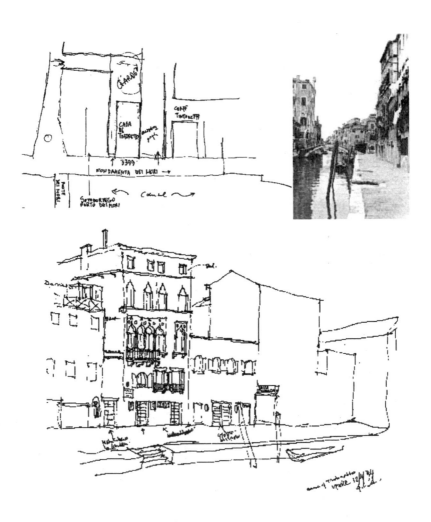

丁托列托住宅，位于威尼斯

左上图：场地平面草图，出于工作室的私密性考虑，住宅庭院以及通道都限定在地产所处的街区范围内

右上图：住宅面向河道一侧的实景照片

下图：从桥上绘制的住宅立面草图

（草图和照片由笔者提供，于 1994 年春）

伯拉孟特设计的拉斐尔住宅

拉斐尔不仅英俊、洒脱，而且具有高尚的品德。[23] 教皇和王子们都视他为友，女人们对他也格外钟情[24]，拉斐尔也乐于和他们周旋。曾经有一位雇主为了敦促他作画，甚至毫不避讳地带着自己的情妇住进拉斐尔的工作室。[25] 在拉斐尔的感情经历中，他与模特弗娜瑞娜（Fornarina）的恋情极具传奇色彩。安格尔（Ingre）创作的《拉斐尔与弗娜瑞娜》（*Raphael and the Fornarina*），描绘的就是这位画家将女士抱在膝上的场景，这幅作品明确地表现拉斐尔与模特们之间的亲密关系。拉斐尔对宗教的态度也比较随性，致使教皇利奥十世（Pope Leo）最终无奈地表示："好吧，好吧，好吧！就把他当作是个搞艺术的基督徒吧。"[26]

拉斐尔在年轻时代就已经登上艺术巅峰，并在绘画方面取得了辉煌成就，然而遗憾的是他于 37 岁时便英年早逝，那是 1483 年的受难节（Good Friday），那天也是他的生日。这种巧合，使一些人把拉斐尔圣徒化，他们说"毕竟，他的家族姓氏（Santi）带有'神圣'的含义。"[27]

拉斐尔具有强烈的进取心，他终生为提高绘画技艺而努力，最终凭借自己的自律精神、艺术天赋以及高贵的品德，在社交和经济方面都取得了非凡成就。他短暂的一生，是一个持续进取的过程，他怀着当上主教的愿望从乡下来到城市，希望教皇利奥能予予他主教头衔，以犒赏他为教廷所做的贡献，并同时回报他那些显然本是他应得的巨额赏金。[28] 瓦萨里曾指出，可能也是由于这一目标的原因，拉斐尔才终生未婚[29]，不过这种缺乏事实根据的假设，并不能排除拉斐尔浪漫的性格因素。拉斐尔最初在家乡乌尔比诺（Urbino）走上事业发展之路，接受了他的第一位老师佩鲁吉诺（Perugino）的教诲，后来在佛罗伦萨接受各种熏陶，尤其是莱昂纳多·达·芬奇的影响，随后最终在罗马经历了两个创作阶段——"朱利安（Julian）时期"和"利奥奈（Leonine）时期"，两个阶段都以他服务过的教皇名字命名。

拉斐尔在家乡乌尔比诺的住宅如今依然存在，它坐落在一条以他名字命名的街道上，街道的尽头是他的纪念碑。住宅与街道上其他建筑和谐地并列在一起，所有建筑都采用砖砌墙体和红瓦屋面，因此也很难辨认出拉斐尔的家庭住宅。[30] 拉斐尔的父亲乔瓦尼·桑齐奥（Giovanni Sanzio）也是一位画家，为人低调谦逊，拉斐尔很小的时候便跟随父亲学画。有些学者曾试图证明这座住宅并非拉斐尔出生时的居所，也许有这种可能，但事实是，拉斐尔的确是在这座房子里度过了自己的童年时光。至少住宅房间墙面上的一幅母子肖像可以证实这一点，画中是婴儿时期的拉斐尔和他的母亲，而这幅作品的作者，便是他的父亲。阿尔伯特·哈伯德（Elbert Hubbard）曾写过一篇感人至深的文章，字里行间动情地表达了母爱对这位艺术家产生的影响。尽管这栋住宅朴实无华，里面却充满了母爱的记忆，仿佛能真切地感受到一位明眸善睐的女子形象。拉斐尔的母亲过世很早，当时拉斐尔仅有 8 岁。正是在这座住宅，拉斐尔的心灵初次被母亲的故事所感染，并立志要奋发努力，去实现自己的卓越目标。[31]

　　当具备一定经济实力之后，拉斐尔便希望拥有一座独特的住宅。他在罗马建造的第二个家是一座名副其实的独立式"宫殿"，当时这座"卡普里尼府邸"在罗马非常醒目，然而遗憾的是，这座建筑如今已不复存在。这座住宅，也使拉斐尔独树一帜于艺术史当中的所有画家，因为住宅的设计和建造者正是史上最伟大的建筑师之一的伯拉孟特（Bramante）。伯拉孟特是拉斐尔的朋友和建筑学导师，而且也是他把拉斐尔从乌尔比诺带到了罗马。

　　卡普里尼府邸位于在阿里森德利那大街（Via Allessandrina）上，所在广场后来被称为"思科萨科瓦里广场"（Scossacavalli）。如今，我们只能通过一些现存的立面资料对这座府邸进行研究，其中包括帕拉第奥（Palladio）绘制的一张立面图（现保存于伦敦的英国皇家建筑师学会）和安东尼·拉菲里（Antoine Lafrery）于 1549 年制作的一幅住宅立面版画。住宅的准确平面图已经无从查证，但可以通过奥塔诺维（Ottaviano Mascherino）绘制的图纸了解其改建后的情况。[32] 卡普里尼府邸属于罗马"底商上住"的住宅类型，伯拉孟特在设计中借用这种布局特征，将底层（地面一层）公共空间和上面的私密性功能加以明确区分，并将上部作为"主楼层"（piano nobile）。研究伯拉孟特的学者们认为，这座住宅的立面"是这位建筑师在罗马设计宫廷式府邸类型建筑中最重要的作品"。[33] 近期有关文艺复兴时期建筑的研究显示，这座住宅实际上是伯拉孟特的一个前沿性实验项目，他试图通过特殊的建筑技术，为中产阶级（如牧师、商人、律师、医生和艺术家）建造"豪华"住宅，类似富人的府邸。[34] 而伯拉孟特这次实验的宗旨，是降低成本。为了实现这一目标，伯拉孟特在建筑底部墙身全部采用混凝土材料，以达到同样的粗糙石材效果，而"主楼层"外墙上的多立克柱式（Doric columns），则以表面加以粉饰的红砖来替代。[35] 他为这项古老的技术中注入新的活力，并获得了美观、经济，甚至是城市设计的效果。住宅二层采用轻盈的处理手法，呼应"主楼层"内部高雅的生活氛围，而底层则保持纯朴、"自然"的形态，表现承载重负的坚固特征。另外，弗罗曼（Frommel）认为，伯拉孟特在卡普里尼府邸进行的低成本"古典式"住宅设计实践，不仅为大众（而非富人）创造出喜闻乐见的古韵风格，而且有益于快速更新文艺复兴时期的城市面貌，这方面作用远大于城市中在此之前建

拉斐尔的"卡普里尼府邸"，由伯拉孟特设计
（版画作者：安东尼·拉菲里，1549 年）

造的几座纪念性宫殿。因此，卡普里尼府邸的建筑特色及其创新技术，以及伯拉孟特运用廉价材料创造古典风格的成功经验，成为拉斐尔、朱利奥·罗马诺（Giulio Romano）、雅各布·珊索维诺（Jacopo Sansovino）、圣米凯利（Sanmicheli）和帕拉第奥等人效仿的楷模，也为后来类似项目的建设开辟出一条成功之路。[36]

显然，这座府邸非常符合这位艺术家高贵的生活品味。它不仅容纳了他的众多助手和学生，还承载了他的艺术"情调"和贵族般的生活方式。[37]拉斐尔非常在意自己建筑房产的环境。作为那时罗马最伟大的画家，他有资格聘请意大利最伟大的建筑师伯拉孟特设计自己的住宅。拉斐尔和伯拉孟特频繁合作，而伯拉孟特因此也十分有幸地在拉斐尔的壁画《帕纳索斯山》（*Mount Parnassus*）之中留下自己的职业肖像。在拉斐尔创作的"利奥奈时期"，即 1513 年到 1520 年之间，他对建筑学产生了浓厚的兴趣。[38]实际上在伯拉孟特的建筑学启蒙下[39]，拉斐尔曾被瓦萨里称为是历史上最伟大的画家和建筑师。

遗憾的是，也许拉斐尔并不希望瓦萨里在著作中介绍自己的住宅，而且无论是在伯拉曼特还是拉斐尔的传记中，瓦萨里也没有对这座特殊的住宅进行过更详细的介绍。瓦萨里仅在描写伯拉孟特的生平时，对这座府邸进行了简要介绍："住宅采用砖和混凝土材料建造，多立克风格壁柱和浮雕朴素而优美，而混凝土体砌块的使用则是一个创新之举。"[40]正如我们所了解的，这座府邸具有革命性意义，其中蕴含着城市设计思想，而且对未来的建筑创作也产生持续性影响。瓦萨里以一个画家的视角来看待自己所描写的艺术家，这或许也是他未涉及建筑细节的原因。不过关于卡普里尼府邸，以及拉斐尔和伯拉孟特之间在艺术领域的相互影响，瓦萨里的论述仍然是最主要的信息来源，尽管他对建造技术方面的介绍仍非常有限。当然，拉斐尔永远都会是一位曾经享有一座由历史上最杰出的建筑师之一所设计的私人住宅的艺术家；而伯拉孟特也会永远是一位在最伟大的画家之一的作品中留下自己的形象的建筑师。由此看来，两位不同领域的艺术家也算是在追求永恒的目的上，相互亲切地报答了彼此。

位于曼托瓦的安德烈亚·曼特尼亚住宅和朱利奥·罗马诺住宅

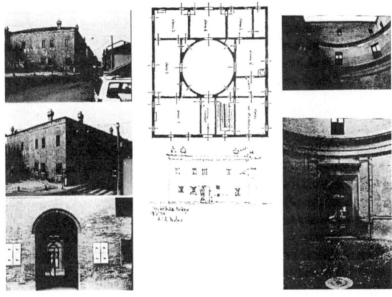

位于曼托瓦的安德烈亚·曼特尼亚住宅
（照片和草图由笔者提供。平面图来源：曼托瓦的安德烈亚·曼特尼亚博物馆）

曼特尼亚住宅和朱利奥·罗马诺住宅，位于曼托瓦的同一条街道上，只差一个转角的距离。

1431 年，安德烈亚·曼特尼亚生于意大利的维琴察（Vicenza），他从一个牧童成长为文艺复兴时期最伟大的画家之一，同时还获得了骑士头衔。[41] 他一生积极进取，无论是对于自己的艺术水平还是品德修养。曼特尼亚曾在意大利的多个城市游历和工作，包括罗马，但大半生的时间还是和妻子一起在曼图亚（如今的曼托瓦，今写作"Mantova"，古写作"Mantua"）度过，直到 1506 年去世。曼托瓦是一座非常美丽的城市，也是属于曼特尼亚和罗马诺的城市，这里有许多贡萨加地域特色的综合体建筑。

然而遗憾的是关于曼特尼亚的住宅，瓦萨里只作了非常简短的介绍："他在曼托瓦为自己建造并描绘出了一座非常漂亮的住宅，并在里面度过了一生。"[42] 曼特尼亚去世以后，这座住宅有关的转让原因和条件，以及产权归属等方面的信息至今无人知晓。我们所掌握的只有目前住宅本身的一些情况。而瓦萨里曾提到过的几幅表现住宅外观的绘画作品，如今也已无处可寻。有幸的是，整体建筑结构得到了精心的保护，使我们能够很好地了解内部概况，以及这位画家的宏观建筑理念。这是一座规模宏大的 2 层住宅，位于曼托瓦中央大街转角处，该街道直通"得特宫"（Palazzo del Te）所在的城市中心。艺术家工作室位于住宅的二层，窗外视野开阔，可以看到"得特宫"的花园大门和宫殿入口的一侧景观，来来往往的游客尽收眼底。

这座住宅有机地融入周边环境当中，自然地表现出了地域特色。住宅立面不对称开窗采用自由的设计手法，体现出内部房间的不同功能，并未受制于对称平面的限制。

通过木质大门进入住宅内部，会发现建筑平面清晰的轴线关系以及严格对称的空间组织。总体布局的核心是一个圆形多立克风格庭院。建筑平面的图式语言非常简洁，但并不会让人感到简单无趣。不受制于对称性的总体布局，曼特尼亚大胆地按照自己的意愿组织内部空间，并根据尺度舒适、朝向适宜、流线便捷等原则进行功能分区。住宅门厅的右侧是楼梯，而左边则是一个较大房间。该建筑最大的特色体现在它的纵剖面当中，中央庭院的圆柱体上部转变成正方形，顶部设有天窗。住宅所有房间面对内部庭院开设窗口，从而每个房间都能得到自然光线和对流空气。底层庄重的入口空间也为住宅增添特色，根据空间的完整性使用要求，住宅底层特殊功能区域和二层工作室都设计成简洁的矩形空间。经过修复之后的所有房间，相互之间联系的流线依然清晰可见。如果目前的内部联系通道仍保持着原始状态，尤其是西南角部分，则很容易可以看出该住宅可以被视为是"密斯"空间组织语言的最早案例之一，无论是空间的围合手法，还是二维空间的连续性特征。最后，该住宅平面和帕拉第奥 1570 年设计的维琴察"圆厅别墅"[Villa Almerico（Rotonda）]一层平面有着惊人的相似之处。或许，平心而论，笔者认为应当把曼特尼亚住宅视为后者的先例，因为这座住宅的整体建造技术更加先进，而且平面形式也摆脱了抽象图式语言的束缚。

也许，曼特尼亚是以常人的心态，毫无顾虑地打破了抽象对称的平面形式，按照自己的生活方式并根据不同功能组织住宅各层空间。实际上，他的思维非常缜密，至少他在绘画方面的创新能体现出这一点。通过观察曼特尼亚住宅的最终品质，笔者认为它是所有艺术家住宅中最精致的作品之一。这座住宅具有深邃的建筑内涵，不仅精致、朴实，而且解决了多种技术难题。某种程度上，可以把这

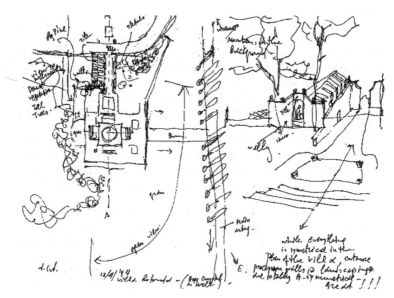

帕拉第奥设计的维琴察圆厅别墅
（场地平面、入口草图及外观照片由笔者提供，1994 年 4 月 12 日）

座住宅视为一座具有前卫性的实验建筑，它具有明显的地方特征，而且集中体现出了城市总体构成要素、空间资源，以及城市肌理等方面的特征。基于这种意义，曼特尼亚住宅着重体现出了作品的"原创性"，相对而言，在同一街道并与曼特尼亚住宅左侧相邻的朱利奥·罗马诺住宅，则以古典形式突出地表现了城市的"地域风格"。

　　朱利奥·罗马诺是土生土长的罗马人，他对自己生活的城市做了前所未有大量的细致研究。就如同他所享有的"罗马诺"姓氏一般，他对自己的出生地倍感自豪。罗马诺从不复制古罗马风格，但作为时代的骄子，他能够辩证地吸收、转换并合理利用自己所观察到的一切。他从不追求浪漫（Romantic，或可理解为Roman-tic，罗马人的双关——编者注），是一个"地道的"不浪漫的（non-Romantic，不像罗马人的——编者注）罗马人。他的兴趣很广，涉猎绘画、军事建筑、舞台设计、建筑设计等多个领域。由于注重作品的数量，并过度依赖助手们深化自己的草图构思，罗马诺作品的卓越性方面经常遭到质疑。[43] 他是一位多产的设计师，而且工作效率很高，因此他经常遭到批评者的讥讽，弗莱彻（Fletcher）就曾指责他"基本上就是一个装饰技工"，[44] 维特科尔（Wittkower）则形容他患有"病态性躁动症"。[45] 随着罗马诺设计的"得特宫"的封顶，他的设计也逐渐受到人们的普遍认同，他变成了当地"毋庸置疑的最爱"，从此他也"随时准备用草图记录各种构思灵感"，[46] 经常用"大捆"图纸来记录自己的所见所想。当时欧洲各地曾大量复制罗马诺的各种草图，而这些草图的原本如今早已不知所从。罗马诺在曼托瓦设计了许多住宅，他不仅得到了费雷德里科·贡萨加公爵二世（Federico Gonzaga II）的尊敬，还因此深受当地人的爱戴。

　　朱利奥·罗马诺至今仍旧受到曼托瓦市民的爱戴，几乎每个人都能充当向导，指引你去到那座著名的罗马诺故居。由于总是位居公众视野中心，罗马诺为了维护个人声誉一直承受着心理压力，也因此，他在行为方面难免会摆些"架子"。[47] 因此，在设计自己的住宅时，他能尽量采用朴实、内敛的手法，尤其是与他设计其他大型项目的理念完全不同，是一件十分不同寻常且杰出的事。

　　这座住宅是典型古典主义风格的优秀作品。住宅外立面采用彩色灰泥（Stucco）覆盖，对面是罗马诺设计的第二个作品——"正义宫"（Palace of Justice），两座建筑位于同一条街道，几乎正对而立。

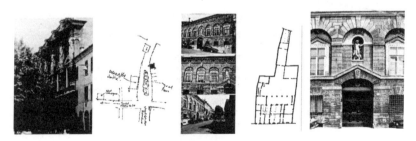

位于曼托瓦的朱利奥·罗马诺住宅
左："正义宫"建筑；中：街道总图和住宅立面组图；右：住宅平面图和精致的入口立面
[左、中照片和草图由笔者提供。右侧照片由迈克尔·亚德利（Michael Yardley）提供]

里卡多·哈尔西（Ricardo Halsey）曾对罗马诺住宅作出了恰当的评价："住宅的设计表现出了异常宁静的空间氛围"，而且"立面处理手法非常细腻，表露出设计者的缜密思维。"[48] 哈尔西进一步观察到，住宅立面肌理、装饰、尺度以及构造细节等方面的设计都非常完美，而且具有潜在的动感，因此建筑的高度并不显得突兀。通过这些要素的综合表现，使这座住宅成为具有朴实性特征和人性化尺度的优秀建筑案例，这方面恰恰是罗马诺其他设计项目中的缺憾之处。朱利奥·罗马诺有许多后英格兰时期的模仿者和追随者，而与他们不同的是"他的双手依旧可以受控于他自己的思维，内心燃起的艺术家的高傲与愉悦之心（不乏认真的态度），帮助他跨越了世俗软弱的枷锁，如那些粉饰表面的材料劣质、不合理的结构建造或是迎合客户虚荣心的（庸俗和虚荣的原因是缺乏真诚，是一种文化的倾向）做法，以奥古斯都（Augustan）时代的特征呈现的建筑作品。"[49] 罗马诺是拉斐尔最杰出的学生，他通过大量的建筑作品，以及自己的住宅最终证明了自己是一位优秀建筑师，而他在建筑学领域所取得的成就甚至超过了绘画方面，他的建筑理念像是永不熄灭的火种，对后来的建筑师产生持续的影响。即使罗马诺的某些作品偶尔会在比例方面出现问题，这种情况主要是因为他没有预见到草图构思在深化过程中存在尺度放大的问题，而且项目后续设计基本上是由他的助手完成的。[50] 除了个别例外，艺术和建筑学领域的史学家们对朱利奥·罗马诺在总体上都给予了肯定，而正是这座画家本人的住宅，为他赢得了所有正面评价，并使他获得了仅次于帕拉第奥的核心地位。

不同于拉斐尔独立式卡普里尼府邸立面线脚的"流畅"，以及其构图中表现出的明显的笛卡儿几何秩序特征，罗马诺住宅则表现出强烈的"本土化"设计倾向。朱利奥·罗马诺住宅的内墙都有些"歪歪斜斜"，相互间不存在完全的直角关系，而且除了庭院长廊之外，室内毫无完整的矩形空间。[51] 住宅的使用空间占满整个场地，而且总体布局设计充分考虑到场地周边的限定条件，包括剩余空地的用途。在整体形态不规则的前提下，立面形象为住宅带来秩序感。因此，罗马诺住宅成为城市居住建筑的典型案例，而且其影响遍及全欧洲。当时，欧洲也正处于本土性建筑"自由发展"（Laissez-Faire）的鼎盛时期。毋庸置疑，这座住宅在各个方面都受到许多人的关注，同时它也给瓦萨里和本韦努托·切利尼（Benvenuto Cellini）留下更加深刻的印象，而他们两人的评价或许也更具权威性。与罗马诺在曼托瓦的住宅相比，瓦萨里位于阿雷佐（Arezzo）的"城市别墅"则显得颇为简陋。[52] 而瓦萨里在佛罗伦萨博尔戈·圣克罗斯区（Borgo Santa Croce）曾租住的一座住宅则更加局促[53]；至于切利尼本人，他曾在多个豪华宅邸中生活，由此也深知何种住宅能适应一位多产艺术家的需求。切利尼曾在曼托瓦患过"三日热"的流行性感冒，因此对这座城市怀有怨恨，但他仍把罗马诺视为好友，并对其住宅赞赏不已。他不止一次地在自传中提到罗马诺，而且记录了他第一次参观罗马诺住宅的感受[54]，并认为罗马诺的住宅和他在内部的生活方式都很"高贵"。[55]笔者个人十分倾向于切利尼的观点，并也十分庆幸地想要感谢柯林·罗（Colin Rowe）对罗马城内朱利奥的"马卡拉尼府邸"（Palazzo Maccarani）的细致研究，且并没有将他充满讽刺的言语用在罗马诺位于曼托瓦的个人住宅之上，保留了它，这座在我看来是罗马诺最伟大作品的"完好无损"。令人欣慰的是，朱利奥·罗马诺本人的住宅是一座可以和任何一座宫殿相媲美的建筑作品，它与柯布式风格毫无关联，而且没有任何"网格"式线性数学特征，诸如框架、格栅以及格构等形态表现手法。作品中还表现出某种对英国人盛气凌人的讽刺意味及罗马诺灵活的学术思想，他反对那种专注于"特殊项目经验细节"的研究方法，以及那些偏重史料的研究人员，同时也明确地表示，没有什么研究是完全可以"中立"的。[56]再次感谢柯林·罗以及他的那些崇拜和支持者，这让他得以独自一人不被打扰，也能不断地提醒着朱利奥他那栋卓越的房子……！

位于曼托瓦的朱利奥·罗马诺住宅，是他的作品中少数免遭拆毁的建筑之一。这座住宅具有良好的尺度和人体比例，建筑形象令人赏心悦目，且紧密地融入了街道环境之中。相比之下，他设计的"正义宫"顶层，虽然备受"敬仰"，却总是略显怪异。住宅沿着街道温婉的弧线逐渐完美地呈现在街道的拐角处，而当人们从教堂方向靠近时，在经过"正义宫"前面的树木之后，这座住宅会即刻进入视野，给人以突然的惊喜之感。这座住宅是历史上最优秀的建筑之一，它通过功能布局和端庄的比例关系，以及尺度、装饰、整体质感和适应环境等方面的表现，证明了建筑在"灵活性"和纪念性方面存在结合的可能。

许多学者都认可朱利奥·罗马诺住宅是历史上的经典之作。虽然本人也认为这座住宅是一座优秀建筑，然而，笔者发现位于阿雷佐的"瓦萨里别墅"更值得我们关注，其中有很多方面可以结合 20 世纪面临的一些问题进行思考，尽管这栋别墅并非由瓦萨里本人设计，而且有人认为它在某种程度上显得有些"拙劣"，甚至"丑陋"。为了论证自己颇具争议的观点，笔者在此补充说明，瓦萨里在购买这栋别墅之前，曾在佛罗伦萨博尔戈·圣克罗斯区一座不同寻常的住宅内生活，并在那里有过特殊的空间体验。这是一座 4 层建筑，紧密地嵌入连续的城市肌理之中。住宅狭长的平面一侧排列了若干不规则房间，而且规则与不规则的房间也有机平衡地结合在一起。住宅的交通流线设计塑造得别具匠心，并与住宅整体空间保持协调，同时，所有房间具有理想的开间和进深尺度，同时也具有适当的变化。如果用 20 世纪的建筑案例作比喻，并用现代设计语言进行分析，那么很容易把这座住宅视为"纽约褐石建筑（New York Brownstone）"类型，且颇具有阿尔托的建筑韵味（Aaltoesque aura）"。这座住宅也很容易被看作是 20 世纪画家紧凑型居住设施的先例，类似于纽约的"褐石建筑群"和阁楼式公寓。这座住宅具有"在紧凑空间中融入动态特征"的元素。只是它不是由瓦萨里亲自建造的住宅，只是

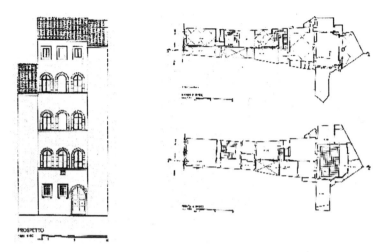

瓦萨里租住的房子，位于佛罗伦萨圣克罗斯区
[复制图纸由比拉达斯（Viladas）提供]

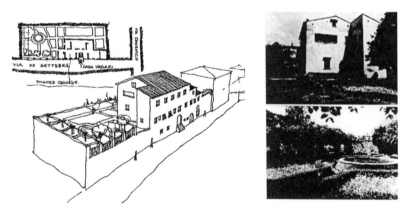

瓦萨里位于阿雷佐的城市别墅
左：总平面和轴测表现图；右：别墅外部景观和花园细部
（草图和照片由笔者于现场绘制 / 摄影）

他租住的建筑。而在瓦萨里位于阿雷佐的"别墅"中[57]，我们发现类似的"时间"元素得到了进一步的增强，在那里，高于街道路面一层高度的别墅花园，将使用者的活动延伸至室外。这座别墅与罗马诺在曼托瓦的个人住宅相比的确很简陋，但是从城市"包容性"的角度分析，笔者认为它的内涵极为丰富。整体上，这是一座汇集着多种功能的建筑，它不仅能适应使用者城市生活方面的需求，同时还提供了类似乡村的环境。别墅书房中的壁龛式阅读区域给人留下难忘的印象，对于那个时代的学者来说，类似的空间具有无穷的魅力。

瓦萨里的城市别墅。左：抬高花园和别墅的临街形象；右：带有壁炉的书房，阅读区域是一个光线明亮而且精致感人的窗口式壁龛，墙面壁画由这位作家兼艺术家创作
（照片由笔者提供）

位于安特卫普的鲁本斯住宅

位于安特卫普（Antwerp）的鲁本斯住宅和工作室，是一座非常著名的建筑，且是由这位头等著名的艺术家亲自设计并建造而成。这座住宅有机地融入周围环境之中，成为城市街区的组成部分，好似一座城市中心尚未被发现的宫殿。该住宅入口衔接一个内庭院和传统室外花园，进入住宅后便给人以豁然开朗的印象。我们今天所看到的住宅面貌，可以说是有史以来最优秀的建筑修复成果之一，被公认为非常接近这位艺术家建造时的初始状态。住宅沿街的立面看似两个建筑并置在一起，通过两者间均衡的设计手法以及比例、细节等方面的特征，使建筑形象直接彰显出主人的尊严。住宅主入口设于两个体量的结合处，进入住宅之后，内部空间便一目了然，而且整体布局特征耐人寻味一气呵成。住宅由两个功能性体量组成，两翼构成"U"形空间，并通过优美的门廊共同围合出一个内部庭院，透过门廊可以望到外部花园轴线末端的景观凉亭。两个功能分支围绕中心门廊相对而立。住宅的左翼是艺术家的居住和生活空间，并设有一个收藏其个人藏品的博物馆；右翼是艺术家的创作空间和工作坊。两个双层功能体量之间由一个围合封闭的三维立体前厅连接为一体，创造出独特且连续的空间氛围，当中还设了一个联系二层空间的楼梯。一进入门厅，到访者便能体验到双重空间设计手法的招待；向右通过内院门廊，和入口处前厅强烈的三维空间，可以望见传统花园（formal

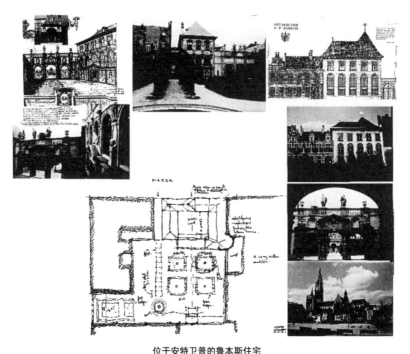

位于安特卫普的鲁本斯住宅

[照片和平面草图由笔者绘制与拍摄。墙面雕刻与立面图由鲁特格尔·提吉斯（Rutger Tijs）博士提供]

garden）中的凉亭。花园内，与工作室相平行的侧门轴线上，优雅地设有一座有十个格湾的花廊，花廊的柱子上都饰有人物雕刻图样。侧门直通内部的一道服务连廊，专门为运送大画布的车辆设置，与工作室平行，并作为学徒们的出入口。如今住宅的整体面貌与在经过重点修复之后，建成时的形态非常接近。[58]

这座在当代人看来十分高贵的住宅，确实可以被看作是一座传记型建筑。这座住宅是鲁本斯快乐与悲剧生活的组成部分，他的儿子在这里出生，心爱的第一任妻子伊莎贝拉·布兰特（Isabella Brant）也是在这里撒手人寰。[59] 在住宅当中不仅凝聚着鲁本斯在意大利游学期间收获的各种知识，而且注入了他所追求的理念。鲁本斯曾用 8 年时间在曼托瓦贡萨加宫廷深造（1600-1608 年）[60]，他在那里系统地研究了朱利奥·罗马诺的作品，同时也立志成为一位"更加实力雄厚且富有的画家。"[61] 虽然他也曾造访过西班牙，然而却是意大利使他对建筑产生了由衷的热爱。

威尼斯、罗马、曼托瓦，尤其是热那亚，这些城市都是鲁本斯的"建筑知识

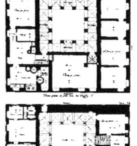

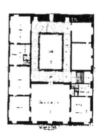

鲁本斯住宅的室内细节
（照片由笔者提供）

《热那亚宫殿》中的代表性测绘图
（图纸来源：得克萨斯大学阿灵顿分校图书馆典藏书籍）

宝库"。他在热那亚绘制了大量住宅测绘图纸，在此基础上精心撰写出一部建筑学专著——《热那亚宫殿》（*Palazzi Genova*）[62]。这本书的写作意图和研究选题受到了许多质疑（热内亚与罗马、佛罗伦萨或威尼斯等城市截然不同），同时也激发出许多与此相关的学术观点。[63]《热那亚宫殿》在 1622 年第一次出版之后便大获成功，并多次再版。[64] 这本书的装帧非常精美，信息量巨大，专门介绍了各种住宅建筑的平面、立面和剖面共 70 页，其中的剖面图甚至可以堪称史上最精美图纸。同时，这是一部充满激情的著作。实际上，它是面世最早的建筑学宣言，因为鲁本斯反对"那种粗俗的或是所谓的哥特式风格"，而推崇"那种纯粹对称式的，并符合古希腊和古罗马时期建筑法则的风格"。[65] 这本书更像是专门介绍具有实用性私人住宅案例的平面合集，由一些后来的建造商或建筑师创作。书中案例都是由成功人士建造的私人住宅，而作为画家和政治家的鲁本斯，也预见到了这一群体未来可能会对艺术方面产生的支助潜力。某种意义上，鲁本斯是基于社会和宣传性因素而选择了建筑美学方面的典型案例，也是他率先指明了将艺术和美学与社会问题相结合的发展模式。而这在多年之后，由威廉·莫里斯在结合了多阶级的情况下进行了进一步发展（莫里斯本人信仰社会主义政治体制，他认为只有这种社会体制才能够有效地提升大众审美水平，并能保证自己的作品能够面向大众，而不是为少数精英阶层服务）。

鲁本斯借助与巴尔塔萨·莫雷图斯（Balthasar Moretus）的友谊，以及他和普朗坦－莫雷图斯（Plantin-Moretus）印刷企业的合作关系，为实现他自己出版建筑学专著的愿望与热情提供了帮助。他的著作满足了当时所有的图书出版标准，取得类似成就的学者还有维特鲁威、塞利奥（Serlio）、斯卡莫齐（Scamozzi）和弗兰克盖特（Frankckaert）等人。[66] 不过尽管鲁本斯的著作和他的私人住宅备受当地市民的喜爱，而这也本应当助他轻松走向不寻常的建筑学职业道路，然而他却只接受了一次设计实际项目的机遇。该项目是安特卫普城市入口的标志性拱门和礼仪广场设计，作为迎接 1635 年 4 月 17 日菲利普四世（Philip IV）和公主伊莎贝拉（Isabella）的凯旋门，该项目后来被视为巴洛克风格的庆典式建筑原型。[67] 鲁本斯的实际建筑作品只有他自己的住宅和安特卫普城市凯旋门，其他项目仅停留在方案草图阶段，为他的绘画和其他角色留以充足的时间。鲁本斯的一生当中，大部分时间从事绘画创作，其余精力则放在交际活动方面，以及于收藏绘画、雕刻作品以及古玩器物上。他经常在家里接待各类宾客和重要的顾主，其中最显贵的嘉宾要属比利时国王菲利普四世，以及来自巴黎的玛丽·德·美第奇（Marie de Medici），鲁本斯于 1622 年和 1625 年两次访问巴黎期间，曾在"卢森堡宫"（Galerie du Luxembourg）创作了表现玛丽一生的绘画作品，还有安特卫普红衣主教费迪南（Ferdinand）。

　　鲁本斯在这栋住宅内度过自己的晚年，身边有非常年轻的第二任妻子的陪伴，还有他的孩子们以及众多助手和学徒们相伴左右。鲁本斯的时间经常被他养成的多种兴趣填满，包括物理和天文学实验。鲁本斯对自己广泛的爱好是如此这般地投入，以至于有些评论家对他是否能够保持着旺盛的创作精力表示怀疑。[68]

　　我们今天所了解的鲁本斯住宅，最初是一个由石材建造而成的、非常小的"中产阶层住宅"。[69] 这位画家对这座住宅做过数次扩建，他曾花费几年时间为住宅增添新翼，而且不断扩充并完善内部使用空间，以适应他个人的工作需求和家庭生活需要。最终，这座豪华住宅自然和谐地融入城市街区环境之中。整个住宅共有 40 个房间，其中的 15 个房间格外别具特色，在安特卫普出版的鲁本斯住宅导游手册中，对这些特殊房间都有详尽介绍。[70] 对鲁本斯住宅最为恰当的学术评价来自于鲁特格尔·提吉斯（Rutger Tijs）的佛兰芒语 / 荷兰语著作，作品中附有大量精致图纸和一些漂亮的彩色及黑白照片，并对鲁本斯和约尔丹斯各自住宅中的"巴洛克"渊源进行了分析。[71]

　　阿尔伯蒂认为庭院及其门廊应当成为"整栋建筑的重要组成部分"，而鲁本斯显然也非常了解其中的含义。[72] 鲁本斯住宅整体上属于典型的佛兰芒建筑风格，而工作室则具有明显的意大利巴洛克特征。[73] 在庭院门廊上，刻有一段罗马诗人尤维纳利斯（Juvenalis）《讽刺诗集》（Satires）中的诗句，这表现出鲁本斯的人文情感和禁欲主义生活态度。也通过这种公开的表态，明确地建立起了住宅的真

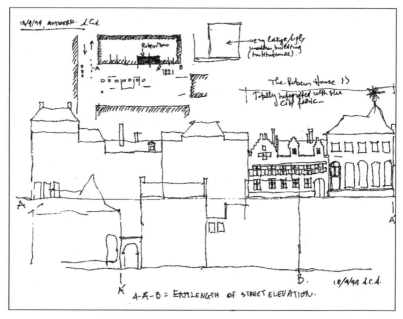

安特卫普鲁本斯住宅环境和沿街立面草图
（草图由笔者绘制）

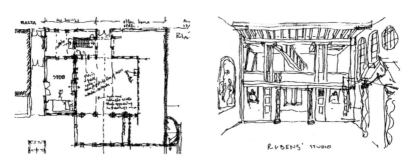

鲁本斯住宅内庭院和工作室草图
（草图由笔者绘制）

实性内涵，并彰显出住宅主人的个性。鲁本斯的人文气质还表现在其工作室的前区氛围之中，这里陈列着一些神话人物雕像和古代神殿中的装饰构件。工作室内的壁龛、窗口上部空间，以及墙面上沿部位，都饰有神话中的神像与古希腊、古罗马时期的哲学家雕像，还有一些悲剧中的人物雕像。

鲁本斯住宅的房间数量很多，包括客厅、厨房、餐厅、服务用房、艺术画廊、半圆形博物馆，还有一间大卧室、一间小卧室、衣帽间和置物间，以及一个起居室、一个半圆形讨论室、一个学徒工作室，位于学徒工作室下面是一个大工作室和一个接待前室。假设这座住宅被修复的准确无误，则当初复杂的空间细节和缜密的交通流线令人感到惊讶，尤其在家庭生活区域表现得更为突出。一个值得注意的方面是，开向厨房、起居室和画廊一侧的所有门口都被刻意加宽，其结果不仅使交通流线产生空间感，而且在立面也表现出了精致的工艺特征，而这是简单的图式语言所无法达到的效果。多年以后，我们还会发现一个这种设计手法的优秀案例，具体表现在维罗纳（Verona）"卡斯特维奇古堡"（Castelvecchio）扩建工程中的博物馆二层空间，由卡洛·斯卡帕（Carlo Scarpa）设计。[74]

鲁本斯的个人工作室在住宅顶层，是住宅中最大的房间，与底层大工作室之间用楼梯和夹层空间相联系。顶层工作室有一个巨大的天窗，是按照这位艺术家的要求定制而成。范·戴克是鲁本斯最杰出的弟子，通过他描绘的鲁本斯工作室，我们看到的是一个空旷场所，里面有几个使用中的画架，还有几张桌子和几把没有垫子的普通直背椅。[75]也许座椅粗糙的原因，是为了避免到访者干扰艺术家工作，或影响工作室的严肃氛围，因此，即使是国王和显贵人士，来此参观之后也都会尽快离开。[76]

也许鲁本斯有强烈的愿望立志要超越朱利奥·罗马诺和拉斐尔的成就，包括他们的生活方式、家庭状况和社会地位。也许，他感到拉斐尔的先例比罗马诺的经验更接近实际。在已知的鲁本斯书信中，他多次提到拉斐尔和提香这两位艺术家[然而却没有任何关于委罗内塞（Veronese）[77]的内容，而艺术史学家们先前曾发现鲁本斯与其有亲缘关系]。[78]在鲁本斯心目中，所有意大利艺术大师不分伯仲，也均是自己敬佩的榜样和赶超的目标。他在写给那些潜在客户的交际信函中表示，自己所提供的新式服务绝对不亚于意大利人，一定能丰富他们的收藏。鲁本斯对自己和自己所可以提供的一切都非常自信，而且，他尽量避免与他人合作，也不会被动参与，"……无论是多么伟大的人物，他都不会与之同舟共济。"[79]

在鲁本斯心目中，显然有很多艺术巨匠是他极力想超越的偶像。而在画家当中，只有拉斐尔一人享有规模宏大的豪华住宅，因此，笔者相信鲁本斯最有可能把拉斐尔视为自己的赶超目标，而不是朱利奥·罗马诺。经过努力，鲁本斯后来拥有三座住宅，包括位于安特卫普北部湖边的一栋乡间别墅。[80]

笔者认为，正是这座位于安特卫普的住宅，使鲁本斯在内心深处感到自己可与任何意大利艺术家比肩而立，尤其是拉斐尔，而他的绘画作品以及其他住宅和财富都无法让他获得这种感受。而为了进一步坚定这一点，这栋住宅完全由鲁本斯亲手创造，并未接受任何一位建筑师的协助（"无论是多么伟大的人物"……，哪怕是伯拉孟特）。纵观整个绘画和建筑学历史，位于安特卫普的鲁本斯住宅，堪称是由艺术家（而非建筑师）设计和建造的最为经典住宅。

传统的后继者

艺术家群体在文艺复兴时期形成了追求宫殿式住宅的传统。然而，他们的后继者在继承这一传统的过程中却面临着巨大困难。住宅的重要性一如既往，不仅体现在画家对大住宅和生活保障以及房产投资的需求方面，而住宅也成为他们在贸易殖民世界中的身份象征，同时也是他们从事经营活动的理想场所。因此，有些艺术家创造出各种新的方式来适应这些需求，他们有时会把旧建筑改造为住宅，有时也会采用积累或合并几处房产的方式为住宅建设做准备，最终建造独特的城市居住设施，并从设计理念、象征意义以及装饰风格等方面彰显他们的个性。这种尝试有时会具有某种开创性意义，甚至会影响到建筑学领域的创新发展。

伦敦"布莱克法尔区"，范·戴克在此"循环利用"旧修道院作为自己的住宅

[图片来源：复制于笔者的稀有图书藏品，由马歇尔·比阿特丽斯（Marshall Beatrice）于 1901 年创作]

位于伦敦"布莱克法尔区"（Blackfriars）的范·戴克住宅，便是循环利用的最佳案例。住宅所在区域原来是天主教黑衣修士（Black Friars）掌管的多米尼亚人聚集地，这座住宅成为当时的传奇性场所，名气与范·戴克的老师，鲁本斯的住宅不相上下。范·戴克曾在英国领略过许多非同寻常的住宅，并在某些住宅内工作过，其中包括阿伦德尔伯爵府（Earl of Arundel）和位于伦敦的萨福克伯爵住宅（Suffolk house of the Earl），但真正让他心动的却是这座旧修道院建筑。范·戴

克显然在各方面都追求与众不同，他想要获得过去其他画家所不具备的一切，正如之前没有哪位画家像他那样娶到特别貌美的妻子一样，她还曾是女王的侍女。[81]他的家里经常宾客满盈，其中包括英国女王和诸多王子，还有许多知名学者和音乐家，他们怀着谦恭的心态频频前来目睹这位大画家的作画风采，在他们的簇拥下，范·戴克甚至感到自己是一位王子。他和自己的资助人及友人查尔斯一世相处甚好，这位国王甚至有一次在众人的目睹下，亲自弯腰捡起这支画家掉在地板上的画笔。而在这种场合中待人接物的方式，范·戴克也早在多年前就从老师鲁本斯那里受过熏陶。[82]范·戴克住宅具有浓郁的教会建筑风格。住宅为 2 层建筑，由一个非对称式楼梯联系上下空间，工作室设在二层。住宅底层有一个内庭院，将一层空间分隔出若干豪华房间。画家工作室的下部空间装满了他的大量贵重物品，包括各种银器和本韦努托·切利尼（Benvenuto Cellini）制作的果盘，还有一些他母亲的刺绣品，老夫人就居住在楼下。[83]

这座废弃旧修道院的内庭院令范·戴克产生了一些对自己老师那座安特卫普住宅的回忆。不同的是，鲁本斯住宅是一座平地而起的建筑，而位于黑衣修士区内的范·戴克住宅则是旧建筑的循环利用项目。后来，许多艺术家对循环利用旧住宅的实践产生浓厚兴趣，从范·戴克开始，这种热潮一直延续到毕加索时代，其中还包括一些 20 世纪默默无闻的艺术家。到了 20 世纪末，由艺术品收藏家和经销商，以及各种"文化促进协会"（例如欧洲的文化管理部门）纷纷倡导的旧建筑循环利用理念，掀起一股实践热潮，因为除了"传承文化与历史"方面的因素之外，地产开发的案例证明这种做法还会产生巨大的经济效益。在此，提醒我们关注位于托莱多（Toledo）的埃尔·格列柯（Et Greco）住宅，除了住宅周围环境中的多样性氛围，该住宅也许是最早通过艺术融合了地产事宜、"艺术家住宅"和"艺术交易"以及企业的项目。[84]

北方的城市"骄子"：昆丁·马西斯、约尔丹斯和伦勃朗

与鲁本斯位于安特卫普的豪华式"独立"房产和范·戴克的伦敦修道院式住宅相比，伦勃朗（Rembrandt）、昆丁·马西斯（Quinten Massys）和约尔丹斯（Jordaens）三人在安特卫普和阿姆斯特丹各自享有的特色住宅，都更加鲜明且与众不同。伴随意大利文艺复兴运动，安特卫普和阿姆斯特丹两座城市迅速发展为世界经济文化中心和全球贸易集散地，同时也成了艺术家的天堂。凭借鲁本斯的名气以及与意大利相邻的地理优势，安特卫普率先得到发展，阿姆斯特丹则紧随其后，成为国际物流和商品交易中心。当时，安特卫普整个城市区域到处都有杰出的艺术家，阿姆斯特丹则在圣安东尼大道（Sint Antoniesbreestraat）上建立了世界上首个艺术文化街区，大量艺术家在此聚集。街区内的复合型使用功能和

多样性特征，后来在法国蒙巴纳斯（Montparnass）街区和纽约格林威治村均有体现。[85] 文艺复兴运动刚一结束，安特卫普这座比利时最大、最美丽的城市，很快就发展成服务于荷兰和斯堪的纳维亚半岛的贸易集散中心。[86] 这里聚集着大量跨国公司，表现出十足的国际化品味，城市以包容开放的姿态接受各种理念的影响。[87] 到了鲁本斯时代，安特卫普已经成为艺术品经销商和艺术收藏家的天堂，同时，通过克里斯托弗·普朗坦（Christopher Plantin）的努力，这座城市还成了印刷和出版业中心。由普朗坦于 1568 年创建的"普朗坦印刷作坊"（现为普朗坦 – 莫雷图斯博物馆），是当时欧洲最大的印刷厂。[88]

在这种大环境氛围的影响与艺术品输出需求的驱使下，艺术家发明了一种"批量制作的样式主义"(mannerism for mass production)。通过这种"装配线"(assembly line) 式的理念，建立起许多艺术家在一起协同工作的氛围。"普朗坦印刷作坊"及其拥有 22 台印刷机，可以为我们了解当时的生产规模以及空间组织概况提供一个清晰的思路。与同时期的法国印刷出版业相比，安特卫普的企业规模格外庞大，而且印刷空间的组织井然有序，所有印刷车间都设有辅助空间（从工具制作空间、个性化生产区域，到图书室、档案室、会议室、展示空间等），也为后来的企业树立起样板。在批量制作的整体理念中，艺术家显然居于核心地位，他们需要经常评估运营状况，不断调整工作坊内的空间布局，而且需要在各自的独立场所接待形形色色的到访客人，包括经销商、旅行商人以及尊贵的客户，偶尔还要接待国外艺术家，互相交流创作理念并探讨未来的合作方案。

显然舒适的住宅是艺术家取得事业成功的必备条件。继鲁本斯之后，昆丁·马西斯和雅各布·约尔丹斯这两位杰出的艺术家与安特卫普结下不解之缘，他们为这座城市作出贡献，同时，这座城市的地位优势也是他们取得成功的重要因素。

经过研究，如今已经揭开昆丁·马西斯的神秘面纱，显露出他的真实个性，在安特卫普仿佛能看到他鲜活的形象。马西斯同时拥有两座住宅，以作为他的经营场所，同时也是他成功的象征。这两座住宅对现代产生了巨大影响，而它们的装饰风格和突出的形象，也成为这座城市的骄傲。1520 年 8 月 2 日至 26 日，阿尔布雷希特·丢勒第一次来到安特卫普，他在此期间参观了市长住宅、大教堂、画家协会以及其他重要场所。他还到访了马西斯的第一座住宅，并在日记中写下了相关的参观印象[89]，当然这也表明了马西斯本人和他的住宅在城市中的特殊地位。我们有理由相信，对建筑具有敏锐观察力的丢勒，经常为他的朋友们设计住宅，或者为他们的住宅提供外观色彩方案。[90] 丢勒也许不太喜欢马西斯住宅，他在日记里仅仅提到去过"昆丁·马西斯大师的住宅"。而他对富格尔（Fugger）住宅却不吝笔墨，而且颇具溢美之词，诸如"住宅塔楼格外醒目，又高又宽""优美的花园"等等，这栋住宅属于安特卫普的名门望族富格家族的成员之一。[91] 不过尽管如此，马西斯住宅仍然具有较高的收入同时也体现出了马西斯在当地的显赫地位。遗憾

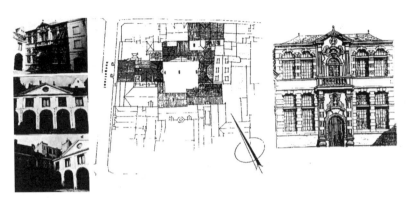

位于安特卫普的雅各布·约尔丹斯住宅：整合形成的街坊庭院
（照片由笔者拍摄。图纸由鲁特格尔·提吉斯博士提供）

的是，马西斯的两栋住宅都没能保存下来，但他依然是这座城市的无形财富。而这座城市，也还拥有另外两位十分拿得出手的杰出画家。

相对而言，雅各布·约尔丹斯在地产投资方面"走得更远"[92]，他在同一片街区买下数套房产，并且与邻居们签订了一份合同，允许他使用他们房产背后的空地，从而保证可以按照他自己的意愿规划面向住宅的开放空间。他采用意大利装饰风格，将几个住宅立面加以协调整合。从未去过意大利的约尔丹斯，通过观察曾在意大利受到朱利奥·罗马诺极大影响的鲁本斯的做法，将"文艺复兴"和"巴洛克"建筑风格结合在一起，创造出自己住宅的立面风格。约尔丹斯的"意大利营"（Italian Palazzo）在某种程度上与帕拉第奥的"圆厅别墅"十分相似，因帕拉第奥也是在从未亲眼观察过古典建筑的情况下，仅利用维特鲁威的理论叙述，创作出了"古典式"建筑。约尔丹斯在他最早购置的两套神奇而独特的小型房产内生活了23年。他和岳父阿达姆·范·诺尔特（Adam Van Noort）一起，把住宅当作工作室和生活场所，而他的岳父曾是鲁本斯的启蒙老师。鲁本斯去世之后，约尔丹斯作品的价格随即成倍飙升。那些无法再购买鲁本斯画作的人们，开始把资金投向约尔丹斯。于是自1640年起，约尔丹斯开始能够积累大笔资金。也正是自那时起，他决定改造庭院立面，并效仿鲁本斯创造属于他自己的意大利流行风格[93]，以彰显自己的个性和威望。而我们也不得不承认，改造的结果确实非常赏心悦目。这块地产位于安特卫普中心瑞德纳斯大街4号，现今可以借助街道标牌指引的一段不显眼的通道到达这里，改造后的庭院比例关系非常完美，庭院立面的浮雕工艺精湛，使地产表现出壮观的整体感，而这些建筑原本都只是一些再普通不过的比利时风格的传统住宅。约尔丹斯建造庭院的"招数"，是表现"壮观性"环境设计的经典案例，在建筑实例中绝无仅有，无论是在过去还是将来。这是一个非常独特的案例，能够引起我们对未来进行认真思考，尤其对那些平常应当给予特别关注的小体量建筑。

在鲁特格尔·泰斯博士关于安特卫普城市研究的文献中，详细记录了约尔丹斯收购房产的过程，是迄今为止艺术家购置房产案例中最具学术价值的资料。资料显示，地产内住宅的边界最初很不规则，而且原来两条街道都能到达主体建筑的两翼。[94]

约尔丹斯的实践是艺术家作为精明房产征收商的最早案例，类似做法如今已经非常流行，尤其是在那些目前仍可购置小房产的国家。在希腊半岛，这种案例数不胜数，许多本地和来自国外的艺术家，纷纷购买房产进行投资，而当中的有些项目后来则转变为了画廊或艺术综合体（例如位于海德拉、泽雅、塞里福、锡弗诺、圣托里尼等诸多岛屿上的一些项目）。如今，这些岛屿也成为洽谈和交易的场所，来自全球的客户经常乘坐游艇到此与艺术家见面。早期，艺术家为了获得充足的阳光，纷纷涌向南方的阿尔勒（Arles）古城，后来，为了寻找更多的客户，大量艺术家则转而聚集到欧洲南部和地中海区域。

伴随各种贸易的蓬勃发展，阿姆斯特丹的国际影响力与日俱增，艺术品进出口量也相继增长，这也为艺术家乃至艺术界开启了更广阔的视野。

早在 18 世纪，日本艺术文化便是通过阿姆斯特丹而传入欧洲。而艺术作品的批量制作方式和"工坊理念"也是在这座城市中诞生的。

"工坊"（factory）一词常被用来形容艺术家的住宅和工作室。这个词最初由一位荷兰人使用，当他在安特卫普参观鲁本斯的豪华住宅时，脱口将其形容为"工坊"，此后，这一词汇便在曾到过阿姆斯特丹的北欧人中广泛流传。[95]

到了伦勃朗时代，艺术家住宅便必须要有足够的体量容纳所有的学生和助手，且住宅内部还需要设置不同类型的工作室，并提供经营性场所。遗憾的是，在这类规模性复合空间内偶尔也掺杂着剥削风气。当时，学生需要向老师支付学费，伦勃朗的收费标准高达每人每年 100 荷兰盾。[96] 而且，如果伦勃朗喜欢上学生的某张绘画习作，他便会签上自己的名字直接出售，并把所得归为己有[97]，他贪图金钱和吝啬的本性众人皆知。[98] 尽管如此，伦勃朗的生意依然兴旺，他还成为这座城市中最优秀的画家。他的名气也越来越大，学生们争先恐后地想要进入他的"工作坊"求学。甚至有很长一段时间，他为了安排学生住宿，需要到城市的边缘租用整个仓库以安排学生的住宿。[99] 后来，这种学徒制"工坊"的称谓被"学院"（Academy）一词所取代，这一新术语具有某种学术味道，由此也消除了艺术家工作室的庸俗定义。

为了容纳众多的学生，伦勃朗想尽了各种办法，他甚至用纸张和帆布把工作室阁楼划分成若干隔间。[100] 伦勃朗身边的许多助手也在同一场所内工作，他的很多作品都出自他们。甚至在多年后，困惑了许多尝试找出"伦勃朗原作"幕后抄手的艺术史学家和学者们多年。[101]

在这间特殊工作室内，拥有大量伦勃朗的收藏品，包括各种兽角、异国服饰、刀剑、贝壳等器物，还有一些其他艺术家的手稿和剪贴簿。这些物品除了用作绘画道具模型，更是为了满足个人的虚荣心，他希望通过收藏品的展示，彰显自己的财富和成就。伦勃朗这一嗜好后来发展到痴迷的程度，最终使他面临经济方面的困境。[102]

伦勃朗一直被社会认同问题所困扰，尤其是针对他婚姻方面的舆论，他的爱妻萨斯基亚（Saskia）是一个名门闺秀，人们普遍认为伦勃朗是为了财产而娶她为妻。因此，在事业方面进展顺利的同时，他那收藏家的心态和获得社会认同的欲望，驱使他在阿姆斯特丹购置一栋极具"魅力"的多层房屋，或者形容为一座"类似宫殿般的住宅"。[103]

伦勃朗住宅的"豪华"性显然是相对的，因为参观鲁本斯住宅之后便给人留下一种印象，似乎仅鲁本斯工作室内部空间就能容纳整个伦勃朗的多层住宅。

无论我们的感受如何，伦勃朗却把这座住宅视为事业成功的主要标志，尽管这座建筑 1606 年建造时的初衷是为了满足商人的使用要求。

这是一座带有地下室的三层红砖建筑，立面比例非常完美，窗口和遮阳板具有典型的荷兰传统风格，最初的梯形女儿墙于 1627 年被檐口和的三角形山花所取代。伦勃朗和他的妻子萨斯基亚于 1639 年入住这栋住宅，并在里面工作和生活将近 20 年之久。住宅的入口偏离正立面的中轴线，位于四分之三间处，这表明尽管伦勃朗非常注重住宅形象，但更希望住宅内能有更多大空间以满足工作要求，而如果采用城市中宫殿式建筑那种将入口和通道设在中轴线上的手法，住宅内部将会被分割成许多小的房间。当然，伦勃朗住宅还具有许多独特的方面，能说明它是一个体现相对优秀的案例。这座住宅的体量真的很小，除了门厅和客厅具有两层的高度外，在紧挨着入口的左手边，所有其他的一切，都异常温婉谦逊。除了位于二层的工作室，住宅内部空间都表现出类似铜锈般的深色木质氛围，也由于光线较弱，这些空间都很昏暗并产生许多阴影区域。

对住宅内部光的环境和铜锈般深色的基调的体验，对我们理解伦勃朗许多绘画作品中相对较暗的背景以及画面中那些小块不成比例且光彩夺目的珍贵色调有很大帮助，它们象征着穿透室内昏暗环境的光线。显然伦勃朗作品中非常强烈，甚至达到某种"粗暴"程度的光色对比，是住宅内部独特氛围的真实写照，而并非是凭空产生的意象。

这座住宅还有许多令人难忘之处，例如两层高的门厅和入口左侧大客厅，以及室内的大壁炉、大理石地板，还有中央竖向贯通的木质楼梯，这些要素都被有机地组织到建筑的整体当中。住宅二层以上是生活用房，其中包括一个大厨房和

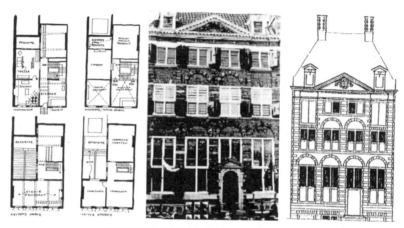

位于阿姆斯特丹的伦勃朗住宅，现为伦勃朗博物馆
（平面草图和立面照片由笔者提供。正立面图：引自伦勃朗博物馆宣传册）

几个儿童房间，还有伦勃朗自己的工作室，这部分空间如今被用作办公室并禁止参观者入内。伦勃朗的生活条件在他那个时代显然属于豪华类型，尽管与鲁本斯和约尔丹斯两人各自富丽堂皇的住宅相比，伦勃朗的住宅还是显得有些微不足道。

伦勃朗的住宅从外观看来要比它的实际规模大很多。

住宅的纵深长度很小，只有三跨进深。联想丢勒住宅和丁托列托住宅的尺度和规模，相对而言，伦勃朗住宅则显得谦逊朴实。这座普通城市住宅的许多方面，都表现出对周围旧住宅的尊重。

伦勃朗为得到这座住宅曾付出了巨大的努力。而且，由于他疏于对家庭账目的管理，最终导致他无力偿还高达 1.3 万荷兰盾的剩余购房贷款。事实说明，他对社会地位的追求和房产投资意愿，不仅超出他的自身能力，而且对他未来的生活有害无益，结果也使他遭受破产和灾难性的厄运。[104] 这座住宅后来又加建了一层，并和整个建筑一起作为这位艺术家的博物馆保留到至今，人们也能够在此体验愉悦的感受并产生宁静的遐想，即使周围的环境目前还依旧不尽人意。不过总而言之，笔者认为这座住宅无论如何都是一个非常重要的载体，它能帮助人们重温曾经激发这位杰出艺术家创作灵感的光线范围。

伦勃朗曾把自己的工作室和住宅称为"工坊"，多年以后，另一位艺术家安迪·沃霍尔（Andy Warhol）在"新阿姆斯特丹"（即纽约）开始使用这个术语。而在阿姆斯特丹，"工坊"后来改称为"学院"。

安迪·沃霍尔的所有经营方式，都让人联想起伦勃朗的阿姆斯特丹"工坊"，包括艺术作品批量制作理念、对助手和合伙人的利用手段（偶尔掺杂着剥削行为），安迪·沃霍尔还采用"工坊"一词命名自己的四座艺术品产销工作室[105]，所有这些方面表明这两种场所的组织机制可能存在关联性。也许这是一种巧合，但是安迪·沃霍尔最后一座"工坊"（位于麦迪逊大道尽端东 33 号大街）的纵剖面[106]，与伦勃朗住宅的纵剖面极其相似，包括两层高的入口大厅，以及住宅主楼梯和联系最后两层空间的内部使用楼梯。

如果以"工坊"一词的使用和"伦勃朗和沃霍尔两人各自住宅之间的关联性"为由，假设两种"阿姆斯特丹艺术"确实存在密切联系，则可以得出这样的结论：在商品经济以及资本主义社会，阿姆斯特丹的所有工作坊尤其是伦勃朗"工坊"的组织模式，成为艺术家追逐的目标和样板。而且，通过"工坊"理念，安迪·沃霍尔成为最后的赢家，因为他去世之后，在家乡匹兹堡享有一座由旧"工坊"建筑（一座工业仓库）改建而成的私人纪念博物馆[107]，而伦勃朗却只能把自己的住宅改造成博物馆，以满足他名垂史册的意愿。

宫殿式住宅的成功之处，还在于它能否适应近距离生活方式的需要，有些艺术家住宅与其他房屋之间仅有一墙之隔，而为的是满足他们生意方面的要求，而且由此也便于联系助手，这种特征一直延续到 20 世纪初，还表现在艺术家对单间公寓内和高密度居住环境的热爱。笔者倾向于认为"新阿姆斯特丹"（即纽约）艺术领域的经营理念，早在 17 世纪就已经在阿姆斯特丹扎下深根，而伦勃朗则可以被视为是充满才智的先驱者。

阿尔布雷希特·丢勒住宅

阿尔布雷希特·丢勒住宅，住宅周边环境和阁楼上的书房
（照片由笔者提供）

位于纽伦堡的阿尔布雷希特·丢勒住宅，是"伟大的传统"发展脉络上的最后一座建筑，而且是源于安特卫普和阿姆斯特丹"量产"理念的副产品。这座建筑还是艺术家住宅兼工作坊以及经商和交易场所的优秀案例。

住宅底层空间最初没有任何分隔，只有一根巨柱支撑其上的楼层，紧邻入口

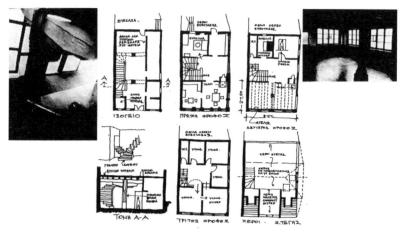

位于纽伦堡的阿尔布雷希特·丢勒住宅
左、中: 底层空间内的巨柱; 下左: 横剖面图; 右: 二层工作室
(照片和草图由笔者于现场拍摄或绘制)

大门左侧, 是一个高于底层地面几步台阶的小房间。整个底层空间作为遮风避雨的场所, 用于装卸商品和货物。紧邻入口的小房间是丢勒的办公室, 在这个略加抬高的空间内, 他可以注视来来往往的生意伙伴, 以及从大门进出的车辆。丢勒经常从版画作品生意中脱身到顶层书房进行学术研究, 因此, 底层小办公室仅作为内部空间的辅助用房。

丢勒对建筑学并不陌生。他一生观察并体验过许多优秀住宅, 尤其是在威尼斯和荷兰。他对建筑抱有强烈的个人观点, 而且尤其偏爱配有漂亮塔楼的高耸建筑。他曾在笔记和日记中反复提及并赞美过拥有类似特征的住宅。[108] 丢勒经常会画一些住宅草图, 有些是当作资料, 还有一些是为朋友做出的具体方案, 例如他曾为在安特卫普照顾自己的医生做过的几个住宅平面设计, 或是曾对一些住宅的设计和色彩方案提出的修改意见。[109] 在他第二次逗留威尼斯期间, 丢勒曾绘制了一幅4层住宅的草图, 他在同一张纸上描绘住宅各层平面、两个立面和屋面景观。这种综合表现手法, 令人感觉他具备扎实的建筑师功底。[110] 据威廉·马丁·康韦勋爵 (Lord William Martin Conway) 推测, 丢勒所描绘的, 很可能正是他在威尼斯时所居住的住宅。[111] 而这张特殊草图更值得关注的地方在于, 草图中的住宅和丢勒在纽伦堡为自己建造的住宅非常相似, 无论是在整体布局、内部空间组织、中央楼梯位置、各楼层主要房间的分布等方面, 甚至还包括从顶层"小房间"看到的屋面景观, 而这与我们曾在1994年参观过并在现场绘制了草图的丢勒住宅如出一辙。通过现有资料考证，当丢勒1506年告别妻子第二次前往威尼斯的时候，他在德国已经建有自己的住宅。因此，这张威尼斯住宅草图也许表明了这位艺术家准备接受威尼斯方面邀请他长期留在这座城市的建议，或许也在考虑要在威尼斯再建一座和纽伦堡住宅相似的房子。不过，是否还有一种可能，那就是草图中的住宅可能是他过去到访威尼斯期间见过的某个建筑实例，而在这之后他才在德国建造了自己的住宅？对于这种疑问笔者至今也没有找到明确答案。

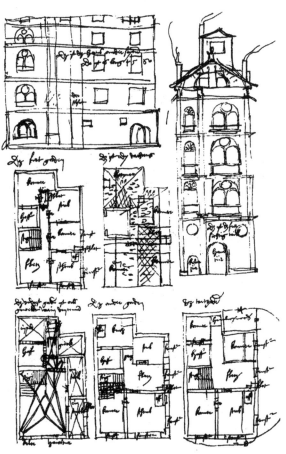

威尼斯住宅草图，丢勒可能在威尼斯第二次逗留期间住在这里
房间组织和底层布局与他的纽伦堡住宅十分相似
（图片来源：阿尔布雷希特·丢勒，引自 Conway，1958 年）

通过仔细观察这张草图表现的威尼斯住宅，笔者发现它和位于纽伦堡的丢勒住宅惊人地相似，所以也由此提出个人的"假设"。

尽管丢勒的纽伦堡住宅本身在类型上具有世俗性特征，但它在整个艺术家住宅的演变历史中占有独特地位。它将形而上学的维度引入到了艺术当中，使得功能和美学与深刻思想和学术相结合，为处在社会当中的艺术家指明了一片更加具有包容性的领域。丢勒最后的住宅作品，概括性地体现出了他的建筑学观念，以及他所开拓的包容性视野。

这座住宅被后人恭敬地保留在纽伦堡，它既是使用者长期生活方式的产物，也是丢勒本人世界观演变过程的一项伟大成果。而如果它的使用者只停留在一位画家的身份，这种情况便永远不会发生。这座住宅的存在，与使用者个性的演变过程密切相关：

丢勒于 1471 年 5 月 21 日出生在纽伦堡的一个相对贫寒的家庭，他是家中第三个孩子。丢勒的父亲是名金匠，他从小便开始跟随父亲学艺[112]，后来到当时在纽伦堡最著名的画家——迈克尔·沃格穆特（Michael Wolgemut）的工作坊学习。[113] "与当时其他画家的工作坊相类似，沃格穆特工作坊也具有庞大的商业性规模，里面有许多学徒和助手，而助手们对待学徒的方式也十分粗鲁。"[114] 在即将结束多年的学徒生涯之际，丢勒的心中燃起对学习更多的渴望，于是他开始游历德国和意大利的各个中心城市。在发明凸版印刷的纽伦堡出生的丢勒，却对巴塞尔（Basel）精致的图书制作过程产生了浓厚的兴趣，于是他便开始逐渐与一些大出版商建立起了联系。[115] 旅居巴塞尔并为了提高绘画技巧的他，内心却由此对"书籍"产生了深深的迷恋。丢勒曾两次到威尼斯游历，据说他曾到"杰出的贝利尼学院"（Brilliant school of Bellini）学习[116]，不过这种说法缺乏明确依据[117]，可以确定的是，在他到雅各布·德·巴尔巴里（Jacopo de' Barbari）的门下学艺的时间里，丢勒认识老贝利尼并得到过他的赏识。德·巴尔巴里是"意大利颇有争议的大师"[118]，他对丢勒产生了深远的影响。正是在他的大师工作坊当助手期间，丢勒发现艺术具有非常广泛的内涵，绝不仅仅局限于色彩、技法和画面感觉等方面。艺术具有"理论"，也有比例和几何学特征。这些领悟将这位艺术家带入一个全新的领域。在威尼斯的所见所闻让丢勒意识到，许多领域的理论和知识都可以对画家都有所帮助。他同时意识到自己所知甚少，并立志要探索艺术中所蕴含的"重大奥秘"。同时，这种想法也成为这位艺术家个人的一个重大机密，因为对图形和数学领域的探索，不仅要解释其中的奥秘，还需深入神秘世界之中，这在当时是一个十分危险的命题。[119] 丢勒把"无知"当成自己的秘密，而他也因此被自己的求知欲望折磨了很长一段时间。为了获得更多的知识，他在求知的过程中用文艺复兴时期画家们"科学"的一面激励自己，并如饥似渴地探索数字、比例、解剖学中的奥秘。多年之后，为了更深入地掌握各种领域内的知识，丢勒逐渐放弃绘画，而专注于学术研究。丢勒最终完成的研究成果约达 45 卷，是继维特鲁威时代之后基础理论方面的又一部鸿篇巨著，极大地充实了人类在建筑艺术、工程学、几何学、艺术和美学理论等领域的"知识宝库"。

在自我启蒙过程中，丢勒承受着两种不同压力的影响，积极的方面来自他的终生好友——人文主义学者维利巴尔德·皮克海默（Willibald Pirckheimer），而消极方面则是来自他的夫人艾格尼丝·弗雷（Agnes Frey）。[120] 由于家庭没有孩子，而且丢勒的母亲一直同他们生活在一起（老人也许在住宅三层有自己的厨房），这使得艾格尼丝完全无法对丈夫的心理乐趣感同身受，也因此在由画家转变为学者之后，丢勒的生活变得异常痛苦，而且受到不断的折磨。[121] 在《画家的生涯》（The Life of the Painter）一书中，莱昂纳多写道："年轻的画家或绘图员应当独立生活"，而且"只有独自一人，你才能拥有自己的一切。而当有一个同伴时，则意味着你只能拥有一半的自己，不过这时同伴行为的干扰程度会少一些。而同伴越多，类似的麻烦也就越多。"[122] 成婚之后，丢勒马上便受到了家庭的束缚，尽管没有孩子，他也在住宅的第四层设置了五间卧室，足以满足一个大家庭的生活需求。这是属于完全另外一个人的住宅，而不是一位艺术家／学者。或许丢勒已无法忍受与妻子和母亲共同生活。如果丢勒提早了解了莱昂纳多对年轻画家的忠告，他或许能更好地处理自己的生活，然而他却只能在亲身经历痛苦之后才醒悟。

妻子和母亲对丢勒造成的影响，令丢勒的许多学生感到不解。但是，他毕竟是一个虔诚的基督徒，而且深爱自己年迈的母亲，直到她去世之前他们一直生活在一起。[123] 至于丢勒和妻子的关系则很平淡，至少在他的日记中是如此，在几次到荷兰的旅途中，他一直与妻子和仆人分开用餐。[124] 随着在学术上研究的深入，以及在思考和写作方面时间的投入，丢勒便感到与妻子之间的矛盾使他愈发难以忍受。到了中年，丢勒的生活便也愈发凄惨。他把自己的余生囚禁在住宅内，并沉浸在个人的精神世界里。他经常通过主楼梯到屋顶瞭望，但由于当时已经看不到住宅对面的广场和宫殿，他只能默默地注视着狭窄街道两侧的建筑，并尝试从中获得一丝欣慰，而这些建筑如今也已无踪影。丢勒的工作室占据住宅三层北侧的空间，那里成为他个人世界的组成部分，而住宅最顶层的小书房则是他真正的私人领域，这个房间如今并不对外开放。这座住宅的整体形象生动感人，与整个区域内的环境非常协调。然而，只有位于四层的工作室才是丢勒生命和灵魂中最重要的场所，也是他自己的理想王国。正是在这个房间，丢勒创作出了表现自己理想的版画——《书房中的圣哲罗姆》（St.Jerome in his study）。[125] 一些学者直接或间接地描写过这个房间，但他们的评论时常彼此矛盾。通过亲自到丢勒的住宅考察之后，笔者认为希顿（Heaton）的观点更接近实际，尤其是他对建筑外观的描写，住宅的外表自建成之后几乎没有变化。[126] 据希顿介绍："这座住宅与纽伦堡整体城市形象非常协调，和城市中的许多建筑一样，都属于 15 世纪的建筑风格。只有住宅的窗口可能略被加大，而且去掉了屋面突出小房间。建筑底部采用大块石材，而上部墙身点缀着表面粗糙的块石，与纽伦堡大量住宅建筑的外墙做法相类似，低缓的屋顶和山墙立面进一步强化了建筑的本土性特征……住宅整体形象感觉有些压抑，人们普遍认为丢勒的工作室外观看起来更加沉闷，房间只有一个低矮的拱形窗，通过窗户能直接看到对面城堡的厚重墙体。"[127] 还有一些学者，如欧文·潘诺夫斯基（Irwin Panovsky）、威托德·雷布琴斯基（Witold Rybczynski）和托马斯·曼（Thomas Mann）等人，则用丢勒表现圣哲罗姆的版画作参照，对丢勒的住宅进行研究，他们推测画面表现的书房正是这位艺术家的具体房间，由此得出与过去完全不同的结论。潘诺夫斯基研究发现，版画中圣哲罗姆的房间"温暖、明亮、安静"，而且非常"整洁"。潘诺夫斯基形容："这是一个极其普通的房间，但通过怡人的环境，不仅提供了生活中的基本所需，同时也在局部空间内营造出来了神圣的学术氛围。"[128] 通过与版画《书房中的圣哲罗姆》作比较的方式，雷布琴斯基对丢勒的房间进行了更详细的描述，并在此基础上，对现代建筑中缺少亲和力和私密性的方面提出了强烈批评。[129] 作家托马斯·曼也时常提及丢勒的名字，而且在几部作品中把丢勒作为人物原型，并参照丢勒的人生经历和时代背景虚构出了一个蒙太奇场景，并写入小说《浮士德博士》（Doctor Faustus）。当中，托马斯·曼通过虚构小说人物阿德里安的工作室，用另一种方式间接地对丢勒的住宅和工作室进行了详细描写[130]：

> "再往下就是修道院的院长室，屋子虽然不大，却非常讨人喜欢。同整个建筑的外观风格相比，这里明显老旧很多，感觉像是 17 世纪，而不是 18 世纪的房间。墙上装有护墙板，木地板上面没铺地毯，梁格屋顶下面紧贴一张印花皮革革面。一个微微隆起的窗龛，所在的墙壁上挂着圣人画像，铅条窗格间镶嵌着方形彩绘玻璃。在一个壁龛墙面里吊着一个紫铜水壶，下面是相同质地的水盆，还有一件安装铆钉和铁锁的橱柜。一只角凳套着皮革垫，靠近窗户有一张笨重的橡木桌子，形状类似一口大空箱，桌面经过抛光处理，下有几个很深的抽屉，桌面中间略低于四周，上面摆着一个雕花阅读支架。桌子上方，从梁格屋顶下悬挂着一只巨型烛光吊灯，残余的蜡烛依然黏在上面。这是一件文艺复兴时期的工艺品，吊灯支架上毫无规律地粘贴着各种装饰构件，有模仿兽角和鹿角的形状，还有许多奇奇怪怪的造型。"[131]

芬克（Finke）认为，丢勒本人和作品与小说《浮士德博士》中的人物阿德里安具有某种关联性，而且"内在因素多于外在表现"。[132]

那么，所有这些描述当中，到底哪一个才是丢勒工作室的真实写照？

没有人能够准确地回答这个问题，因为目前从丢勒生活时代的相关记载中我们无法得到任何信息，或许也因为从未有人曾进入这个房间。这里成为这位艺术家的隐私圣地。因此，只能从丢勒本人的生活方面获得线索，以及从他由画家向学者转变期间的行为寻找答案。笔者完全认同马塞尔·布里昂（Marcel Brion）文章中的观点，他认为丢勒的目的是要"对空间进行实体和抽象的双重限定，在把自己视为生命和死亡的统一体的前提下，试图在宇宙中明确自身存在的位置。"[133] 此外，笔者也十分倾向于潘诺夫斯基的解析，他在版画《书房里的圣哲罗姆》的画面中发现了丢勒这位基督教学者和思想家对温馨和与世隔绝宁静空间的向往，以及他运用数学秩序原理，而非照明或钟爱的器物，来为自己创造的室内精神氛围。通过实例分析，潘诺夫斯基对以上这些方面都给予了十分令人信服的证明。[134] 因此，这个房间凝聚着丢勒的精神追求，是他神圣的冥想空间，容纳着他在宇宙间经历的辛酸苦辣，同时也是他著作理论的具体表现。

这座住宅中，充满着丢勒与妻子之间多年的矛盾和痛苦，只有工作室是他唯一的个人领域，一个狭小的私密空间，一个在宇宙中重新建构的有形世界，他试图将这一具有比例和几何秩序的空间流传给后世。可以肯定的是，这座住宅和工作室的布局是由丢勒本人，根据自己的意愿、思考和取舍而逐渐完成的，为的是容纳他生活中最主要的心理和精神需求：由他无法回避与妻子和母亲共同生活现实而造成的缺乏幸福的抑郁感，以及为了精神追求所需要的一个宁静平和的独立空间。丢勒的困境，只有那些承受过相同经历的人们才有可能理解并告知天下，这些人虽历经生活磨难却努力通过探索与学习求得生存，他们不仅具有非凡的创造力，同时也具有严格的自我约束力，也因而能够远离酒精的诱惑以及其他任何意义上的"解脱"……笔者曾失去一些经历过类似环境的朋友，因此有充分理由提出自己的结论性观点。

丢勒住宅的案例，并不是一个"美与丑"之间的对比分析命题，或者是仅涉及建筑学、空间形式和装饰的内容。最关键一点，这座住宅是一个精神器官（psychological machine）。这方面的特征也许在于室内木材光泽的贡献，然而底层空间那根木柱和巨大的柱头，除了作为支撑上部所有荷载的构件之外，也许也是在象征性地提醒丢勒，来自家庭永无休止的痛苦。

这座住宅作为精神器官，升华了这位艺术家在居住功能、独特的生活方式，以及商业方面的需求，也在承载了这位艺术家人生的根本性转变的同时，保证了他的精神自由。从这种意义上，丢勒住宅具有普适性价值。它不仅仅是一位由艺术家转变为学者的私人住宅，也适用于所有向往精神场所和追求创造性私密空间的开明之人（enlightened human）。

丢勒的住宅作为服务于精神和社会的艺术品，它的这种属性将会在 18 世纪的住宅中再现，具体表现在威廉·莫里斯的设计意图和由他创作的位于贝克斯利希斯（Bexleyheath）"红屋"（Red House）之中。莫里斯的"红屋"是建筑历史进入现代主义时期的标志性作品，我们将在后面章节中对其进行剖析。

在此，以丢勒住宅来结束"非凡的传统"的章节内容。尽管丢勒住宅并不是典型的宫殿式建筑，但它仍旧是一座重要的优秀作品，而且成为文艺复兴时代最后的代表性住宅。

左：阿尔布雷希特·丢勒住宅：底层用石材表面反映内部的生产和商业功能，三层和四层为生活和居住空间，屋面上突出的房间为丢勒的私人工作室
右：城市中心广场的阿尔布雷希特·丢勒雕像，距离丢勒住宅只有几分钟路程
（照片由笔者提供）

注释 / 参考文献

1. 见吉鲁德（Giround），1988 年，第 195 页。

2. 瓦萨里（Vasari），1968 年，第 210 页。

3. 同上。此刻我们应当想起马克·夏加尔（Marc Chagall），5 个世纪后的他，不得不睡在他一位赞助人房子中的楼梯之下。见格林菲尔德（Greenfield），1980 年，第 37 页。

4. 同上。第 220 页。此处提及阿诺尔德·伯克林（Arnold Böklin）的例子将会是非常有趣的，也许正是受佩鲁吉诺（Perugino）影响，几个世纪后，他分别在佛罗伦萨附近的圣多米尼克（San Domenico）以及他出租的农场投资了两栋别墅（见 Savinio，1989 年，第 35 页）。

5. 同上，第 210 页。

6. 同上。

7. 瓦萨里（Vassari），引前，第 124 页。

8. 同上，第 125 页。

9. 此特指位于佛罗伦萨紧邻卡萨·博纳罗蒂图书馆（Library of the Casa Buonarroti）的角落房间。鉴于这个房间是他为侄子莱昂纳多（Leonardo）所购，因此很有可能艺术家本人很少使用这个隐秘的小房间；不过尽管如此，这毋庸置疑是一个非常适合隐居的地方，同时也是这栋房子的一大宝藏。关于"卡萨·博纳罗蒂"，见普罗卡奇（Procacci），1967 年，及 Brizio，第 4-5 页。

10. 关于提香（Titian），见 J. 威廉，1968 年，第 110、129、157、175 页。

11. "米开朗琪罗在美第奇住宅（Casa Medici）的生活"，见西蒙兹（Symonds），第 15-17 页。

12. 瓦萨里，1968 年，第 124 页。

13. 关于些许文艺复兴艺术家之死的情节都充满了传奇色彩，而他们的埋葬地点亦然；传言莱昂纳多·达·芬奇于"弗朗西斯一世（Francis I）怀里"去世，并被埋葬在圣佛罗伦萨（St. Florentine）教堂，此教堂在大约两个世纪前被拆除，如今只剩下一座广场。总是会有很多地方争做"著名艺术家的埋葬地"，正如过去若干城市都声称自己是荷马的家乡一样。关于"达·芬奇"，见《美国建筑师》（*The American Architect*），XC 卷，1906 年 7 月 7 日号，第 104 页。

14. 研究波提切利（Botticelli）的学者对此存在争议，或并非真实。见阿尔甘（Argan），1957 年，第 8-9 页。

15. 威廉姆斯（Williams），1968 年，第 110 页。

16. 同上。

17. 见里格斯（Rigges），1946 年。

18. 引前，第 175 页。

19. 丁托列托以工作努力及为完成委托而不惜破坏市场规则而闻名。例如当其他画家被要求展示作品的设计草图时，丁托列托却已经完成作品最后的成稿。更多相关内容，见莫里斯（Morris），1994 年，第 6 页。

20. 即名为"丁托列托案例研究"（La case e lo studio del Tintoretto）的草图，这是笔者在探访丁托列托在威尼斯的住宅时所得到的、由丁托列托（Stampiera Tintoretto）制作的宣传资料的一部分，1994 年 4 月。

21. 有关埃尔·格列柯及他"有争议的住宅"的描述，详见斯塔普里（Stapley），1911 年，第 423 页；法雷拉斯（Farreras），第 34 页；马察斯（Matsas），1990 年，以及卡赞扎基斯（Kazantzakis）。住宅的照片，包括总体视角、厨房和大门，见基勒姆（Kilham），1929 年。完备的平面图及对住宅和博物馆的详细描述，见玛丽亚·埃莱娜·戈梅－莫雷诺（Maria Elena Gomez-Moreno），"对埃尔格列柯住宅和博物馆以及特兰西亚兹犹太教堂的访问"（*A Visit to the House and Museum of El Greco and the Synagogue of the Transito*），Fundaciones Vega-Inglan，马德里，1966 年，第 7-16 页。

　　虽然 1969 年夏天笔者参观了格列柯的住宅并绘制了它和托莱多的草图，但笔者并没有将其收录到关于文艺复兴时期艺术家住宅的出版物中。而这可归因于该参考文献很大的不确定性。即使此时此刻，笔者亦不确定在托莱多的诸多房子中那栋翻新过的房子便肯定是格列柯曾真正居住过的，而这点对于克里特岛亦宣称为格列柯住所的房子也适用。

22. 鲁本斯住宅的门廊（The Portico of Rubens House）可以在以下文献中找到：范·戴克："Portrait of Isabella Brant"；约尔丹斯：《Diana's Bath》；鲁本斯：several elements of the Rubens House in his

Maria de' Medici-Series，详见于弗内（Huvenne），1994 年，第 4 页。

23. 见瓦萨里，1968 年，第 276、306 页。

24. 同上，第 298 页。

25. 同上。

26. 哈伯德（Hubbard），1928 年，第 13 页。

27. 贝克（Beck），1976 年，第 53 页。

28. 同上。

29. 同上。

30. 即，见詹博尼（Giamboni）中照片，1976 年，第 38 页。

31. 哈伯德，1928 年，第 21 页。

32. 见布鲁斯基（Bruschi），1977 年，第 173 页。

33. 同上。

34. 弗罗梅尔（Frommel），1994 年，第 195 页。

35. 布鲁斯基，引前。

36. 引前。

37. 见瓦萨里，1968 年，第 298 页。

38. 关于拉斐尔时期，见贝克，1976 年，第 50 页。

39. 关于这段时期的研究当前没有可查阅的英文著作；见弗罗梅尔，1984 年。

40. 同上，第 263 页。

41. 瓦萨里，1968 年，第 192 页。

42. 同上，第 198 页。

43. 关于对此的争议，见哈尔西，第 154 页。

44. 见弗莱彻（Fletcher），1975 年，第 828 页。

45. 维特科尔（Wittkower），1971 年，第 84 页。

46. 哈尔西（Halsey），第 154 页。

47. 同上，第 156 页。

48. 同上，第 155 页。

49. 同上。

50. 即见瓦萨里，1968 年，及哈尔西，第 154 页。

51. 见哈特（Hartt）的平面图，1981 年，fig.f.

52. 这个住宅不是瓦萨里设计的，他也没有设计过任何一个他的住所，此处即是指他在佛罗伦萨的住宅。他位于阿雷佐的住宅—— 他 回到故乡的时候就买下了这里，且一生中大部分的时间都居住于这座他备感喜爱和骄傲的住宅中。来到此地的参观者经常会惊讶不已，因为这座属于多产的艺术家兼建筑师兼学者的住宅完全没有他们想象中的华丽。这座住宅与外部环境很协调，而且非常低调，外表甚至可以说非常"丑陋"。它的不凡之处是内部瓦萨里的画作，在客厅窗户嵌入式的长椅和比地面抬高一层楼高度的私人小花园，研究瓦萨里的学者对于这所住宅的信息非常有限，然而由瓦萨里所完成的装饰室内绘画，却吸引了艺术史学家和一些出版商的注意。这所住宅的著作和实测图纸，保存在阿雷佐和佛罗伦萨，详见切基（Cecchi），1981 年，第 21-23 页，及相关图表，1981 年，第 45-47 页；图表及塔万蒂（Tavanti），1976 年，第 85-86 页；其他关于瓦萨里位于阿雷佐的住宅，见保卢奇（Paolucci），A. 和 A.M. 梅茨克（A.M.Maetzke），1988 年。另关于住宅中的绘画，见切尼·L. 德·吉罗拉米（Cheney L. de Girolami），1978 年，和鲁宾（Rubin），1995 年。

53. 这所住宅最终由科西莫（Cosimo）公爵授予瓦萨里；见鲁宾，1995 年，第 16,35 页。

54. 见哈尔西，第 155 页及瓦西里（Vasili）。

55. 切利尼（Cellini），1956 年，第 80-81 页。

56. 见柯林·罗（Colin Rowe）："The Palazzo Maccarini of Giulio Romano: The sixteenth century, Grid, Frame, Lattice, Web"。以上提到的这些来自笔者档案中的第一本出版物，改文章再发表于互联网：《康奈尔建筑杂志》（The Cornell Journal of Architecture），第四期。

57. 这个住宅不是瓦萨里设计的，他也没有设计过任何一个他的住所，此处即是指他在佛罗伦萨的住宅。他位于阿雷佐的住宅——他一到故乡的时候就买下了这里，且一生中大部分的时间都居住于这座他备感喜爱和骄傲的住宅中。来到此地的参观者经常会惊讶不已，因为这座属于多产的艺术家兼建筑师兼学者的住宅完全没有他们想象中的华丽。这座住宅与外部环境很协调，而且非常低调，外表甚至可以说非常"丑陋"。它的不凡之处是内部瓦萨里的画作，在客厅窗户嵌入式的长椅和比地面抬高一层楼高度的私人小花园，研究瓦萨里的学者对这所住宅的信息非常有限，然而由瓦萨里所完成的装饰室内绘画，却吸引了艺术史学家和一些出版商的注意。这所住宅的著作和实测图纸，保存在阿雷佐和佛罗伦萨，详见切基，1981 年，第 21-23 页，及相关图表，1981 年，第 45-47 页；图表及塔万蒂，1976 年，第 85-86 页；其他关于瓦萨里位于阿雷佐的住宅，见保卢奇，A. 和 A. M. 梅茨克，1988 年。另关于住宅中的绘画，见切罗尼·L. 德·吉罗拉米，1978 年，和鲁宾，1995 年。

58. 见鲍德温（Baudouin），1967 年；鲍德温，1977 年；萨穆埃尔（Samuel），1973 年；提吉斯，1983 年；于弗内，1994 年等。

59. 鲍德温，1967 年，第 4 页。

60. 见伯克哈特（Burckhardt），1949 年，第 4 页。

61. 同上，第 5 页。

62. 热那亚古代宫殿（Palazzi Antichi Di Genoa），热那亚 - 鲁本斯现代宫殿（Palazzi Moderni Di Genoa-Rubens），1622 年，1968 年。

63. 关于辩论及相关理论，见鲁本斯（Rubens）所引 Tait，1968 年。

64. 最新版本，见鲁本斯，1968 年。

65. 马格伦（Magrun），1991 年，第 14 页。

66. 见笔者对鲁特格尔·提吉斯的采访，1994 年；于弗内，1994 年，第 4 页。

67. 马格伦，引前，第 362 页。

68. 爱德华兹（Edwards），1973 年，第 124 页。

69. 同上，第 115-116 页。

70. 即鲍德温，1967 年；于弗内，1994 年。

71. 提吉斯，1983 年。

72. 阿尔伯蒂，1965 年，第五册，第 XVII 章，第 103 页。

73. 鲍德温，1967 年，第 8-9 页；提吉斯，1983 年。

74. 平面图见克里帕（Crippa），1986 年，第 160 页。

75. 爱德华兹，引前，第 116 页。

76. 同上。

77. 见马格伦索引，1991 年。

78. 见伯克哈特，1949 年，第 5 页。

79. 见给安尼巴莱·基耶皮欧（Annibale Chieppio）的信，巴利亚多利德（Valladolid），1603 年 5 月 24 日，马格伦，1991 年，第 33 页。

80. 爱德华兹，1973 年，第 209 页。

81. 布朗，同上，第 218 页。

82. 见马歇尔·比阿特丽斯（Marshall Beatrice），1901 年，第 105-139 页。

83. 同上，第 134-135 页。

84. 位于托莱多（Toledo）被称为格列柯住宅的房产，即使是在格列柯租用它的时候，它也早已是这个时代房"地产投资"公司进行"这个时代的房地产投资"的结果了；维拉尔侯爵（Marquis de Villena）在此之前，有着地下通道和秘密的宿舍，这些都属于萨穆埃尔·哈勒维（Samuel Ha-Levi），他是残暴的卡斯蒂利亚国王佩德罗（Castilian King Pedro El Cruel）的财务大臣，他偷了一些国王的财产并藏在这里；当时还有其他的非法行为，如炼金术等，笼罩着这个神秘的房产和它所在的那片土地，而所有的这些，最终促成了第一条房地产相关规则的形成，那就是"在最好的地段获得最廉价最破败的地产"；不过当然，位于托莱多的格列柯住宅有着最好的位置和视野。而上面这些事实当中的一些，也是促成我相关看法的起因；见玛丽亚·埃莱娜·戈梅 - 莫雷诺，1961 年，第 7-9 页。更多信息详见注释 31。

85. 见小米（Mee, Jr.），1988 年，第 54 页。

86. 关于安特卫普作为艺术家和收藏者中心的重要性的更多信息，见西弗尔（Silver），1984 年，第 6-7 页。阿姆斯特丹的重要性见富克斯（Fuchs），1969 年，第 9-10 页，和小米，1988 年，第 33、47 页。

87. 西弗尔，1984 年，第 6-7 页。

88. 见富特（Voet），1977 年，第 13 页。

89. 在安特卫普的丢勒，（1520 年 8 月 2-26 日），在康韦（Conway），1958 年，第 97 页。

90. 在安特卫普的丢勒，1520 年 9 月 3 日－同年 10 月 4 日，他在那里做了以下援引："根据医生想要建造的建筑，我不得不为他绘制草图"，见康韦，1958 年，第 105 页，以及同上，第 115 页。

91. 引前，第 100 页。

92. 关于、雅各布·约尔丹斯（Jacopo Jordaens），见迪尔（D'Hulst），1982 年英文版，及提吉斯，1983 年，仅在荷兰部分。

93. 关于约尔丹斯住宅院落的外墙存在一些争议，一些作家 [即 R.A. 迪尔（D'Hulst, R.A.），1982 年，第 24 页] 认为这些外墙也属于真正的约尔丹斯住宅。我们在这里所参考的是被认为是已经明确的解释：这些外墙是为了从约尔丹斯住宅室内部对隔壁地产丑陋景观的一种控制方法。这个解释是基于 1994 年 4 月 18 日对 Rutger 提吉斯博士的采访。另见提吉斯，1983 年。

94. 见提吉斯，1983 年，第 267 页。

95. 见韦奇伍德（Wedgwood），1967 年，第 77 页。

96. 见小米，引前，第 152 页。

97. 同上，第 152 页。

98. 同上，第 160 页。

99. 小米，1988 年，第 153 页。

100. 同上，第 154 页。

101. 所有这些都通过 "伦勃朗：主人和工作室"（Rembrandt: The Master and his Workshop）这一展览以及相关研究探明，见布朗、克尔希（Kelch）及蒂尔（Thiel），伦敦，1992 年。

102. 贝尼什（Benesh）所著，1957 年，第 13 页。

103. 小米，1988 年，第 167 页。

104. 同上，第 261 页。

105. 沃霍尔的住所则在他处；关于安迪·沃霍尔的趣闻轶事，见科拉切洛（Colacello），1990 年；另见比拉达斯（Viladas），1983 年，第 88-93 页。

106. 见比拉达斯，1983 年，第 90-91 页。

107. 位于匹兹堡由建筑师理查德·格鲁克曼（Richard Gluckman）设计的安迪·沃霍尔博物馆，于 1994 年 5 月 13 日星期五正式对外开放，见赫斯（Hess），1994 年，第 28-30 页，及特雷贝（Trebay），1994 年，第 29-32 页。

108. 即见康韦，1958 年，阿尔布雷希特·丢勒在安特卫普、布鲁塞尔以及威尼斯时期的信件，即第 97、98、100、101、102 页。

109. 同上，第 105 页和 115 页。

110. 这个草图现存于大英博物馆（The British Museum, MMS），以标题 "平面图 @ 移动位于威尼斯住宅的立面图"（Plan@Elevations of a House in Venice），发表于康韦的作品中，1958 年，位于第 46 页与第 47 页之间。

111. 见康韦，1958 年，第 47 页。

112. 关于丢勒自传之细节，见布里翁（Brion），1960 年；潘诺夫斯基（Panovsky），1971 年，第 4 页；希顿（Heaton），1981 年，第 62-63 页；及见丢勒本人之日记与笔记，即见康韦，1958 年，第 34-37 页与第 37-39 页。

113. 潘诺夫斯基，1971 年，第 4 页。

114. 同上，第 4-5 页。

115. 同上，第 6 页。

116. 希顿，1981 年，第 78 页。

117. 丢勒。

118. 同上，第 78-79 页。

119. 见布里翁，1960 年，第 182、187 页。

120. 见潘诺夫斯基，第 7 页；Heaton，第 62 页。

121. 见希顿，1981 年，第 62 页。

122. 见莱昂纳多·达·芬奇，1989 年，第 205 页。

123. 见丢勒日记，康韦，1958 年，第 78 页。

124. 参考丢勒日记中反复引用内容，康韦，1958 年，第 78 页。

125. 见多德韦尔（Dodwell）对芬克（Finke）的引用，1973 年，第 137 页。

126. 见希顿，1981 年，第 63 页。

127. 同上。

128. 潘诺夫斯基，1971 年，第 154 页。

129. 雷布琴斯基（Rybczynski），1987 年，第 14-19 页。

130. 见多德韦尔对芬克的引用，1973 年，第 134 页。

131. 来自托马斯·曼的《浮士德博士》（*Doctor Faustus*），H. T. 洛－波特（ H. T.Lowe-Porter）译，德语版，泽克（Secker）和瓦尔堡（Warburg），伦敦，1969 年，第 207 页；芬克所著，1973 年，第 137 页。

132. 芬克，1973 年，第 140 页。

133. 布里翁，1960 年，第 302 页。

134. 潘诺夫斯基，第 155 页。

关于先前出版物和版权的特别声明：

《艺术空间》以上这一章节曾以"文艺复兴时期的艺术家住宅"（*The Houses of the Artists in the Renaissance*）为题，在《A+U》（建筑和城市规划）杂志，1995 年 8 月，第 299 期中发表，其包括英文与日文两个版本，皆由中村敏男翻译，第 8-15 页；另该文章也出现在笔者所译题为"Τα σπίτια των Καλλιτεχνών της Αναγέννηση"（即"文艺复兴时期的艺术家住宅"）的《建筑的世界》（The World of Buildings）杂志第 6 期希腊文文章中，希腊雅典，1994 年 12 月，第 90-97 页

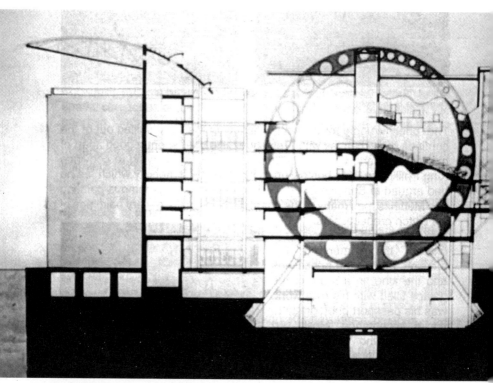

2 艺术空间：
艺术和艺术家对建筑学的贡献

"存在空间"：从"画廊绘画"到开放式平面

"贾科梅蒂博物馆"方案模型和纵剖面图（设计者：Zachar Zekot）

图片来源：笔者主持的 UTA 大学四年级设计教学工作室，1994 年

第2章 "存在空间"：从"画廊绘画"到开放式平面

17世纪佛兰芒画家的"画廊绘画"艺术作品通常会表现一个大的开放空间，空间内则布满艺术家作品。这种艺术形式表达了许多艺术家想要拥有一个家庭画廊的内在渴望，同时也希望以此建立并提升个人声誉。多数情况下在这类绘画作品中艺术家本人正在和某位显贵或君主交谈，周围布满他自己的画作，不时地指向某件特殊作品。无论是老主顾还是意向买家，这些尊贵的客人，都是艺术家自己社会地位的证明。

典型荷兰绘画大师的"画廊艺术"作品

在贝拉斯克斯（Velasquez）的绘画中，明显流露出艺术家为获得社会认同感而努力拼搏的迹象。贝拉斯克斯的大半生都是在宫廷内生活和工作，且希望能够打动国王菲利普四世，并希望他可以授予自己贵族爵位，像他在西班牙法庭一直努力宣称自己继承的那样。[1] 贝拉斯克斯的《宫娥》（Las Meninas）是他的代表作品之一，绘画中表现出许多荷兰前辈们"画廊绘画"艺术的特征。

《宫娥》画作表现的是宫廷内的某一房间，画家本人面带微笑地站在画面一角，与公主和国王一并出现在场景当中，室内摆满他的作品。这幅绘画可以说是贝拉斯克斯获得社会认同的一张"名片"。大多数研究画室主题绘画的史学家，都认为这种形式的绘画在艺术家社会地位的流动性方面发挥了重要作用。[2]

然而除了这些外在所表现出的意义之外，笔者认为这些绘画作品是艺术家心理和生存需求的历史证明，也一直与他们的创造力相生相伴。这些作品能表现艺术家的创作个性，他们热衷在身边布置许多作品，并可以根据他们的意愿随时对外展示。通过这些绘画所展现出的创造性人才的心理与生存需求，可以通过理想的三维空间，也就是这种具有所谓的"开放式平面"特征的空间所满足，里面没有柱子的约束，又无墙体分隔，不需要太大，却又有足够的空间供艺术家随心所欲地工作和休息。

通过作品的布置和展示，"画廊绘画"艺术还表现出空间精神方面的"特质"。某些作品甚至有意地表现空间的混沌性特征，或者可称为"可控性无序"

贝拉斯克斯的作品《宫娥》

（controlled chaos）状态和"随意性"（circumstainciality）场景。这种环境类似于僧侣的"隔间"，紧凑的实体空间类似一个大千世界，包容着艺术家进行求索和冥想的行为。

"画廊绘画"艺术所表现的空间形态，能够满足艺术家展示"个性"和进行"冥想"的心理需求。纵观艺术演变的历史，艺术家对这两方面的需求一直存在，而且在20世纪表现得尤为突出。

作为一种"艺术空间"，"画廊绘画"艺术表现的空间近似于"隔间"（如"祭坛"或"华盖"空间），我们在后续章节中将会对这类空间进行详细分析。但是，有必要在此提醒读者注意的是，通过这种参照性比拟的引用，将有助于我们理解富有创造气息的空间维度，这也正是那些描绘"画廊绘画"艺术中所展示的核心主题。

后文艺复兴时期的画家，尤其在工业革命之后，他们对空间的需求与过去的同行相比截然不同。这些艺术家的经营活动更多地建立在了个性基础之上，他们经常面临陌生客户的服务要求，而且需要不断瞄准更大的市场。他们所描绘的是一个新的社会，同时还要把社会当作市场看待。而且，无论是作为表现对象或者专门的收藏家，艺术家的客户此时也已经不再会只是一个人的顾主。进入新的时代，艺术家的展示空间不再追求异域风格，否则将会停留在对文艺复兴时期宫殿类型建筑的联想，或是过分地表现巴洛克时期的空间特征，再或者是片面地追求所谓的"个性空间"。艺术家们希望可以在类似"隔间"的个性空间内专心工作，同时也希望能够在私人住宅内或拥有适当氛围的场所展示自己的作品。后文艺复兴时期，艺术家对"开放性"和更加自由空间的需求，引发了类似"画廊绘画"的艺术表现形式，而通过这种及时向公众展示自己原作的形式，能够同时满足艺术家探索艺术和展示作品的需要。

"画廊绘画"艺术清晰地表现出了艺术家对工作场所的空间内在需求,而三个世纪之后,这种愿望鲜活地以"艺术家工作室"的形式体现出来。

20 世纪的艺术家当中,无论是画家还是雕塑家,他们的工作室都具有"画廊绘画"艺术所表现出的开放式平面特征,这些私人场所类似"隔间"或"紧凑型书房"空间,内部具有神圣的美学特征和冥想氛围。而且,这类工作室无论大小,总是能体现出空间要素与内部特殊秩序之间的协同作用,为动态趋势提供"自由度"保障。而在某些左右创造力发展的空间要素有可能受到限制(包括动态性、灵活性和空灵的冥想性等方面的自由程度)的情况下,所有空间构成要素便会按比例缩减,空间便与艺术家的大脑融为一体。在此前提下,我们才能够准确说明"空间存在性"(existential space)的含义。

伴随着工业革命的到来,艺术家成为完全独立的自由评论者阶层。作为社会的"局外人",他们需要为生存而奋斗。对于先辈艺术家来说,主要在早期生活阶段会面临一些压力,但类似的压力却成为 20 世纪初大多数艺术家的常态。[3] "设施配套房间"或廉价旅馆客房,成为艺术家职业起步期的标准工作空间。毕加索也曾被迫住在一个狭小的房间内,贫困和生计的压力迫使他学会自我调节,并学习在这样的空间中创作。拥有一个比例良好、光线充足而且没有柱子的普通空间,往往会令艺术家感到心满意足。诸如出租公寓或廉价旅馆内的房间,与荷兰艺术家"画廊绘画"艺术所表现的空间特征并无区别,只是这类空间里布满灰尘,需要保持室内清洁状态,以免弄脏颜料。

如"画廊"空间或者"隔间"中的物质条件,艺术家追求"自由""表达""展示"和"由社会定义的艺术家的地位与阶层"的心理因素,以及他们对个性化工作场所和冥想空间的需求,都是在 20 世纪定义或塑造"艺术空间"的决定性要素。

而在形成"艺术空间"的诸多因素当中,最关键的是艺术家欲通过艺术表现自我的基本愿望,以及他们想要成为自由思考者的崇高理想。这些都是客观存在的基本条件,而且无论我们的意愿对其需要与否,它们都是最终演化并独立于人脑之外任何空间的先决条件。"艺术空间"概念具有存在性维度,而阿尔贝托·贾科梅蒂(Alberto Giacometti)工作室则是体现这一特征的最佳案例。

贾科梅蒂工作室

在贾科梅蒂的模特当中,有许多著名人物,如让 – 保罗·萨特(Jean-Paul Sartre)和让·热内(Jean Genet),且他们二人都写过有关这位艺术家的评论[4],为我们提供了来自模特视角的最为深度的心理评价。[5] 同样,其他模特也被这位艺术家的个性所感染,而纷纷想记述在贾科梅蒂工作室的经历。詹姆斯·罗德(James Lord)是一位美国新闻作家,他曾在一篇报道中生动地描写了工作中的贾科梅蒂[6]，并在几年之后出版一部这位艺术家的感人传记。[7] 热内在名为《贾科梅蒂工作室》小册子中，用精炼的文字和图片对这位艺术家和他创作时的烦恼进行了介绍。据热内描写，在消沉和抑郁氛围中，贾科梅蒂和自己的作品融为一体，"他耗费着自己的生命，慢慢地逝去"，并在这个过程中，使雕塑蜕变为女神。[8] 通过这本小册子，我们了解到贾科梅蒂对已拥有的物质空间非常满意，而且在热内看来，这个工作室空间便是这位艺术家的精神世界。[9] 在这个精神世界当中，贾科梅蒂总是四处探寻，努力挖掘事物的精华，并将这种精华汲取。在这个过程中，艺术家的自身消隐，于是，材料浮现，非其自身，而所有这些的最终目标，是孕育一件作品的灵魂。

萨特和热内的方式比较相似。在两篇研究贾科梅蒂的文章中[10]，萨特论述了这位艺术家的个性和其在探索事物精髓过程中的烦恼，他对物质消没的处理方式，以及他对于存在的挣扎（existential struggle）。所有的这些作为一位存在主义哲学家的剖析结论，并不令人意外。

萨特和热内二人都是通过一次奇特的经历在咖啡馆结识的贾科梅蒂。同时，他们二人也被这位艺术家工作室内局促的空间环境，消没的内部氛围，以及工作室中的一种特殊的秩序和一种受控的混沌所折服。[11] 正如萨特所形容的："他的工作室类似一组群岛，远近不一地形成一个整体。"[12]

贾科梅蒂被誉为最擅长捕捉现代社会人类异化现象的艺术家，正如萨特所说："……通过把世界从他的画面中驱逐（expelling）出去。"[13] 贾科梅蒂的那些与埃尔·格列柯（El Greco）的作品风格相似的雕塑，那些纤细的形态似乎永远在运动，就像宇宙中彼此陌生的人们，在开敞空间、公共场所或街道中相互擦肩而过，对彼此的存在漠不关心。

在绘制特定人物形象时，贾科梅蒂也采用了类似的表现手法，例如他为弟弟迭戈（Diego）或妻子安妮特（Annette）所作的画像。萨特曾观察贾科梅蒂并发现他对"存在性虚无"（existential emptiness）的探索过程，一种在"在真空中的四处搜寻……而虚无却早已悄然渗入得无处不在：在人的眉目之间、唇齿之中，也在鼻孔里。而人的头部，也由此变为了群岛。"[14] 萨特经常将贾科梅蒂工作室和他的头脑比喻为群岛。而这三者之间没有区别，因为它们皆是处于偶然性（circustantiality）和调节性的存在状态。

贾科梅蒂和空间方面的话题很不寻常，因为他曾用文字表明自己从不"相信所谓的空间问题"。[15] 很显然，他所特指的是包含他的工作室在内的三维空间。然而他又很快做出解释："空间只是由一些物体塑造而成，如果某一物体的移动与其他物体毫无关联，则无法产生空间的意象。只有主题能成为空间的决定性要素，而单独的画布、石膏、青铜等，则有许多其他的意义。"[16] 按照他自己的理念，贾科梅蒂创造出一种当代升华的空间（appritiation of space）。在这空间当中的建

贾科梅蒂工作室，位于伊波利特曼德隆街（Hippolyte Maidron Street）46 号
（照片由笔者提供）

筑空间的实质含义，或丢弃了那些由建筑师和研究物质空间学者们所给予的空间的重要定义[17]，同时，他也在探寻更广泛的空间定义，可以包含基本动态要素的定义。贾科梅蒂的"非－建构空间"概念，说明他本人倾向于中性的物质空间，以及灵活、无个性(non-glamor)的房间。我们所谈论的"贾科梅蒂住宅－工作室"，是指位于伊波利特曼德隆街 46 号的几间摇摇欲坠的房屋。这些建筑在 20 世纪 90 年代中期也就是笔者亲临参观时的整修后的状态，便只是一座能够提醒人们这里曾经是一个世纪最伟大且最富有创造力之人的居所的建筑。由于贾科梅蒂的"住宅－工作室"内多年都没安装电话，因此毕加索、萨特和热内等人时常都是未经事先联系的临时到访。[18] 在这里，贾科梅蒂曾和毕加索进行辩论和相互讥讽，也曾与萨特和热内探讨哲学和文学方面的问题。如果我们想要描述"贾科梅蒂住宅"的平面布局，便会面临很多困难。它与我们所熟知的任何住宅完全不同，无论是过去还是现在，它都只是一个概念。这座"住宅"超出我们所看到的、用实体边界形成的空间，超越房间、走廊、庭院和树木。这座"住宅"超越了所有这些除了两个工作室、一个联系走廊和一间卧室，空间范围还延伸到一条街道，还有一个公共咖啡馆。这位艺术家经常徒步往返于工作室与迪多街（rue Didot）转角处的咖啡馆之间，这使得"咖啡馆"成为艺术家的起居室和他的休憩场所。[19] 这座咖啡馆是这位艺术家的视觉青春元素。在去往咖啡馆的路上，这位艺术家总能发现新鲜事物，贾科梅蒂曾说："从家里到咖啡馆的沿途，我感到一切都很新奇，所看到的景观、树木每天都略有不同。"[20] 每当在工作室感到劳累，或者想找个方式放松时，贾科梅蒂便总会起身前往咖啡馆。他总是会邀请他的客人或模特与他一同前往，像是在邀请他们到隔壁房间喝杯咖啡一样，也像是邀请一同到他休息室的长椅上放松闲聊、吸烟，或者进入各自的冥想世界。

贾科梅蒂的工作室位于伊波利特曼德隆街，与阿莱西亚一所小学仅隔一堵高墙，这里是巴黎相对安静的街区，距离阿莱西亚林荫大道不远。他的弟弟迭戈占

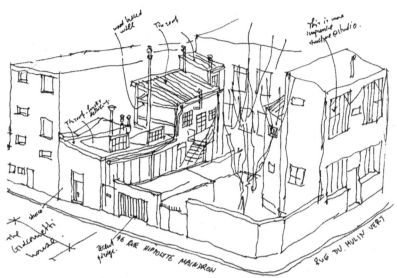

草图：贾科梅蒂的住宅－工作室，位于一所小学和位于穆林沃特街（rue de Moulin Vert）的一位瑞典艺术家"感人""正规"的工作室之间。图片：迪多咖啡厅（Café Didot）——距离阿莱西亚大道仅 1 英里（1 英里约为 1.609 千米）

（草图和照片由笔者提供）

用场地内的第二间工作室,并为哥哥制作雕塑模具和青铜作品。20 世纪 90 年代中期,邻近街道咖啡馆移民而来的新主人基本没听说过贾科梅蒂的名字。住宅的新主人也基本不了解这里的情况,甚至完全按照自己固执的私密性要求改造了内部空间。邮递员也不认识这位艺术家,只有一位 70 岁遛狗的老妇人能马上证明贾科梅蒂曾在这里生活过,并表示时常能看到他双手插在衣兜里出来散步。老妇人当时也许没有想到,这位身材瘦小、满脸皱纹的艺术家双手正在口袋里抚摸某件作品。老妇人当然也不会意识到,偶尔来拜访街道上那些破旧房屋的宾客们,竟都是法国名声显赫的艺术家或大文豪……

贾科梅蒂曾经接受过一个委托项目,让他在从未亲临现场的情况下,为纽约大通曼哈顿广场(Chase Manhattan Plaza)制作三件雕塑作品。贾科梅蒂对最终的结果并不满意,于是从那以后,他拒绝所有将雕塑作为建筑配角的项目,并反对将雕塑作为公园和城市环境的装饰物,就像二战后的许多雕塑家 [例如亨利·穆尔(Henry Moore)和考尔德(Calder)] 纷纷创作的那样。贾科梅蒂此后转而投入表达现代城市环境本质和人在陌生环境中的存在当中。[21] 他创造了一个完全属于自己的空间,在那里,雕塑是"人",是行走的人,而且是具有思想的非物质形态,携带着他的所有烦恼和存在感。每当有人在它们周围,这些雕塑便会发出声音,仿佛是对人类的存在发出"议论"或叹息……

贾科梅蒂总是能感到物质与精神之间时刻在进行深刻且严肃的"对话",他仿佛能听到空间内响起催促雕塑和人行动起来的号令。显然贾科梅蒂的创作风格与其他艺术家的创作风格截然不同,例如考尔德,总是精确地表现对象,而贾科梅蒂采用的则是一种潜在着的、具有强烈动感的表现形式。贾科梅蒂认为形态无法独立存在,除非它能够"与人产生精神层面的交流",而且,他不把自己的雕塑看作坚硬的实体,而是作为某种通透的事物,是空间内灵动的(不是具象的)

**左下、中：第六大道巨型"维纳斯雕像"复制品入侵（ACA 档案）；左上、右：对比贾科梅蒂关于
城市空间雕塑的理念**
[照片由笔者摄于梅格（Maeght）基金会博物馆]

"漂浮"体。形态与空间必定会是相辅相成的。他首先在作品形态的四周构建笼子，
作为实现"相对存在"目标的第一步。当他告别自己早期的立体主义抽象风格，
并回归处于某种相对性场景内的更为自然的对人体的刻画，无论是将对象封入笼
子之内，或者将其置于自然环境中进行拍摄，最终都会使作品产生动感。

通过早期受到的影响和漫游经历，贾科梅蒂在工作室内部空间的营造上吸纳
了罗马和文艺复兴教堂的形态特征，且几乎吸纳了所有外部世界的风格。然而，
我们却发现他的工作室是一个随着时间的流逝不断演变的空间。这位艺术家通过
对自己灵魂的求索，以及对自身动感体态的观察，在将生命框架转化为死亡牢笼
的过程中，逐步形成自己的个性空间。贾科梅蒂的空间是一段"通道"，而且通
过这段工作室之间实际通道的影响，他创作出一些标志性作品。或许是位于两个
房屋之间的通道（即位于伊波利特曼德隆街的两个工作室），给予了贾科梅蒂创
作并完成《站立的裸体，1953 年》（*Nu debout, 1953*）的幻象，那是安妮特行走
在廊道之中的画面。

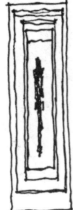

左：笔者用图解草图对贾科梅蒂的《站立的裸体，1953》廊道理论加以说明
中、右：廊道里的贾科梅蒂，贾科梅蒂和迭戈、安妮特
（图片来源：Lord，1985 年）

　　某种意义上，两个工作室和它们之间的内部通道是贾科梅蒂宏大的宇宙空间，那些场所成为他个人的天堂，不仅宁静而且富有浓郁的创作氛围。住宅中还居住着两位天使或是恶魔——迭戈和安妮特，他们在贾科梅蒂生命中的不同阶段扮演不同的角色。显而易见，这三种空间的和谐与交融，促使贾科梅蒂的表现风格向更广泛的方向转变；而联系这三种空间和咖啡馆之间的街道，则悄然为他提供了一个匿名的开放空间。后来，贾科梅蒂也将在这段街道集中布置一些自己的作品，试图营造一种氛围，一种可以在观看者心目中唤醒当代群体意识，唤醒个体作为群体中一个元素，以及每个人在现实社会中都处于一个不可言状的框架之内的感受的氛围。在贾科梅蒂现代宇宙概念的广义框架中，所有要素的运动属性逐一演化，进而形成了他的空间理念。他宇宙观的中心，便是他的工作室，其不仅能为他提供栖息场所和观察作品的距离，也为他重新创造属于自己的空间世界提供了内部空间，"他的心灵深处形成一个神圣场所，任何通用法则都无法对其进行衡量。"[22]

　　坐在工作室的座位上，贾科梅蒂便可以观察通道内部发生的一切。笔者在此提出一个大胆的观点：垂直剖切工作室中间的联系通道，能使空间产生一定比例的拉伸和透视效果，也许正是在通道剖面形态的作用下，在贾科梅蒂的眼中，人物形象向高度延伸并产生拉伸效果，并最终成为他创作出的体型修长、类似埃尔·格列柯作品风格的人物形态。这种视觉线索体现在他的两件绘画作品当中，一幅是《站立的裸体》，另一幅是《雕塑画稿》（*Etudes pour des sculptures*，1947 年）。前者的显著特征是人物形象四周附加的一系列由直线构成的框架，而人物形象则表现出了一种运动态势。显然，贾科梅蒂是借助通道的透视效果，使站立的裸体形象产生了动感。

贾科梅蒂创作出的许多表现构图比例拉伸或附有竖向直线形框架的绘画作品，结合对空间层次化和透视效应方面的研究，都表现出强烈的动感。这些作品的创作意象可能源于穿越通道空间的视像，或许是迭戈或安妮特通过廊道从卧室或工作室走向另一个工作室的画面。与工作室相邻通道中的比例拉伸所产生的视觉效果和动态感觉，进一步强化了贾科梅蒂工作室内的静态均衡感。也许，正是这两种相邻实体空间要素之间的相互作用，在不知不觉间为这位艺术家明确了他一直探索的创作目标，他所塑造的对象之间的动感，以及他对自己空间理念的描绘。之所以产生这些效应，或许是得益于另一位艺术家事先创造出的实体空间，这个空间协助贾科梅蒂通过艺术形式流畅地表达他自己的所思和所求。当时，这位来自阿莱西亚工作室（Alesia Studio）不知名的建筑师为贾科梅蒂设计出了具有两极特征的中性空间，并结合联系通道创造出潜在的动感环境。[23]

随着逐步在事业上取得成功，贾科梅蒂在 20 世纪 50 年代后期和弟弟迭戈一起搬到了位于伊波利特曼德隆街的那座"破旧工作室"。[24] 两位自小要好的兄弟原计划在此短期逗留，而实际上他们自此却再也没有离开。一段时间之后，"他们又接手小庭院中的几间破旧棚屋，其中一个作为弟弟迭戈的工作空间。"[25] 之后，贾科梅蒂曾经在日内瓦"德河旅馆"（Hotel de Rive）[26] 的一间 10 英尺 ×13 英尺（1 英尺为 30.48 厘米）的客房内度过了三年半的时间（1941 年 12 月 31 日至 1945 年 9 月 17 日）。[27] 在此期间，由迭戈照看哥哥的工作室。贾科梅蒂回来之后，迭戈依旧充当哥哥的普通模特，同时继续从事铸造工作。兄弟两人的性格和生活方式完全不同，但他们却能够亲密地在一起生活和工作。贾科梅蒂患有梦游症，而且非常直爽、健谈，从不回避谈论问题的事实；而迭戈则完全不同，他喜欢安静、独处，极其喜爱动物——尤其是猫。迭戈不仅崇敬自己的哥哥，而且从不感到有任何竞争压力。[28] 贾科梅蒂和安妮特于 1949 年结婚，他们和迭戈一起在同一屋檐下经历了生活中的跌宕起伏。这座位于伊波利特曼德隆街的破旧住宅条件非常简陋，安妮特显然从未对此产生好感，她甚至需要去室外使用卫生间。安妮特一直抱有美好的愿望，希望找到一个能够愉快生活的场所，并营造一个能够激发她丈夫想象力和灵感的环境，她由此产生对生活场所的抱怨，这方面也许成为她和贾科梅蒂后半生不幸的关键因素。[29] 毋庸置疑，这座"住宅"是历史上最重要的场所之一，不仅是艺术家的生活设施，更是 20 世纪五六十年代艺术史的优秀遗产。不幸的是，所有一切最终都未得到政府部门的关注，房屋的许多信息仅留存在罗德和热内的书面上，或是萨特的文章当中。尤其是罗德，他从房屋的家具、相对布局，以及活动空间等方面，对"贾科梅蒂住宅"进行过翔实的描述。此外，通过观察贾科梅蒂现存的绘画作品，我们发现他的工作室内部与毕加索和考尔德早期的创作环境基本类似。这间工作室的面积很大，内部环境缺乏秩序感，装点着奇特的家具和布帘，是一个总需要用炉具为模特取暖的房间。工作室墙体非常破旧，上面布满着灰尘和泥浆，地面上污渍斑斑。如今，只有工作室的天窗和屋顶烟囱依然清晰可见。然而，即便如此一旦进入这间工作室，所有人便都会肃然起敬。这个空间内具有某种无形的力量，可以使玛琳·黛德丽（Marlene Dietrich）在这里凝重、安详地凝视画家的作品，而贾科梅蒂当时则在梯子上面对她进行讲解。[30]毕加索也曾在此经历有过类似体验。乔治·林布（George Limbour）曾在 20 世纪40 年代末期到此参观，并用文字这样描写了这间工作室："人们一踏进房间，便会担心惊扰那些纤细、脆弱的生灵（它们实际上比感觉的要坚固很多），有些立在地面上，或是斜放在墙角的石膏堆上，还有一些堆放在桌面下。与其说是，工作室，不如说看起来更像是一个房屋拆迁场地。"[31]

贾科梅蒂经常在从事创作的工作室内接待客人。他时刻注视整个空间环境以及其内部发生的一切，同时集中精力进行创作，而所有作品均是他本人为宇宙空间增添的有形物体。贾科梅蒂具有某种令人难以置信的能力，他能够潜心投入工作之中，并能适应各种环境空间条件。无论他周围有其他人陪伴，或是独处于类似圣哲罗姆神圣密室那种紧凑的限定环境还是类似阿尔布雷希特·丢勒与世隔绝的空间之中，都不会影响贾科梅蒂对"存在"的探索，或是阻止他进入自我隔离的状态，这些内容会在后文进行详细论述。

贾科梅蒂一生都在尝试捕捉人的眼神[32]，他相信这种独特的表情和"生命与死亡"之间发生的转变事件存在关联。他在年轻时曾目睹过类似事件，当时是在一个旅馆的小房间内，彼得·范·莫伊尔斯（Peter van Meurs）于深夜死在他面前。[33] 从那时起，他便一直尝试用绘画和雕塑来捕捉这种眼神。贾科梅蒂把生命、眼神和对黑暗的恐惧与死亡命题联系在一起。他还将失败视为成功的对立存在面，并联系艺术家生活地位以及他本人与人们的关系，对上述方面进行了全面思考。这种思想完全融入贾科梅蒂的生命与他的创作过程和思维活动当中，而这种思想与简朴、裸露、临时和虚无的空间环境相结合，便共同形成他生存的有形瓮体。而上述所有的这些思想，都不及一间局促的旅馆房间对他所产生的影响。这样的环境曾多次出现在贾科梅蒂的经历当中，表现在他偶尔旅行时的居住场所，或者在背井离乡时栖身的旅馆客房。

旅馆客房的窘况

研究发现，许多艺术家都有过**"旅馆"**和**"客房"**的空间体验。多数艺术家都曾阶段性地暂住在一些廉价、沉闷、压抑的小客房内，有些时候，这种房间也会成为艺术家某一时期固定的生活场所。只有马蒂斯除外，他曾在尼斯"里贾纳酒店"（Regina hotel）的大套房内生活多年，房间窗外便是优美的棕榈树林景观，远处是地中海背景画面。不过无论在何处，无论大小如何，或干净与否，旅馆客房都有一个相同的特征：即只有一个空间，而且具有标准的开放式平面特征，并清晰地划分出不同的活动区域，以满足各种使用要求（内部设有写字桌，有明确的休息区域和睡眠角落，条件较好的房间还设有专门的衣物储存间和卫生间）。旅店客房一般都是矩形空间，卫生间和壁橱区域的空间形态也是如此。在阿尔贝托·贾科梅蒂一生经历的空间当中，日内瓦"德河旅馆"客房居于核心地位[34]，他曾在里面度过了三年半的时光。"德河旅馆"旁边是除了阿尔卑斯大酒店（Grand Hotel des Alpes），也就是之前提到他目睹彼得·范·莫伊尔斯死亡的那间酒店之外的另外一家对他产生重要影响的酒店。"德河旅馆"客房的简陋程度可以说是二战时期"最小、最破，也最便宜"的房间。而贾

"旅馆客房之三"，没有签名的某一客房草图，作于 1963 年
（图片来源：苏黎世美术馆《阿尔贝托·贾科梅蒂回顾展作品集》，1992 年，第 353 页，贾科梅蒂基金会提供）

科梅蒂却在此经历了一段充满激情的创作周期，当时"他完全凭借记忆全身心地投入雕塑创作当中，甚至阶段性地放弃绘画创作，而且这个时期他的作品也变得越来越小，直到如别针般大小，高度不到 1 英寸。"[35] 当然，在旅馆客房内产生创作激情的例子，不仅仅只有贾科梅蒂。

可以确定，大多数艺术家都曾经历过类似客房空间的创作环境。此外，在"旅馆客房"的困境条件作用下，引发出某种创造性的等式效应，表现在作品的尺度方面与艺术家临时创作场所（或外出逗留）的位置之上，并且与家庭工作基地的距离形成反比。在这种条件下，艺术家以往的（而不是眼前的）经历成为创作中的主要素材，他们此时只凭借记忆进行创作，并不需要即时模特，也不会表现当下眼前所发生的事件。与贾科梅蒂和霍安·米罗（Joan Miró）[36]的创作经历相类似，许多艺术家都曾在旅馆客房内经历局促而艰苦的条件限制，他们仅凭过去的记忆进行绘画创作，在渴望回到家庭环境的同时，反复体验、理解眼前的困境，并想方设法适应这类空间的各种约束。旅馆客房环境并不适合进行视觉艺术创作，尤其是雕塑作品的创作。雕塑家习惯在大空间内工作，而客房更适合诗人、作家，或者艺术史学家使用。在这种意义上，旅馆可以说是艺术家之间相互交流

的理想场所。著名的"切尔西宾馆"（Chelsea hotel）位于曼哈顿下城区，里面曾居住着许多诗人和作家，而艺术家的人数却很少。卢·施特劳斯－厄恩斯特（Lou Straus-Ernst）是一位艺术史学编辑，她是马克斯·厄恩斯特（Max Ernst）的第一任妻子，她可以在巴黎的某个旅馆阴暗的客房中做许多事，她的儿子吉米·厄恩斯特（Jimmy Ernst）在后来成为了一位画家，并写过一篇关于他父母的感人故事。路易丝租住的旅馆类似"嘈杂、拥挤的旧客栈"，里面的房间都很小，住满了大量来自欧洲的逃难者。她不仅要在房间内挤出地方写作，还要在"临时的备餐角落"准备饭菜，有时还要腾出空间接待朋友。不过即使如此，她依旧能在圣诞节之际，在房间的一角腾出空间摆放一棵小圣诞树，等待儿子的到来。[37] 吉米·厄恩斯特曾生动地描写过客房内一个"从未清空的旅行箱"，这表现出了一种总是即将出行的状态，以及对于离开这个蜗居的迫切渴望。在旅店客房内，雕塑家或画家会叫苦连天，而诗人和作家却毫无怨言，因为他们很容易用小纸张和笔记本完成诗歌或小说的创作。吉米·厄恩斯特曾把德国诗人赖内·马利亚·里尔克（Rainer Maria Rilke）居住过的标准客房形容为"令人沮丧的囚室"，因为他在年轻时去巴黎探望母亲时，不得不住在类似的房间中。

皮埃尔·施奈德（Pierre Schneider）在评论艺术编辑特里亚德（Tériade）的小工作室时曾经说过："伟大的思想往往在小房间内诞生。"[38] 笔者也曾在建筑设计的开始阶段，对学生们说："纸张越小，构思越大。"

研究那些在小房间和旅馆客房内创作出的优秀诗词和文学作品，是一件非常有趣的事情，另外，列举客房空间对其他艺术产生的影响也很有意思。在贾科梅蒂的案例中，艺术家与他家乡之间的距离、空间的大小尺度以及基于记忆进行创作与现实和创作的作品的尺寸之间的等式，依然成立。而在回到巴黎伊波利特曼德隆街的家庭工作室之后，贾科梅蒂作品的形象也"开始增高、变细，而且人物形态也被奇妙地拉伸"。[39] 回到工作室，贾科梅蒂便重新借助模特进行创作，同时他却抱怨工作室尺度方面存在的问题，他希望与表现对象保持足够的距离，便于更好地观察和把握他们的本质，并注视他们的眼神，以更好的去**看**。这种要求甚至在他较大的工作室内部也无法得到满足。或许，在这方面，旅馆客房却在不知不觉中，满足了他的所有要求。无论如何，对于任何在旅馆客房内进行创作的艺术家来讲，那里提供的是一个微型的宇宙空间。因为客房并非是其他空间的附属成分，而是一个完整的细胞组织，是一个隔间单元，本身就构成了一个微观世界。这种房间可以被视为当代圣哲罗姆的小书房，或者丢勒的工作室。这种空间不仅能够保证私密性，而且内部清静、安全。同时，有限的氛围有助于人在脑海中涌现艺术灵感。不过需要明确的是，激发创作灵感的是房间的平面布局和潜在的空间活力而非狭小的空间本身，从而使空间（旅馆客房）和艺术家大脑成为创造等式中的先决条件。旅馆客房是一个微观世界，而艺术家本人和作品成为空间内的核心要素。在这种紧凑的环境之中，除了艺术家智力方面的转变，他的身体特征也会发生显著变化。在这种场所中，空间内的灰尘和污物，以及紧凑的尺度和短近的距离，不仅对人的视力产生了影响，而且艺术家本人也逐渐被不断增加的作品所吞没。长期在这种场所内工作，艺术家的身体特征最终产生变化，他开始与自己的艺术作品愈发相似。詹姆斯·罗德认为，贾科梅蒂是在"德河旅馆"时逐渐获得了那些与作品形象相似的外貌特征，并将自身和正在创作的雕塑形象联系在一起（例如皱纹、发型、面部表情和修长的体形等特征）。[40] 也许是由于上述原因，无论艺术家对旅馆客房条件多么不满，一旦时机成熟，他们仍然会物色这种类型的空间作为自己的工作室。

　　综上所述，可以说影响创造力的因素不在于空间大小，而在于空间的类型。基于这一观点，我们可以联想到勒·柯布西耶为自己建造的那间"违章"小木屋，它位于法国南部马丁岬高于海面 70 英尺的一片岩石上，大小只相当于一个旅店客房。一个长宽 12 英尺 × 12 英尺、高度为 7 英尺 6 英寸的空间，功能完善，并能适应人的心理需求。小木屋具有开放性的平面特征，室内配有绘图桌椅和书架，划分出洗漱和睡眠区域。该建筑设计对空间物理环境也有所考虑，例如光线条件和环境控制等方面（空气流通、防蚊和遮阳设施等）。[41] 这个小木屋成为勒·柯布西耶创作灵感的摇篮。类似的小空间，还有马克斯·厄恩斯特和多萝西娅·坦宁（Dorothea Tanning）夫妇在亚利桑那州塞多纳（Sedona）的住宅。多萝西娅·坦宁在题为《生日》的回忆录中对自己的住宅有所介绍，从书中第 102 页住宅照片中的立柱间距推断，该住宅平面大约只有 20 英尺 × 20 英尺大小。希腊建筑师帕诺斯·尼科利·谢勒培斯（Panos Nicoli Tjelepis）的住宅也很小，它是一个"旅馆客房"式的木制平房，建在彭特利（Penteli）山脚下。[42] 多数艺术家的创作不以盈利为目的，他们往往只投入少量精力来保持收支平衡。作为微型空间，"旅馆客房"开放式的平面成为孕育艺术家灵感和创造力的理想场所，同时也是他们进行持续性思维活动的容器空间。

　　可以肯定的是，无论艺术家获得何种规模的场所，他们都会将其填满，因为这是创意活动的必然结果。而马塞尔·杜尚（Marchel Duchamp）或皮特·蒙德里安等人则另当别论，他们是极端禁欲主义者，且各方面都很容易得到满足。某些艺术家的特殊案例值得我们关注和分析（参见《艺术空间（下）》章节）。[43] 那些创作激情似如"流水"的艺术家[44]，如梵·高、毕恩斯特、贾科梅蒂或者建筑师勒·柯布西耶，他们的创作过程以速度见长，作品也层出不穷。这类艺术家需要特定的工作空间，亦大亦小。而以高更（Paul Gauguin）为代表的艺术家，他们往往以"提炼"（distillation）的方式进行创作，马塞尔·杜尚尤为突出。这类艺术家的创作需要有足够的时间，而对物质空间的要求却不是很高，也不将场所环境视为创作的决定性条件，极小的空间便足以满足他们的要求。也由此，时间因素便成为这些艺术家个人空间中的主宰，有些人会认为他们的空间处于某种静止状态，包括艺术家创作时的冥想阶段以及他们头脑的思维运作方式。这种状态有其必要性，正如奥克塔维奥·帕斯（Octavio Paz）的观点，对于艺术家而言，"思维延迟"（a vertigo of delay）的过程对于评判性观点的提炼和叙述来说十分必要，就如同展现在那些见所未见，且尚未被当下的现状、其他艺术家，以及艺术立场所接受与理解的作品中的观点那样。[45]

"思维奔逸型"（vertigo of acceleration）艺术家流派会表现出"流水"般的创作激情，他们不仅需要有工作场所，而且还需要足够的储存空间。以毕加索为例，他会在工作室的各个角落存放作品，包括床下和橱柜上，因此他的房间总是拥挤不堪。贾科梅蒂也经常为存放作品而苦恼，他甚至曾向朋友的公寓谋求更多的储存空间。这类艺术家的工作室内到处是他们的作品，且作品上面布满灰尘，灰尘对他们来说如挚友一般，而整洁则相反。毕加索甚至对女佣从不打扫他堆放画作的橱柜顶部而感到高兴。他甚至在一段时间后发现，他开始固执地拒绝他人打扫整理这个只有他自己能够找到存放的物品在哪儿的工作室。而至于贾科梅蒂，由于他那间紧邻阿莱西亚小学的工作室空间狭小，且毫无拓展的余地，因此他不得不将一些雕塑作品委托马克斯·厄恩斯特保存，后者将它们存放在了他巴黎新公寓的阳台上，当时他和第二任妻子玛丽 - 贝尔特（Marie-Berthe）在那里生活。

柱网灵活、空间宽敞的工作室，不仅能满足储存需要，而且便于移动家具等器物。这种空间类似被扩大了的"旅馆客房"，属于另一种微型"宇宙"空间，因此得到艺术家的青睐。

对于艺术家来说，生存环境是否艰苦或舒适并无太大差别，至少对他们的创作需求而言。也许空间的形式、形状与比例才是影响创造性的首要条件，而非大小。旅馆客房显然比囚室或收容类隔离空间宽敞，然而它们之间并无实质性区别。它们都具有长方形的空间形态和中性氛围，在这种狭小的环境之中，大脑可以不被矩形空间限制，并获得理想的空间维度，为艺术家开启独特的开放性视野。笔者在此联想起希腊画家扬尼斯·沙鲁修（Yannis Tsarouchis）的经历，他在 1967 年至 1974 年希腊军阀独裁统治期间从希腊流落到巴黎，大部分时间住在由建筑师乔治·坎迪利斯（George Candilis）提供的一个小房间内。这或许是笔者亲身体验过的客房中，最简朴、最小的微型世界，巧妙地被这位艺术家加设出了一个夹层空间。他利用室内的横向木梁，在入口的上方加设出一个夹层，用于存放画布和绘画作品。房间入口右侧角落有一张小桌，上面摆放着一个小煤气炉灶，当我们到访时，艺术家刚做完饭，厨具设施为房间增添了背井离乡的氛围，也表现出他对故土的思念以及回归家乡的渴望。室内家具只有一张床铺，艺术家利用床面向我们展示他的相册，里面有从出版物上收集的个人作品图片，以及明信片和报刊介绍文章。他自豪地向与我一同拜访他的瑞典朋友阿格尼塔·桑德加德（Agneta Sandegard）介绍自己的剪贴簿。巴黎之行一年之后，桑德加德也曾一直对这位画家在波普艺术（pop art）流行的十年期间的地位感到好奇。她在全然不知这位艺术家的神秘性格，也不了解他的作品和理论体系中的拜占庭文化根基的情况下，对这位禁欲主义者产生极大兴趣，正是这种禁欲理念使这个小房间转变为孕育"希腊精神"（hellenism）的温床。

沙鲁修在巴黎多芬街（rue Dauphine）的住所，是一个发挥类似"旅馆客房"空间使用效率的典型案例。有趣的是，这位艺术家当时正在创作一些画幅较大的作品，例如他为特里亚德（Tériade）绘制的《四季》（the four seasons），而且也选择了模特而非记忆的创作模式。[46]与贾科梅蒂不同，沙鲁修是通过借鉴希腊群岛上的生活空间类型，创造出自己的开放式微型夹层空间。尤其在斯基罗斯岛，这种空间尽管很小却常用于存放物品，里面饰有陶制艺术品，还有盘子和厨具等日用品，用途非常广泛，能适应所有的生活行为需要（如休息、存储、烹饪、娱乐活动等）。沙鲁修把沦落他乡期间的临时住所，改造成了一个普适性的空间类型。

关于"旅馆客房"或者斯基罗斯岛的微型夹层空间，笔者并不主张把它们视为某种对艺术家工作室开放式平面特征产生必然影响的先例，而是认为其中蕴含着普适性空间要素，这种要素有助于强化各种创造力。无论是作家、画家或雕塑家，包括后来那些居住着舒适住宅的艺术家，他们都有一个相似之处，那就是他们都有意识地把永久性工作场所或工作室设在家中。除了普遍狭小而且昏暗的不利因素之外，旅馆客房特殊性的最显著特征也许表现在空间的方整、简明和中庸性等方面，此外其内部"灵活性"和"自由性"的特征，能够满足各种应变需求。这些或许是创造性空间整合形成的最好例证，也在后来表现在了艺术家工作室和后来的艺术画廊之中。房内没有立柱，而且具有开放式平面。此外，无论是从字面还是象征性意义方面，客房都是一个自由场所，尤其对于那些移民和背井离乡者来说。客房不仅是栖身的场所，也是他们进行创作和休憩的空间。他们远离他乡，或许是因为故土的工作室在尺度和规模方面都受到了政府的限制。

"反－建筑"主义和"存在空间"

> 提示：在本书的后续内容中，我们将详细论述述贾科梅蒂案例的启迪意义，以及从中引发出的种种假设。

一直以来，建筑学似乎都是"众矢之的"。社会上对建筑师也存在一定的偏见，其原因也许是由于他们通常为统治者或某些经济势力服务，而且主要设计建造一些宫殿、楼阁和纪念性建筑，或者彰显跨国公司实力的标志性大厦。人们普遍认为建筑师所做的一切都需要巨额投入，而大部分建筑师（无论老少）对这种言论也习以为常。许多建筑师过分关注建筑的等级，他们的设计完全以项目预算为导向，把经济指标作为唯一的执行标准，而且基本采用图表化设计策略，其结果只能产生平庸、单调、无聊的作品。那些迎合社会潮流并倡导"以人为本"的建筑师们，对建筑学也没有新的建树。另一方面，有些建筑师——尤其是 20 世纪的建筑师，他们从不否认那些平民建筑具有强大的生命力，虽然这些乡土建筑的建造者从未留下姓名，但他们可以被视为未经训练的建筑师。此外，20 世纪的许多经典建筑，也都是在研究并汲取乡土建筑精华的基础上而设计出来的。勒·柯布西耶也曾对这类建筑给予很高的评价，据克里斯蒂安·泽沃斯（Christian Zervos）介绍："勒·柯布西耶在观察希腊圣托里尼岛上的建筑之后，便初次产生了现代建筑的概念雏形。"[47] 几个世纪之前，学院派建筑师主要从古迹和历史建筑中学习设计手法，而许多 20 世纪建筑师的专业知识来源却更加广泛，包括从不同国家平民乡土建筑中汲取营养。其中，有些建筑师试图通过对古迹（如为君权和宗教服务的纪念物）和乡土建筑的批判和提炼来进行研究与学习；然而，有些建筑师却只是对历史建筑进行简单的模仿，他们并未理解产生这些建筑的动力因素，因此设计的作品也往往缺乏时间性特征，留下的也只能是一些追赶潮流或者迎合特定时期某种品味的产品。

奥古斯特·雷诺阿（August Renoir）是建筑师的"天敌"。他对自身时代的建筑和城市规划评价很低，而且从不掩饰自己的观点。他的儿子让·雷诺阿（Jean Renoir）是一位著名导演，他在一部描述父亲生平的纪录片中，证实了父亲对建筑的态度："……老天都知道他不喜欢建筑师。"雷诺阿把建筑师视为企业家、银行家和投机者的同谋。当看到巴黎城市中的树木被移植、花园被拆毁，包括为了提升土地价格而正在开辟的林荫大道和毁坏古迹等行径，雷诺阿感到"痛心疾首"。很显然，雷诺阿批判城市规划问题的矛头指向了乔治·欧仁·奥斯曼（Baron Haussmann）[48]，因为正是这位规划师提出在巴黎城开辟林荫大道的方案。雷诺阿还曾对托尼·嘎涅（Tony Garnier）加以攻击，虽然不是针对嘎涅提出的"工业城市"规划方案，但却对他的歌剧院设计十分反感。然而，在所有建筑师当中，雷诺阿实际最痛恨的是维奥莱 - 勒 - 迪克（Viollet-le-Duc），"他永远也无法原谅勒 - 迪克对巴黎圣母院和鲁昂圣母教堂的灾难性修复。"[49] 他对维奥莱 - 勒 - 迪克的厌恶之深，使他在知晓他在"罗什舒阿尔大道"（Boulevard Rochechouart）的公寓工作室位置正处于"维奥莱 - 勒 - 迪克街"的转角时，便强烈的希望可以立刻搬离。这一点令人感到不可思议，因为他找到各个方面条件都很理想的场所实属不易，而且工作室和其他房间处于同一楼层，某些条件在未经特殊设计的住宅中也属罕见。而这位艺术家希望"马上搬离的原因，是因为他无法忍受近距离内看见那个人的名字"。最终，对工作室和公寓功能和效率方面的需求，成为雷诺阿去留的关键因素，而对建筑师的怒气只能暂时埋在心中。让·雷诺阿将父亲当时想法解释为"一时的怪念头"。[50]

雷诺阿在作品中描绘出美丽的风景、自然光线以及人文环境，因此人们很容易将他视为浪漫主义画家。他反对在建筑中设置人工环境，并声明："我喜欢剧院的设置，但仅限于在剧院内部。"[51] 实际上，也许雷诺阿是通过对建筑的亲身体验和态度，而形成的他自己关于"人工"环境的整体观念。雷诺阿之所以接受凡尔赛宫，是因为其中存在某种衍生的可能性因素，能够满足如路易十四的君主意愿。这位君主曾希望按照意大利建筑风格建造自己的宫殿，原因是这个国家当时拥有最先进技术。但是面对统治者永无休止的行为，雷诺阿则也会给予强烈的批判。他认为"当建筑师利用自己国家的先进技术去复制过去某个时代的建筑外观时，麻烦就会接踵而来。最终他会发现自己成为丑陋装饰的奴隶，因为这些外观附属品不再发挥任何功能性作用。"[52] 类似观点得到多数人的认同。由此也可以认为雷诺阿是最早把建筑当作表现场所精神的艺术家之一，他还主张时间和人文要素要忠实地体现作品和设计者的本真，并将其称为"普适性原则"（universal）。基于这种批判性视野，可以将凡尔赛宫视为一座自我"复制型"建筑，而它的建筑师们也不知应在何处结束。凡尔赛宫有别于帕提农神庙、沙特尔大教堂（Chartres Cathedral）、维泽莱的巴西利卡（the Basilica at Vezelay）等建筑，更不同于卡昂的男士修道院（Abbaye-aux-Hommes at Caen）或者图尔尼大教堂（Church at Tournus），雷诺阿认为凡尔赛宫不仅是法国的忠实形象，它更具有普适性。

基于上述理念，便更容易理解雷诺阿为何不使用专门建造的工作室。有别于许多现代主义建筑师，雷诺阿是从已存在的事物中去寻找自己的所需。毕竟法国本土拥有许多房屋资源，能够为艺术家提供大房间和庭院，从而选择理想的生活环境。某些空间很容易改造成工作室，而且可以根据采光需要增大窗口面积。雷诺阿在卡涅·苏尔梅尔（Cagnes Surmer）建造的工作室，就是类似的扩建案例。这座工作室建在"克雷特花园"（Garden of Les Collettes）农场般开阔的场地内，是他在生命晚期寻找到的最终理想场所。可以说，与迭戈·里维拉（Diego Rivera）和霍安·米罗不同，雷诺阿有幸能找到满足生活和创作需要的空间，而且内部环境和他生命特殊阶段的美学思想也形成统一。从个人观点出发，我们也许难以接受克雷特花园（Les Collettes）别墅僵硬、平庸的建筑形态，而且感到内部走廊非常昏暗，整个别墅缺乏某种建筑学秩序。但即便如此，我们还是应当为雷诺阿喝彩，他将住宅布置在场地的边缘，最大限度地保护了优美的地形特征，保留下场地内的大部分树木，且确保了地产周围几英里范围内瞭望卡涅村落的自然视野免遭破坏。别墅的某些情况尚不能明确，因为别墅最终建成时，雷诺阿的年事已高而且身体状况也不是很好。据让·雷诺阿介绍,位于小农场对面的住宅是由他的母亲负责修建,并由她完整地保存下来。[53] 因此,建筑中存在的某些问题可能是由于雷诺阿夫人的能力和个人品位,也可能她针对总体布局和建筑方面的事项对建筑商缺乏必要的指导。这种情况着实有些令人不解,因为雷诺阿是一个固执己见之人,而且坚守自己的美学理念。但或许是由于他当时已腿脚不便,以致有些问题实属无奈,例如他决定把其中的一个工作室从二层主层面降低若干台阶。还有让人感到疑惑的一点,雷诺阿竟然能在走廊昏暗而且具有许多台阶的住宅内部感到自由。所有相关记述都显示,雷诺阿对家中的一切感到非常满意,而且他在与人交往和"克雷特花园"的户外生活中得到很多幸福。目前,在"克雷特花园 – 雷诺阿博物馆"的旅游宣传册中,仍介绍说这座花园别墅的最初设计与布局是由雷诺阿亲自主持[54],而如果这种观点未来得到研究证实,将会令人感到惊讶且失望。这座建筑完全不适合残疾者使用,存在结构不尽合理、走廊空间曲折昏暗、内部环境压抑等问题。笔者认为,我们应当把雷诺阿视为一位倡导自然主义和保护自然的巨人,一位建筑评论家,而不是建筑师。这位艺术家在城市和乡村拥有多个工作室,如今,这些工作室大多成为传奇或完全被人遗忘。他在巴黎的工作室建筑完全融入城市肌理之中,有些甚至不再用来纪念这位伟大的画家。

许多艺术家都在经过多次搬迁之后,最终找到自己渴望已久的场所,毕加索也不例外。而贾科梅蒂则在一个朴实的环境中,实现了自己的理想。笔者曾在1994 年参观过贾科梅蒂工作室[55],几座建筑默默地伫立在那里,紧邻伊波利特曼德隆街小学的一堵高墙,工作室北向天窗正对画家伯林(Bolin)那间相对精致工作室的后墙。贾科梅蒂的工作室亟待复原,内部环境也需要修复和保护,以向世人展示这位艺术家极度谦逊的品德。

任何场所都能成为艺术家的生存空间。这种空间可大可小,可能是一座豪华住宅,也可以是一栋简陋的土坯房。在这种空间内部,除了用于限定空间区域和塑造形态的物质材料,艺术家完全可以自由操纵头脑中所关注的事物,并通过艺术形式诠释和表现自己特定生命阶段的宇宙观。

如果无法满足大脑的存在性需求,建筑空间的任何形式都将形同虚设。而只有在大脑或是存在性缺失时,才会出现设计与形式的细枝末节。所以基于这种理念,可以认为贾科梅蒂的工作室和他的大脑实为一个整体。

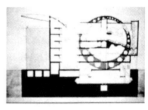

"贾科梅蒂的大脑"
贾科梅蒂博物馆的虚拟方案，源自笔者主持的四年级建筑设计工作室
[设计者：史蒂夫·泽科特（Steve Zekot）等，图片由笔者提供]

在纽约现代艺术博物馆（MOMA）举办的阿尔贝托·贾科梅蒂系列作品展上，彼得·塞尔兹（Peter Selz）开场便表白道："对于年轻的画家和雕塑家来说，阿尔贝托·贾科梅蒂的地位，远超所有在世艺术家。他的作品，绝不会受任何限制和诋毁，毫无疑问……"

上幅作品题为《宇宙的和谐》（*Cosmic Harmony*），由笔者于 2014 年通过照片拼贴和图像处理制作而成。作品灵感源于 2014 年 6 月 6 日海德拉岛的落日景观，以及 MOMA "贾科梅蒂作品系列展"中的雕塑形象。这是笔者继 50 年前首次参观纽约 MOMA 之后，结合 20 年前多次参观位于巴黎的贾科梅蒂工作室经历，以及当时的草图印象，所表达的对这位雕塑家启迪性思想的崇敬之情……

注释 / 参考文献

1. 即见乔斯·洛佩斯 – 雷伊（Jose Lopez-Rey），《贝拉斯克斯的作品与世界》（*Velasquez's work and world*），第 20 页。更多关于贝拉斯克斯（Velasquez）的"宫廷生涯"，见怀特（White），1969 年，第 62 页和卡尔（Kahr），1976 年。关于《宫娥》的各种艺术历史读物，见利希特（Licht），1996 年，第 62-63 页。

2. 更多从艺术历史视角来看"画廊绘画"（gallery paintings）之术语和相关内容，见卡尔，1976 年。

3. 金（King），1987 年，第 16 页。

4. 关于萨特、热内与贾科梅蒂的友谊，见洛德，1983 年，第 201-202 页，及第 348-351 页。

5. 见萨特，1966 年，及热内，1989 年。

6. 见洛德（Lord），1964 年。

7. 见洛德，1983 年。

8. 同上，及洛德，1983 年，第 351 页。

9. 同上。

10. "贾科梅蒂的绘画作品"（The Paintings of Giacometti）和"对显而易见之物的搜寻"（The quest for the absolute），两者都见萨特，1966 年。

11. 萨特，1966 年，第 78 页。

12. 萨特，1966 年，第 78 页。

13. 萨特，1966 年，第 89 页。

14. 同上。

15. 贾科梅蒂，1964 年，第 32 页。

16. 同上。

17. 即赛维，《建筑空间论》（*Architecture as Space*），见赛维，1974 年等。

18. 见洛德，1983 年，第 340 页，同时见 Gilot，1964 年，第 204-207 页；这些章节描述了工作室、艺术家的待客和他与毕加索风雅之关联。

19. 有关艺术家住宅、他在房子里及街区当中生活的最好描述来自洛德，见洛德，1963 年，至洛德，1983 年，第 247 页，第 332 页，有关于咖啡馆的内容见 340 页等。

20. 贾科梅蒂，1964 年，穿插出现在页面当中，第 38-39 页。有关贾科梅蒂关于伊波利特曼德隆街（Hippolyte Maindron）的速写，及其对巴黎相关印象的手稿，见贾科梅蒂自著：由特里亚德（Teriade）出版社于 1969 年 3 月出版的《无尽的巴黎》（*Endless Paris*）中的草图；信息来自：安东尼奥（Antonioz），1973 年，及特里亚德博物馆（Museum Teriade），1985 年，第 33-36 页。

21. 相似定义，见林堡（Limbour），1948 年，第 253 页。

22. 林堡，1948 年，第 253 页。

23. 必须指出的是，这里提及的关于工作室的内容所指皆为其最初时期。之后贾科梅蒂工作室的内部情况已经被后来的建筑拥有者完全改变。

24. 马尔谢索（Marchesseau），1986 年，第 10 页。

25. 同上。

26. 关于德河旅馆（Hotel de Rive），见洛德，1983 年，第 219-223 页。

27. 引前，第 13 页。

28. 同上。

29. 关于安妮特（Annette）对伊波利特曼德隆街的态度，见洛德，1983 年，第 433 页。

30. 马琳·迪耶特里克（Marlene Dietrich）曾见过贾科梅蒂命名为《狗》（The Dog）的雕塑，她曾多次来到艺术家破烂不堪的工作室拜访他。详见洛德，1983 年，第 406-407 页。

31. 见林堡，1948 年，第 253 页。

32. 贾科梅蒂本人也曾谈及个人视线（gaze）的重要性，见洛德，1983 年，第 426 页。

33. 见洛德，第 426 页。洛德认为正是这次事件使得贾科梅蒂产生了一个关于恐惧漆黑夜晚的联想——因为正是在这样一个夜晚，他目睹了同房间老朋友生命的消逝，他最终死于心脏衰竭，而那个时候的艺术家只有 19 岁。

34. 关于他在旅馆生活的描述，见洛德，1983 年，第 219-222 页。

35. 贾科梅蒂自传，贾科梅蒂，1964 年。

36. 米罗（Miro）曾谈及"我在巴斯德林荫大道（Boulevard Pasteur）曾生活过的惨淡的旅馆房间"，见麦卡利（McCully），1982 年，第 127 页。

37. 吉米·厄恩斯特（Jimmy Ernst），1984 年，第 73 页。

38. 援引自：在卡里亚尼斯（Kalliyanis）的施耐德（Schneider）。

39. 贾科梅蒂，1964 年。

40. 见洛德，1983 年，第 221 页。

41. 见《勒·柯布西耶：我的作品》（*Le Corbusier : My Work*），詹姆斯·帕姆斯（James Palmes）译，莫里斯·雅尔多（Maurice Jardot）推荐，第 156-157 页。

42. 见霍莱瓦（Cholevas），*The Architect Panos Nicoli Tjelepis（1894-1976）*，博士论文，Aristotelian University of Thessaloniki，1983 年，第 330-331 页。

43. 关于杜尚（Duchamp）和他的节俭，见达尔古（D'Harnoncourt），1973 年，第 43-44 页；关于蒙德里安，见后面章节"紧凑的秩序"（Up-tight order）。

44. 对创作者的区别和参考文献，见瓦西利科斯（Vasilikos），《H Lejh》杂志，第 107 号，1 月 -2 月刊，1992 年，第 89 页。

45. 帕斯（Paz），1973 年，第 2 页。

46. 更多关于这方面的细节，及与沙鲁修和他多处位于巴黎和希腊住所的相关大致信息，见位于希腊的亚历克西斯·萨瓦基斯（Alexis Savvakis）之作品（Sabbakhw，1993 年，第 35 页）；关于沙鲁修的大致信息，见罗迪蒂（Roditi），1984 年，第 125-135 页，英文版。

47. 此处引用来自克里斯蒂安·泽沃斯（Christian Zervos）与希腊建筑师的谈话，当中他提到勒·柯布西耶向他透露了这些影响。

48. 让·雷诺阿，1988 年，第 45 页和第 60 页。

49. 同上，第 45 页。

50. 同上。

51. 同上。

52. 同上，第 113 页。

53. 雷诺阿，1962 年，第 385 页。

54. 即见《博物馆艺术画廊，蔚蓝海岸》（*Museums Art Galleries, Cote d'Azur*）中的"雷诺阿的住宅"（Renoir's House）章节，埃米尔·特拉莫尼（Emile Tramoni），尼斯，1994 年。

55. 内部有很大的改变，外墙被重新粉饰，门也已被替换。

© 安东尼·C. 安东尼亚德斯（Anthony C. Antoniades）

3 艺术空间:
艺术和艺术家对建筑学的贡献

量身定制工作室:建筑师设计的艺术家住宅

胡安·奥戈尔曼设计的弗里达·卡罗(Frida Kahlo)住宅 – 工作室(位于墨西哥城);季米特里斯·皮奇欧尼斯设计的康斯坦丁诺斯·帕尔雅尼斯(Constantinos Parthenis)住宅(位于雅典);卡普莱奥斯(Kapraios)住宅工作室 [位于埃伊纳岛(Aegina)];胡安·奥戈尔曼设计的迭戈·里维拉(Diego Rivera)住宅;帕诺斯·尼科利·谢勒皮斯为自己设计的度假住宅(位于彭特利);阿里斯特·康斯坦丁尼季斯(Arist Constantinides)设计的画家扬尼斯·莫拉利斯(Yannis Moralis)住宅(位于埃伊纳岛)

(帕尔扬尼斯住宅图片由 Megalokonormou 提供,其余由笔者提供)

第3章　量身定制工作室：建筑师设计的艺术家住宅

　　极少数艺术家能有机会聘请建筑师专门为自己设计住宅或工作室。历史上有许多艺术家与建筑师之间合作的案例，最著名的几个分别是文艺复兴时期拉斐尔和伯拉孟特之间合作设计的住宅，18世纪威廉·莫里斯和菲利普·韦布（Philipp Webb）两人联袂设计的住宅，以及20世纪则由勒·柯布西耶为阿梅代·奥赞方（Amédéé Ozenfant）和雅克·里普希茨（Jacques Lipchitz）两位艺术家设计的住宅。

　　除了以上艺术家和建筑师合作设计的著名案例之外，还有一些知名度较低的普通住宅，有些项目从未受到重视。从历史视野观察，有些住宅建筑具有非凡意义，例如位于代尔夫特的维米尔住宅（house of Vermeer）、位于卢浮宫区域的大卫公寓（The David apartment of Louvre）、位于伦敦的惠斯勒"白屋"（White house of W. Whistler），以及19世纪英国学院派画家们的住宅。20世纪的优秀案例有：由奥古斯特·佩雷（Auguste Perret）为画家布拉克（Braque）设计的住宅，另一座由何塞·路易斯·塞特（Jose Luis Sert）为布拉克设计却从未建成的住宅[1]，以及塞特后来为米罗（Miró）设计建造的位于马略卡岛（Mallorca）上的工作室。迭戈·里维拉和弗里达·卡罗夫妇两人各自的住宅–工作室，皆由胡安·奥戈尔曼负责设计建造。此外，在20世纪30年代，尤其在巴黎，许多艺术家都居住在由建筑师设计的住宅中，这些住宅根据画家、雕塑家和学者的需要专门建造。其中相对重要的案例有：由建筑师安德烈·吕尔萨（Andre Lurat）设计的"瑟拉别墅区"（Villa Seurat）和罗伯特·梅莱–史蒂文斯（Robert Mallet-Stevens）专门为艺术家设计的复合型住宅–工作室，这两位建筑师都是相对被忽视的有才之人。与其他国家的情况类似，许多希腊艺术家享有国内顶尖建筑师为自己专门设计的工作室，例如帕诺斯·尼科利·谢勒皮斯（Panos Nikole Tjlepis）、季米特里斯·皮奇欧尼斯、阿里斯特·康斯坦丁尼季斯（Arist Constantinides）等艺术家。前页最左侧的图片就是由季米特里斯·皮奇欧尼斯为画家帕尔雅尼斯设计的住宅。

　　许多20世纪的建筑师，例如塞特和胡安·奥戈尔曼等人，他们秉持为艺术家需求服务的理念，崇尚柯布的建筑模式，这种纯净的建筑语言最初由勒·柯布西耶和阿梅代·奥赞方协同创造。笔者认为，这种模式是回应现代艺术和艺术家需求导向的结果，也是现代艺术和艺术家对建筑学的贡献。

　　也有一些艺术家住宅，是由他们亲自设计并监督整个建造过程。其中最著名案例是我们先前讨论过的位于安特卫普的伦勃朗住宅，此外还有德拉克鲁瓦在个人公寓花园内建造的工作室，但他从未提及建造者的姓名。类似的艺术家还有库尔贝（Courbet），他曾委托建筑师伊萨贝（Isabey）根据自己的草图建造一个私人画廊。塞尚曾将自己的最后一个工作室委托给建筑师设计。从塞尚开始，许多艺术家陆续开始聘请建筑师或建筑商基于他们的草图和特殊想法为他们专门建造自己的住宅。雷诺阿也曾采用这种方式建造住宅，不过是由他的夫人总览建设全局，因此她对住宅美学方面存在的问题应负主要责任。马克斯·厄恩斯特拥有一栋"新拜占庭"风格的别墅，与他保守的建筑美学思想一脉相承。

偶尔会有一些艺术家，把他们自己的意愿和美学思想强加给建筑师。而由于这种强制干预，历史上曾产生许多失败的居住建筑案例，这些环境与主人的地位和个性极不相称，而且与艺术家在自身领域内的前卫性探索精神也毫无关联。

在量身定制住宅和工作室方面，有一个与众不同的杰出案例，就是高更在马克萨斯群岛的阿图奥纳村村落（Atuona）建造的"欢乐之家"（House of Pleasure）。作为使用者和建造者，高更借助了当地人的帮助，将这座住宅建造成以他的独特生活方式为中心并兼顾当地气候、地貌以及环境特征的建筑。

由城镇到卢浮宫，再回归城市

荷兰画家通常在城镇中生活和工作。这些艺术家当中，维米尔的经历众所周知，尽管他的工作室早已无迹可寻，但他在绘画作品中曾多次描绘过自己的住宅。艺术史学家对维米尔和他的工作室进行过系统研究和学术性分析。尽管无法证实维米尔工作室是由建筑师负责建造的，但是从建筑学的视角观察，其内部空间具有非凡的意义，主观上可以认为其是由开放式布局理念演变形成的，而且空间主题与内部氛围密切关联，与现代空间特征极其相似。我们将在后续章节里对这栋住宅进行更详细的讨论。

随着艺术家职业化水平在比利时和荷兰大幅提高，全球艺术中心逐渐转向法国。18 世纪，巴黎和卢浮宫如磁石般吸引着世界各地的艺术家。艺术家们首先集聚在卢浮宫区域，随后自由散布到城市区域当中。追根溯源，20 世纪艺术家住宅–工作室的演变历史，始于法国早期大革命时代。

当时，法国在卢浮宫为最优秀的艺术家提供居住场所。雅克–路易·戴维（Jacques-Louis David）在卢浮宫居住的公寓，就是由国王御用承包商佩库尔（M. Pecoul）负责装修的。精明的佩库尔一见到这位单身艺术家，马上坚持把卧室内戴维要求的小床改为大床，并把自己的女儿介绍给他。不久，戴维便和这位承包商的女儿成婚。[2] 欧仁·德拉克鲁瓦（Eugene Delacroix）曾聘请建筑师在自己最后的公寓中增建一座工作室，但他在日记中并没有给这位建筑师任何评价或认可；

而古斯塔夫·库尔贝则请建筑师伊萨贝为自己修建了一个展厅，专门用来展出他的作品，而这是在 20 世纪之前，艺术史上仅有的个人委托项目案例。古斯塔夫·莫罗（Gustave Moreau）也曾有类似构想，为了私人展示的目的，并在搭建家庭住宅的过程中听取了建筑师丹维尔（Dainville）的建议，强化了个性理念，着眼未来能扩建成博物馆的可能性，以保持自己逝后的荣耀。也正是丹维尔向这位画家推荐了年轻的建筑师阿尔伯特·拉丰（Albert Lafon）。[3]

在后续章节中，我们将继续介绍维尔、库尔贝等 18 世纪和 19 世纪的艺术家。本章将重点关注 20 世纪的艺术家，其中包括塞尚，他在普罗旺斯地区艾克斯小镇有一座由建筑师设计建造的住宅 – 工作室。塞尚的案例证明了艺术家之间偶尔存在的分歧，同时也说明，作为某一门艺术的领军人物，并不等于他所有的理念都具有前沿性。

塞尚：抑郁、动荡的人生，对建筑师负责的项目关注甚微

塞尚酷爱大自然，以至于他只愿看到自然的线性形态，并把任何不具备曲线特征的事物都与官僚主义联系在一起。正如雷诺阿痛恨建筑师一样，塞尚讨厌现代主义建筑，且从不掩饰自己的观点。有一次，当塞尚看见某个学校的建筑时大声疾呼："这群笨蛋！看看他们对我们的老学校都干了什么！我们是在一群官僚主义者的控制下生活。这里是工程师的天地，而且成了笔直线条的集中营。告诉我，自然界中存在任何直线吗？"[4] 显然如果塞尚活得再久一点，他肯定会聘请阿尔瓦·阿尔托为自己设计住宅，而深受塞尚影响的阿尔托想必也会欣然接受。芬兰作家约兰·希尔特（Goran Schildt）曾向笔者介绍："阿尔托坚信，总是艺术家的思考和行动在前，而建筑师的跟进在后"[5]，只有这种理念的持有者才有资格与塞尚这样的前卫艺术家合作。遗憾的是时光不能重叠，当塞尚晚年有能力为自己专门建造住宅时，则需要亲自与当地设计师莫尔格斯（Mourgues）[6]讨论方案，而建筑师最终也设计出一座适合塞尚本人使用的建筑。如果塞尚泉下有知，知道了自己住宅 – 工作的街道正对面的一些地产开发状况，以及人们是如何对待自然，并造成犯罪率暴涨的社会问题，那么他可能要气炸心肺了。

塞尚一生都很谦逊、抑郁，直到 42 岁，他仍需依靠父亲的补贴维持生计。他那身为银行家的父亲曾经一直反对儿子成为画家，所以塞尚曾因担心经济来源被中断，而很长一段时间都对自己的婚姻和喜得贵子的情况避而不谈。尽管如此，在艾克斯（Aix）期间，他还是在父亲的房子里舒适地生活并进行着创作活动，并在父母的房产中度过了大约 40 年的创作生涯。这座位于艾克斯的"雅德布凡庄园"（Jas de Bouffan）拥有一个很大的 3 层乡村住宅和一个池塘。庄园位于艾克斯小镇以西半英里处，周围环绕着大片葡萄园，一条令人难忘的林荫路通向住

塞尚父母的雅德布凡庄园，以及客厅壁龛中的塞尚绘画作品

[左图：引自《保罗·塞尚》，苏黎世第欧根尼出版社，1962 年。右图：源自传记作者格斯尔，1935 年，德鲁埃特·维扎诺瓦（Druet Vizzanova），约于 1905 年拍摄]

宅，路两旁长满高大的老栗树。室内拥有巨大的壁炉和高高的顶棚，雷诺阿曾赞美这座住宅是"优秀建筑"中的典范。[7]

塞尚曾在作品中频繁表现雅德布凡庄园的景色，那些大栗树也时常被描绘在他的作品当中。

庄园内最初只有维拉尔侯爵（Marquis de Villars）建造的乡村别墅，建造于路易十四统治时期。塞尚将住宅的第三层改造成自己的卧室和工作室，与父母居住的下层空间相对独立。他非常在意工作空间的光线环境，这是所有画家共同关注的问题。塞尚的传记作者格斯尔（Gerstle）曾在 20 世纪 30 年代末到访此地，他介绍说塞尚"在墙体上方凿开了一个巨大的窗口"而且"直接切断了屋檐"，对"对称的建筑屋顶形态造成了极大破坏"。[8] 从建筑学的角度分析，这方面表明塞尚更注重建筑功能且反对形式主义，并也说明他更关注空间的舒适和实用性，而对外部形象的对称性和视觉效果不以为然。在类似理念方面，塞尚与安德烈亚·曼特尼亚非常相像。而这一案例也再次让我们把塞尚和阿尔瓦·阿尔托相提并论，这或许也是塞尚受到"后－阿尔托风格"建筑师极力推崇的原因之一。例如尤哈·利维斯卡（Juha Leiviska）设计的穆尔玛基教堂（Myyrmäki church）[9]，某些方面非常接近塞尚住宅外墙的节奏风格。对塞尚来说，雅德布凡庄园住宅已经很完美，那里空气凉爽、微风拂面，他所需要的，只剩下一个高度和光线俱佳的空间环境。据塞尚的传记作者证实，这位艺术家"对周边的环境熟视无睹，除非影响到他的创作。住宅对他来说只是吃饭睡觉的地方，他认为这些方面的条件并无好坏之分。他毫不在意住宅的奢华与否，也不关心家具和装饰物品的摆设。"[10] 在这些方面，塞尚与毕加索和贾科梅蒂的观念如出一辙，只是毕加索与塞尚一样，直至生命的终点都居住在自己的别墅当中，而贾科梅蒂则是在巴黎阿莱西亚工作室两个朴素的房屋内度过余生。不过尽管塞尚并不介入家庭事务，但他却也很难

尤哈·利维斯卡设计的穆尔玛基教堂内部，墙面设计受到塞尚节奏风格的影响
（照片由笔者提供）

清静地在雅德布凡庄园住宅内生活。实际上，他在任何地方居住一段时间后都会感到焦躁不安。在庄园内，家庭生活中的细微刺激和干扰对于他那"过于敏感的神经"都会产生影响。[11] 或许是这些原因，导致他与父亲的关系进一步发展到又爱又恨的程度，并牵扯到他对庄园的情感，甚至扩大到整个艾克斯小镇。这也是他规律性往返于艾克斯和巴黎之间的动因。在奔波的过程中，通过对自然的感受，往返于两个住宅和两座城镇之间的旅途经历，以及对两种居住环境的适应，塞尚的内心逐渐趋于平静。类似情况同样发生在其他艺术家身上，其中一些人甚至在同一个城市内奔波，德拉克鲁瓦就是其中的典型。[12] 只是，塞尚的奔波是无休止的，他在一个地方停留的时间似乎"每次都不会超过几个月"。[13] 据麦克·格斯尔介绍，塞尚与德·热里科（De Chirico）之间具有非常相似的一面，热里科也曾有过不停奔波的经历。然而，塞尚却从未表现出任何高于自己现在事物的更大的欲望，尽管没有属于自己的永久性居所却仍然能满足于现状，他不仅朴素，而且从不会感到失落。塞尚的父亲拥有庞大而又富庶的地产，永远能为塞尚提供安全感的保障，而这是德·热里科所没有的。然而，我们也可以确定地讲，这种保障性条件对塞尚产生的压迫感，促使他去接近自然，并形成某种中产阶级价值观，进而开始追求生命中的象征性意义。约兰·希尔特认为："塞尚与父亲之间多年的冲突，对他来说是某种试探性的过程。他总是设法理解和研究艺术中的奥秘，努力实现成为画家的远大理想。这也是他从来不关心在何处生活的原因。他永远把自己所做的一切视为某种试验性过程，并相信最终会抵达'彼岸'。但由于他总是在成为画家的路上，便也从未真正地有过'中产阶级'的日常生活。于是他的一生便成了追寻'彼岸'的试验，只是从未想过是否真的能到达那里。在此过程中，他的所有作品为艺术开启了一个新的方向，包括充满激情的笔触和画面构图特征，以及他对待自然的态度。塞尚曾希望在某些方面达到德拉克鲁瓦或者普桑（Poussin）

的艺术境界，然而，在此过程中却造就出了'塞尚'本人。"[14] 关于塞尚进行持续
性试验的推测，通过一个事实便可以得到进一步肯定。塞尚时常在言谈中表达绘
画是"实现"探索的过程，他从不认为自己的作品已经完成，这是他对正在做的
事情并不在意的主要原因。他经常随处摆放自己的作品，第一次接触的人会感到
他是在对自己的某些方面进行炫耀。而对塞尚本人来说，这只是某件尚未完成的
作品罢了。[15]

塞尚的"试验性"奔波永无休止，他大部分时间都在乡下度过，经常到访
一些部落和可爱的乡村，或者走进森林或河谷。他甚至**在巴黎也没有固定的住
所**（笔者在此转述格斯尔的观点）。而当他到乡村短暂闲游时，则会住在租好的
小房间里，他还在蒙马特尔山（Montmartre）西面设有几间工作室，分别位于
达姆斯街、埃杰西彭 – 莫罗街和巴鲁街。塞尚将"奔波"变了为某种艺术，他
在旅行时经常轻装上路，只携带少量绘画工具，也不需要多余的设备或衣物。
同样，他只需要实用而且光线良好的工作室，并保证与安静的家庭为邻，因为
他对噪音极其敏感，而对周围环境并无兴趣。显然，他的妻子能够完全理解丈
夫的习性。[16] 在奔波过程中，塞尚常在不同的旅馆落脚，有几次他把作品遗忘
在客房，令拾到者感到无比兴奋。[17] 埃米尔·左拉（Emile Zola）是塞尚的童年
好友和他多年的精神支持者，他非常清楚塞尚的个人状况和经济方面的困难，
常常传授与塞尚一些"赚钱之道"，以及如何在巴黎保持收支平衡的秘诀。[18] 塞
尚变得非常节俭，而且极其谦逊，他在展览或社交场合从不随身携带自己的作品，
而他的生活的方式和行为也朴实无华。

塞尚直到晚年才摆脱了父亲对他画家事业的反对，并开始创建自己的工作室。
1901 年，他在艾克斯城北半英里处买下一处地产，并委托当地建筑师莫尔格斯为
自己建造能满足各种需求的工作室。当时，塞尚已经具有很高的住宅品味和建筑
美学素养，而且在功能方面，他确实是一位胸有成竹者。在建造过程中，塞尚仅
在向建筑师提出设计要求之后便离开作画去了，任由建筑师一人完成所有工作，
且在后来也从未到场监督指导。这是一个致命的错误，最终，画家面对的作品竟
然是"普罗旺斯当地别墅中最糟糕的典型，在形态'奇特'的木制阳台表面，贴
满了丑陋的雕饰和釉面瓷砖。"[19] 根据格斯尔介绍："当这个杰作完工时，塞尚勃
然大怒。"[20] 尽管有传言说，艺术家曾考虑把房子拆掉，但被格斯尔认为是夸大其
词。[21] 不过后来在去掉多余的装饰之后，这座住宅变得简洁、实用，且朴实无华。
格斯尔认为这所房子比例匀称，而笔者却不这样认为。[22] 在普罗切特（Purruchot）
撰写的塞尚传记中，有一张于 1906 年拍摄的该住宅照片 [23]，足以说明艺术家暴怒
的理由。住宅外观毫无尺度感，体量也过于高大，完全没有顾及周围低矮的植物
和场地周围环境。不过好在值得庆幸的是，住宅周围的植物如今郁郁葱葱，尤其

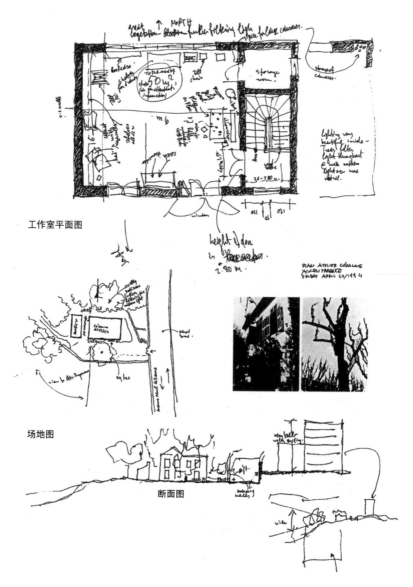

工作室平面图

场地图

断面图

塞尚住宅－工作室的草图和照片，1994 年春笔者于艾克斯

位于艾克斯小镇的塞尚工作室
（图片来源：巴黎罗杰·维奥莱档案馆，存于 ACA 档案）

是场地北侧的高大树木，它们对照入工作室的光线起到过滤作用，减缓了建筑体量与景观之间的冲突，使最初的突兀感完全消失。塞尚坚持保留场地内所有树木的决定是正确的，陆续增植绿树的做法更是明智之举。更显著的意义在于他仔细考虑到了建筑的整体规划、朝向、场地坡度等一系列问题，并对建筑师作出了详细指示。而建筑在形式风格、比例和尺度等方面产生的问题，并不是塞尚的失误，而应该归咎于缺乏经验的建筑师。塞尚住宅的生活区设在底层，包括入口的小门厅、楼梯和两个大小适中的房间，而工作室则设在楼上。工作室长度约 25 英尺，顶棚很高，东侧有一个贮藏间。[24] 工作室北侧的窗户几乎与顶棚平齐，可以理解为巨大的垂直采光面，为工作室提供充足的自然光线，而且对建筑的尺度并未造成影响。南侧立面窗高也与北侧相同，尽管在比例和细节等方面与普罗旺斯地区典型的建筑门窗保持一致，却是造成建筑尺度方面问题的主要原因。不过除了这些基本问题之外，这个工作室从建成起就获得许多正面评价，"内部空间简洁大方，布局合理，实用且朴实。" [25] 如今看来，过去的评价非常准确。场地内树木已经生长到最终高度，整体景观为工作室增添几分宁静的氛围。住宅非正规的花园朴实无华，园内长满灌木、橄榄树、扁桃树和樱花树，林荫下还有几条蜿蜒曲折的小径，所有一切都丰富并提升了住宅的品质，营造出某种精神氛围和冥想性环境。老花园永久地留在塞尚心里和他的画布之上，花园则由园艺师瓦利（Vallier）负责养护，同时他还兼作塞尚的模特。[26] 这座房产经过不断完善并最终保存至今，而瓦利在此过程中也付出了极大努力。

　　白天，塞尚在工作室里创作和休息，晚上则回到镇中位于布勒贡（rue Boulegon）街的另一座住宅，那里专门用于居住。这两座房子，至今依然存在，位于"塞尚林荫大道"上的工作室建筑特色更加显著，后来被作为这位著名艺术家在家乡的博物馆。博物馆内收藏着三个船橹、一堆洋葱，还有一些货架和桌子，以及一个大梯子和一个睡椅，这些物品作为历史的见证，共同纪念这个接纳塞尚的场所，以及孕育这位著名艺术家想象力的空间世界。

高更：住宅使用者、设计者和建造者

　　塞尚对建筑师设计的结果感到异常不满，而保罗·高更则相反，他对最终亲手建成的住宅感到非常兴奋。高更曾在南太平洋岛屿的几个住宅内生活，他最后的一个住宅位于阿图奥纳（Atuona）村落，且完全是根据自己的需要亲手设计并建造，过程中只有两个村里的木匠相助。高更得意地将这栋住宅命名为"快乐之屋"，并把名称刻在门梁的铭文中。他经常在里面与当地人一起聚会唱歌、喝酒，并与异性寻欢作乐，室内墙上还贴满各种情色图片。这种生活方式和空间氛围，与房子的建筑特色形成了强烈反差。

　　这座住宅是一个两层建筑，呈 45 英尺 × 18 英尺的长方体，有一个坡度很大的屋顶。二层部分被架空，在长方形地坪层两侧各设一个矩形房间作为上部的支撑体结构，之间形成一个开敞空间。底层两个房间分别是雕塑工作室和厨房，中间部分是开放式用餐空间。这部分空间通风良好且凉爽，底层架空设计也可以保护二层部分免遭洪涝侵袭。通过外部的梯子也可以到达二层空间。二层空间设有一个前室，里面有一张带有雕刻纹饰的木床，然后便进入用薄墙分隔的工作室空间。[27] 工作室采用木结构建造，室内布局没有明显的秩序。工作室中央摆放着一个小簧风琴，尽端大窗前立着画架。室内家具只有几个抽屉柜和一些木格架。一根鱼竿时常搭在窗前，顶端挂着水桶，悬于水井上方，他经常从二层窗外通过鱼竿用水桶从他自己在底层厨房外侧挖的这口水井中提取清凉的井水。毫无疑问，当地居民并不喜欢高更住宅的名称和匾额，对内部发生的事情也非常反感。然而，它却是高更所有住宅中最优秀的，住宅全面地表现出了这位艺术家的个性，他的追求和信仰，且这栋住宅也经过认真规划，并在建构逻辑上积极地回应了场地条件、当地气候和材料等特征。某种程度上，这是一座非常理性且严谨的建筑，甚至可能会得到密斯·凡·德·罗的赞赏。不过事实是我们无法想象，若是与勒·柯布西耶那样伟大的建筑师合作，塞尚住宅的命运将会如何，或者密斯亲眼看见高更住宅后的反应又会如何。我们猜想密斯可能会发出满意的赞叹。或者，如果设想塞尚和勒·柯布西耶进行合作，会产生有史以来最佳建筑作品，尽管他们都具有强烈的个人观点，而且两人可能同样都会固执己见。然而，无人能够解开这些假设的谜底。也许，保守的密斯永远不会理解多情的高更，而塞尚和勒·柯布西耶之间也不会进行愉快的合作。很久之后，也许正是由于很

耶稣像前的高更自画像，作于他移居塔希提岛（Tahiti）的前一两年
（图片来源：传记《P. 高更》，巴黎，德·阿泰图书馆提供，1949 年，藏于笔者个人稀有图书藏品）

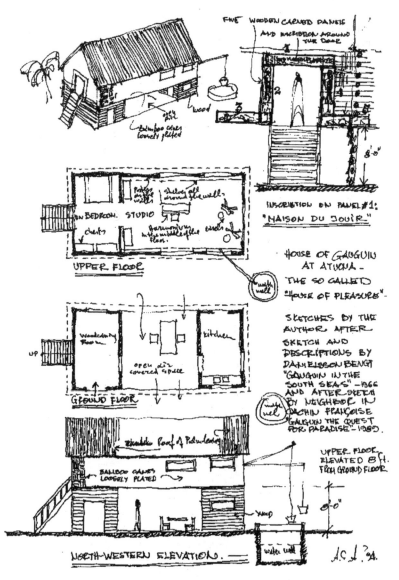

高更自建的住宅，位于阿图奥纳的"快乐之屋"
（草图由笔者绘制）

少受到和塞尚所承受一般的压抑，勒·柯布西耶才能为我们作出巨大的奉献，并成为与他年纪相同或处于同一时代的艺术家和建筑师当中的无可争议的大师级人物。笔者认为，奥赞方住宅、里普希茨住宅，以及里维拉和卡罗在墨西哥的孪生（twin houses）住宅，为我们引出一些重要的思考。它们让我们意识到，我们不仅需要研究"艺术家住宅"以及环境（或场所）对"创造力"产生影响的心理学因素，更需要对现代建筑及其特殊形态学方面进行全面思考。

勒·柯布西耶的影响力

勒·柯布西耶在 20 世纪早期设计的建筑，具有开窗面积大、开敞平面、极少装饰等代表性特征。关于这些特征的渊源，许多学者各持己见。其中，最权威的理论来自雷纳·班纳姆（Reyner Banham）和冯·莫斯（Stanisaus von Moos）。班纳姆认为柯布设计的大窗口借鉴了巴黎当地工坊式建筑的形态。[28] 莫斯赞同班纳姆的观点，并用同一张照片加以证实，此外他还选取安德烈·吕尔萨住宅作为案例，而不是奥赞方住宅。[29] 莫斯还认为，一个小酒馆对勒·柯布西耶本人以及他的工坊式公寓和"雪铁龙"住宅方案产生关键性影响，这个"勒让德"（Legendre）酒吧位于戈多·德莫鲁瓦街（rue Godot-de-Mauroy）奥赞方工作室的对面。勒·柯布西耶和奥赞方都是那里的常客。勒·柯布西耶曾对这个酒吧进行过如下描述：

> "我们曾经常到巴黎市中心的一个小餐馆吃午饭，有许多车夫是那里的常客。里面有一个服务台，后面是厨房。大厅半层高度设有一个夹层平台，平台面向街道敞开。我们是在一个晴朗的日子发现的这里，而且马上意识到，这里包含所有住宅建筑空间组织中需要重视的功能性要素。" [30]

针对这些方面，笔者提出一种新的观点。

勒·柯布西耶早期美学思想的形成以及其持续演变的整体形态学理念，令他采用开敞布局以及去装饰的简洁立面设计手法，并开设比例良好的大面积窗口。而这可能并非出于满足普通需求，例如回避过度装饰，以及在北方国家获得充分的日照。笔者相信，这些独特形态是基于特殊的需求而设计，其目的是在艺术家工作室内部创造完整的、没有墙体的开放空间，而尽量扩大窗口面积，特别是保证北向房间获得自然光线，是为给画家的创作提供均匀的光照环境。毋庸置疑，这些是美国单间公寓的特征，且早在勒·柯布西耶的作品之前便已存在。正如笔者在之后"居住公寓"（第 6 章）章节研究的内容，大众化"单间公寓"类型最初是由于考虑到艺术家的需求，随后才逐渐演变成为专门为艺术家设计的工作室建筑类型。虽然无法通过研究案例明确美国"单间公寓"类型建筑与勒·柯布西耶的设计有何联系，但笔者认为勒·柯布西耶在非常年轻时设计的艺术家工作室，以及他后来进行的一系列探索性实践，是形成这位建筑师创作风格的实际驱动力，且也是后来国际式风格发生的起源。这些设计实践包括若干艺术家、画家、雕塑家或者艺术品收藏家的住宅，例如奥赞方、里普希茨、库克（Cook）和施泰因（Stein）等人的住宅，以及勒·柯布西耶通过这些作品而影响和激励的建筑师，如安德烈·吕尔萨、马莱·史蒂文斯（Mallet Stevens）和胡安·奥戈尔曼等人。艺术家工作室具有综合性要求，例如创作时需要良好的光线环境，19世纪的英国艺术家们已经开始要求建筑师解决这方面问题；此外，还有对"画廊"空间的需求，以陈列并完美地展示艺术作品，这也已经成为许多当代艺术赞助商的习惯做法。因此，具有大尺度平整墙面和窗口比例良好的国际式风格，其中的"原创性"是当代艺术迎合城市人群共同需求的产物，而目的则是为了展示艺术家的原作或复制品。笔者认为，"开敞式平面"和内部空间的自由度，是由早期艺术家工作室演变生成的，并逐渐成为当代"都市人"所接受和钟爱的居住形态。

因此，笔者在此表明自己的观点：国际式建筑风格中的"开敞式布局"特征和立面表现形式，是基于满足从事绘画和雕塑等方面的艺术家对功能的特殊需求而产生。而也正是基于这种需求，使得"功能"这一主题进入到整个20世纪功能主义创作当中。

在全球范围内众多类似项目中，奥赞方住宅的意义不同凡响，因为它是20世纪第一个为艺术家量身建造的住宅。奥赞方曾是勒·柯布西耶的好友及合作者，他对勒·柯布西耶产生了巨大影响，并为勒·柯布西耶开启了观察艺术的视野。

亨利－罗素·希区柯克（Henry-Russell Hitchock）曾率先发表过一篇文章以对奥赞方住宅进行介绍和评论，他认为这座住宅是勒·柯布西耶"首个明确贯彻自己主张的建筑"。[31] 追本溯源，勒·柯布西耶应当感谢他的第一位艺术导师——勒·波拉特尼埃（L'Eplatenier）。勒·柯布西耶受到波拉特尼埃的艺术熏陶，在1910年拉绍德封（La Chaux-de-Fonds）艺术学校的项目中完美地表现了自己的构思和设计手法，这个方案最显著的特点是由几个"开放式庭院"联系各个工作室，使艺术家甚至可以在室外进行创作。在这个项目中，勒·柯布西耶第一次投入全部精力来完全表现现代主义手法。在此之前，这位青年仅在17–19岁期间，便在家乡拉绍德封设计建造了三栋住宅，分别是法莱特别墅（Maison Fallet，1905年）、施特策别墅（Maison Stotzer，1908年）和雅克梅别墅（Maison Jacquemet，1908年）。艺术学校的设计构思，与路易斯·康许多年后提出的"服务与被服务空间"（Service-Servant）的理念非常相似，勒·柯布西耶的方案清晰表明了要告别带有书卷气的折中主义，而这也是20世纪建筑迈向自由之路的第一步，他在后来的设计项目中进一步发展了这种风格。此外，这所学校的设计方案还表明了勒·柯布西耶对"艺术空间"的情有独钟，这种情感还体现在他后来设计的几个艺术工作室项目和他专门研究的一些普适性住宅的方案之中。在职业

上图：几座艺术家工作室项目方案
下图：勒·柯布西耶设计的奥赞方住宅，巴黎，1922-1923 年
[图片来源：博奥席耶（Boesiger）专著，1972 年]

生涯开始的头一年，勒·柯布西耶集中精力对"工作室"类型空间进行了研究，包括绘画过程中的需求、适宜的光线、居住条件等。1914 年，勒·柯布西耶的"多米诺"住宅（Casa Domino）创造出一种新的建造方式和结构体系，他首先在几座虚拟的当代"艺术家"住宅中尝试应用了这种体系，例如他在 1920 年和 1922 年设计的两个"雪铁龙住宅"（Maison "Citrohan"）以及 1922 年位于沃克雷松（Vaucresson）的巴斯诺斯别墅（Villa Basnos）。同年，在某个艺术家住宅方案的基础上，勒·柯布西耶设计出了具有重要影响的奥赞方住宅。

奥赞方住宅建筑体量的转角处的巨大玻璃"立方"，这个形态也是工作室的关键元素。在某种意义上，这也是"立体主义建筑"（Cubism in Architecture）隐喻最卓越、最清晰的代表，阿梅代·奥赞方将其命名为"纯粹主义"（Purism）。[32] 奥赞方工作室还具有夹层空间以及曲面特征元素，当面对空间局促或基地条件非常不利的情况时，勒·柯布西耶常常运用这种"揉捏"的手法来显示卓越而高效的功能组织能力。

奥赞方住宅的设想对 20 世纪 30 年代其他前卫建筑师均产生了深刻的影响，而这一时期几乎所有的艺术家工作室内部的主要特征之一就是都设有夹层空间。安德烈·吕尔萨设计的"瑟拉别墅区"（Villa Seurat），位于巴黎蒙苏里公园（Parc Motsouris）附近一条街道的尽端，是由六个艺术家住宅单元组成的居住团组。别

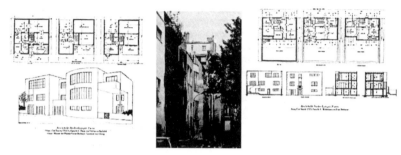

吕尔萨设计的"瑟拉别墅区"（1924-1925 年建造）
左：6 号地块住宅；中：雕塑家莎娜·奥洛夫的工作室外观，由奥古斯特·佩雷设计
右：9 号地块住宅
[图片来源："安德烈·吕尔萨，巴黎，《现代设计》(*Modern Bauformen*)，v.26，1927 年，第 98-112 页]

墅群令人印象深刻，集中了许多包括画家、雕塑家和建筑师在内的艺术家住宅。这些住宅的平面采用矩形和"L"形平面布局，每个单元中的工作室都设有一个大采光窗，形成了典型的建筑外部形态特征。女雕塑家莎娜·奥洛夫（Chana Orloff）居住在其中的一个单元住宅中，她专门委托了奥古斯特·佩雷来为她进行设计，采用的是非国际式建筑风格。尽管吕尔萨设计的"瑟拉别墅区"是专门为画家和雕塑家而建造的，但大部分用户的名气却都不是很高。其中最有名气的是作家阿奈·尼恩（Anais Nin），她住在舍拉别墅 18 号，与亨利·米勒（Henry Miller）同在一个单元。这是一座粉红色的方盒子建筑，住宅二层有一个很大的圆弧窗。阿奈在这里完成了她的一些早期作品，而且亨利·米勒也是在这里启笔并完成的小说《北回归线》（*Tropic of Cancer*）。据阿奈的一位朋友介绍，亨利·米勒在此创作了很多优秀作品，显然他很喜欢自己的小工作室，并将空间使用效率扩大到了极限。此外，亨利·米勒还保留一套住宅供巴黎文学界的朋友们使用，其中几位在瑟拉别墅区创办了西亚纳出版社（Siana Press），主要出版这里艺术家的个人作品。吕尔萨设计的建筑"光线充足、通风良好"。虽然亨利·米勒在此患上过重感冒，但是显然阿奈却在这里获得了许多文学创作灵感，"她在建筑色彩环境和朋友中备感自由"，而且频繁参加"小街道白色立体主义别墅内的无主题聚会"。[33]

吕尔萨为艺术家设计的住宅激发出作家们的创作灵感，早在别墅区刚刚建成的时候，特奥·范·杜斯堡（Theo van Doesburg）就已经关注到这一点，尽管他并不喜欢区内建筑的色彩。[34] 在勒·柯布西耶明星般的光环之下[35]，"瑟拉别墅区"在随后的几年被逐渐淡忘。遭遇相同命运的还有罗伯特·马莱－史蒂斯设计建造的几座住宅，马莱－史蒂文斯有许多同时代立体派前卫艺术家朋友（例如劳伦

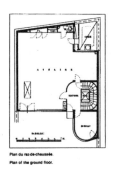
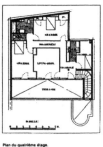

Plan du rez-de-chaussée.
Plan of the ground floor.

Plan du quatrième étage.
Plan of the fourth floor.

路易斯·巴利埃并联住宅，剖面图、底层和三层平面图，罗伯特·马莱－史蒂文斯设计

斯、布兰库西、里普希茨等人），而且他在职业起步初期与勒·柯布西耶也有过密切交往。

马特尔别墅（Villa Martel）（本页右图），是罗伯特·马莱－史蒂文斯为乔尔·马特尔（Joel Martel）和简·马特尔（Jan Martel）这一对双胞胎雕塑家设计的住宅－工作室，他还于 1932 年为玻璃制造大亨路易斯·巴利埃（Louis Barillet）设计了一座并联住宅－工作室，两座建筑都有一个设有夹层的两层高度空间，都是早期具有勒·柯布西耶空间类型特征的优秀案例。这两座建筑的体量很大，外观具有典型的国际式风格，尤其是巴利埃住宅的内部空间非常丰富，工作室空间延伸到三层，顶层空间达到两层高度并设有一个夹层。[36] 巴利埃住宅后来被改建为学校，而如今外观上巨大的幕墙非常糟糕。由德·科宁克（De Koninck）设计的朗格莱别墅（Villa Lenglet），带有典型风格派（De Stijl）形式语言特征，其中工作室具有双层高度空间并设有夹层，是法国以外的地区中非常特殊的案例。[37] 勒·柯布西耶建筑中的其他元素，也被许多年轻崇拜者运用到现代艺术家住宅设计当中。例如在英国，由建筑师克里斯托弗·尼科尔森（Christopher Nicholson）于 1935 年为画家奥古斯塔斯·约翰（Augustus John）设计的工作室，便是一座受到萨伏伊别墅各种语汇综合影响的建筑，包括架空底层的柱子、圆柱形混凝土楼梯以及模数体系。[38]

尽管在世界范围内，一些勒·柯布西耶的追随者们在空间的多样性或建筑品质方面取得了某些成就，但都未能超越他的原创。勒·柯布西耶将他在虚拟工作室方案中的各种探索，在建成的住宅或工作室项目中进一步发展，其中，他将工作室轴侧当中的带形高侧窗转化为采光体量，使整个内部空间沐浴在阳光之下。

从人行街道的视野范围观察奥赞方住宅，我们首先可以得出这样的结论：这座建筑成为整条街道形象和文脉品质的破坏性节点。由于勒·柯布西耶优先考虑

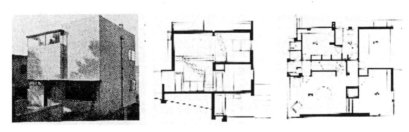

"朗格莱别墅"：位于比利时朗格莱（Le Loclet），某画家住宅，德·科宁克于1926年设计
（资料来源：Dunster，1985年）

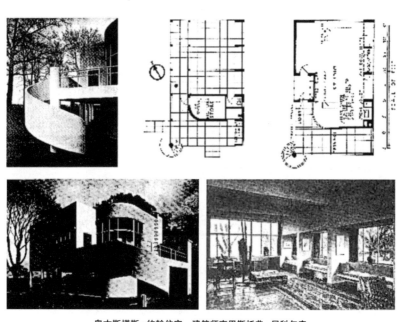

奥古斯塔斯·约翰住宅，建筑师克里斯托弗·尼科尔森
[图片来源：J. M. 理查德，《建筑评论》（*Architectural Review*），1935年2月刊]

艺术家住宅的光线要求，显然对街道的"文脉"（context）未给予足够重视。建筑转角的巨大玻璃体量确实能够保证内部空间获得足够光照，但却缺乏对周边建筑形象的尊重。当时，作为业主的艺术家和建筑师两人都在展望即将来临的新时代。然而实际上，他们预想的时代却并没有到来，80年以后，奥赞方住宅依然是街道文脉中具有破坏性的节点，且与街道环境格格不入。

奥赞方住宅与街道环境爱恨交加的关系；住宅及其"勒·柯布西耶式的纯粹"已经被后来生长茂密的树木所掩饰
（照片由笔者于 20 世纪 90 年代初拍摄）

　　很多建筑师和业主都无法避免类似的棘手问题，他们无法控制较大的场地或是特殊的场地条件，当建筑规模增大或面临复杂的场地条件时，他们的宏观理念设计将面临全面挑战。在应对这些问题方面，勒·柯布西耶仍然表现出了前卫的大师风范，他曾接手几个具有挑战性的场地项目，分别是位于巴黎雷耶大道（Reile）的奥赞方住宅、里普希茨－米斯查尼诺夫住宅（Lipchitz-Miestschaninoff house，位于塞纳河畔布洛涅区－比扬古 9 号，建于 1924 年），还有特尼西恩住宅（Ternisien House，位于塞纳河畔布洛涅区－比扬古 5 号，建于 1926 年）。特尼西恩住宅是为画家量身设计的项目，建设基地非常小而且很不规则。威利·博奥席耶（Willie Boesiger）曾对其评价道："这座住宅项目使勒·柯布西耶面临挑战，考验他能否成功处理如此狭小而又棘手的场地条件。"[39] 该住宅主体是一个 2 层通高的工作室空间，是一个卓越的"转角场地"设计方案。作为住宅建筑，客厅布局具有强烈的军事舰船内部空间特征。值得注意的是，工作室地面和入口处标高存在高差，进入工作室的过程会伴随某种"仪式感"。然而，这种高差变化，并不适应画家后来高龄阶段的使用。雷诺阿工作室空间也存在类似的高差变化，这方面我们将会在之后展开讨论。

　　有趣的是，勒·柯布西耶初期为年轻而充满活力艺术家设计的住宅建筑，为他赢得了后来的一系列委托项目，而且前后的项目之间也产生了链条式的宣传效应，并终将他引领到了他博物馆的建筑设计项目。事实上，是奥赞方住宅设计为勒·柯布西耶打开了前路，并最终取得辉煌的成就，正如里普希茨所指出的："……这位大胆的建筑师是在建造他心目中的理想住宅。"[40] 里普希茨为了向其表达他为自己

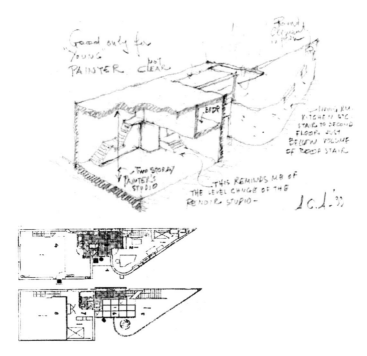

勒·柯布西耶设计的特尼西恩住宅，位于巴黎塞纳河布洛涅区－比扬古，建于 1926 年
（透视草图由笔者参考平面图绘制。平面图：引自博奥席耶专著，1972 年）

设计住宅的谢意，还将勒·柯布西耶介绍给画家威廉·库克（William Cook），而库克的法国妻子又是格特鲁德·斯泰因（Gertrude Stein）的朋友。这种关系链最终连接到格特鲁德·斯泰因的弟弟格特鲁德·米歇尔（Gertrude Michael）。也是由于这一层层的关系，米歇尔决定买下位于加歇（Garches）的一座著名住宅，这是由勒·柯布西耶为另一个业主查尔斯·德·蒙齐（Charles de Monzie）设计的住宅，而这栋建筑也最终成为米歇尔理想的生活场所，满足了他海量收藏品展示方面的需要。

笔者在此想提出类似"鸡与蛋孰先孰后"的问题：形式和需求到底孰先孰后？我们相信，是艺术家和收藏者的需求在先，促使了勒·柯布西耶投入研究和创作的过程当中，并连续创造出一系列形态醒目的作品，如奥赞方住宅、里普希茨－米斯查尼诺夫住宅、特尼西恩住宅（如今只存留了建筑的一角，其余部分被一所公寓所取代[41]），也包括"加歇别墅"。然而，艺术家又是如何适应建筑师的设计的呢？笔者尝试以雅克·里普希茨住宅为例回答这个问题，也将通过翔实的资料，介绍这位艺术家早期为建造自己住宅－工作室所付出的心血和努力。

雅克·里普希茨住宅

　　雅克·里普希茨早期一直处于动荡、挣扎和被迫害的生活状态当中，后来才在一个固定的住宅 - 工作室中过上稳定的生活。童年时期，里普希茨在家乡立陶宛两次目睹父母的木制旅馆失火[42]，后来又经历多次火灾并失去了自己的许多珍贵作品和收藏品。作为建筑工匠的儿子，雅克·里普希茨被认为是"一位没有文凭却能力非凡的建筑师"[43]，在他心中也许早就埋藏着建造房屋的渴望，包括他自己的住宅。在巴黎的若干年间，里普希茨因从事雕塑创作而面临经济困境，因此他曾考虑在建筑领域谋求出路，并开始学习建筑学。[44]但他并没有系统地完成建筑学学业，因为他真正的使命依旧在于雕塑艺术。

　　雅克·里普希茨的童年，曾经历过许多挫折，这也在他的心中留下了许多烙印，他也许与乔治·德·热里科（Giorgio de Chirico）有着相似的命运，里普希茨第一次到巴黎并踏入高等美术学院时，就居住在一个很小的旅馆里，在里面忍受各种不适。当里普希茨第一次返回家乡时，好事的海关警察认为他的文章中存在许多问题，并以此为由将他逮捕入狱。[45]在囚室中，压抑、黑暗的环境对里普希茨的心灵造成了极大的伤害。他后来由此对"墙壁"产生了厌恶感，并终生向往开放和自由的空间，并在建筑中追求大面积开窗以及充足的光线。最终，借助勒·柯布西耶的设计，里普希茨在自己的第一个住宅中实现了这些意愿。

　　雅克·里普希茨后来返回巴黎，终于逃离俄国统治者的限制，同时开始寻求自由开放的空间与自由和充满阳光的崭新世界。经历两次世界大战之后，他最终在美国实现了这一理想。在学术探索和追求自由的过程中，里普希茨委托勒·柯布西耶为自己设计位于巴黎的住宅，从而初次获得依靠建筑师表达自己宏观空间理念的机遇。也许是在波兰囚室内经历过四处漏水的烦恼和折磨，当里普希茨位于塞纳河畔布洛涅区 - 比扬古的住宅屋顶遭遇暴雨开始漏水时，他立即通过电话向建筑师勒·柯布西耶抱怨。勒·柯布西耶对业主的态度有时比较傲慢，但他却善于巧妙地推卸责任，轻描淡写地回复这位雕塑家说："我是建筑师，不是管道工。"[46]里普希茨则对这种言辞表示理解，并尝试通过其他渠道解决了麻烦，也表现出他对艺术家同伴的宽容。除了设计者傲慢无礼的态度，里普希茨对这座住宅非常满意。雕塑家的传记作家伊莱恩·帕泰（Irene Patai）对这座住宅有一段形象的描述："住宅宁静的氛围，将他带入兴奋的状态。从屋顶上远眺，可以看到布洛涅区的森林和巴黎郊区全景。他站在入口处时的目光闪亮，工作室内部以及当中的每件物品都尽收眼底，一切都按照他的意愿精心布置。这一切足以说明每个住宅都应当基于使用者需要而建设，这才是获得朴实快乐的关键，尽管空间的艺术性方面预先没有明确要求。每个人都有梦想，但具体实现的可能性却极小……"[47]如今，这座体量很小的住宅处于被遗弃和破损的

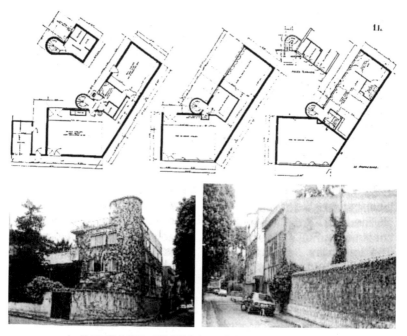

上：位于巴黎的雅克·里普希茨住宅－工作室平面，勒·柯布西耶设计
下：里普希茨住宅（左）；布洛涅区艺术家住宅区一角（右）
（图片由笔者提供，平面图经过图像处理）

状态，令人难以想象它在20世纪90年代末期曾是巴黎的标志性建筑。伊莱恩·帕泰持有不同观点，她认为这座住宅确实存在一定的影响力，特别是对那些到访过此处的艺术家们（包括迭戈·里维拉在内），并认为这种生命力往往存在于条件不利和艰苦的居住环境之中。相较而言，勒·柯布西耶在同一地块内设计的其他几座住宅，对里普希茨住宅的正面形成了压迫，且正好遮挡住巴黎方向的视野和天际线。然而，里普希茨仍然对自己的住宅感到非常满意，并从中获得了在家的真实感受，无论是从内部的空间感、艺术性还是精神方面。不久，他于1925年决定成为正式的法国公民。[48]

笔者在此强调，里普希茨住宅未被系统地收录到勒·柯布西耶的作品专辑中[49]，只有希区柯克曾在1929年《现代建筑》杂志中发表过评论介绍，但内容却并不够翔实。[50] 当时，建筑师勒·柯布西耶正处于需要扬名之际，这种内敛的现象可能出于里普希茨本人态度，一方面他惧怕再次遭遇人间的迫害并回忆起以往痛苦经历；另一方面也许出于安全性考虑，因为他在住宅内精心地布置了自己作品并收藏着大量的非洲雕塑。

勒·柯布西耶根据里普希茨的委托建造出一个前卫的优秀作品，并为后续项目的设计开辟出一条新路。当然他也从这些项目中获得了满意的回报，当中包括艺术家馈赠的作品，后来的价值远远超过设计费本身。[51]

由于尴尬的场地条件和局促的空间，里普希茨住宅的平面形成了"折断"式的转角，这也许是该住宅难以成为勒·柯布西耶纯粹主义"杰作"的原因。住宅的体量很小，外观像是某座综合体建筑的附属部分。

勒·柯布西耶在里普希茨住宅中将工作室和生活空间结合在一起，使其成为集博物馆、工作坊、艺术家工作室等空间为一体的综合体，同时也成为这种类型建筑的开山之作。许多艺术家渴望得到这种类型的空间，但只有少数人在后来项目中得到了预期的效果（例如里普希茨的友人迭戈·里维拉于墨西哥建造的住宅）。

里普希茨的画室和收藏空间布置在住宅底层，家庭用房和公共生活空间设在二、三层。建筑的主入口面对一个公共花园的后部。最初，从建筑的屋顶可以远眺布洛涅地区森林和巴黎的天际线，但由于后来在周围连续进行的开发建设，这种良好的视野便几乎完全消失。

在伊莱恩·帕泰为里普希茨所作的传记中，着重描述了里普希茨在这座建筑中获得的宁静和安全感，还包括他在这里所取得的所有艺术成就，以及个性方面的状态。与帕泰的立场和观点相悖，许多"后现代主义者"用言论和笔墨以"情感缺失"的罪名对勒·柯布西耶进行抨击，例如查尔斯·詹克斯（Charles Jencks）、彼得·布莱克（Peter Blake）以及其他一些人。詹克斯曾批评勒·柯布西耶的纯粹主义风格，并讽刺这种风格"洁净，类似医院一尘不染的环境"[52]，他还指责勒·柯布西耶试图用纯粹主义"……树立一座样板，向居住者灌输相关的美学思想。"[53]而布莱克的攻击则更加严厉，他指责勒·柯布西耶作为建筑师所设计的公寓"……无疑是立体主义的杰作。不幸的是，同时也毁灭了家庭的生活氛围"[54]，言辞尚未停止，他马上又补充道："勒·柯布西耶夫妇并没有子女。"这显然是某种偏见，而且也表明这位作家忽略了一个极其普遍的事实：即在具有创造力的人物和视觉艺术家当中，没有子女者大有人在，至少在他们创作的巅峰时期普遍都没有孩子。

对勒·柯布西耶诸如此类的所有攻击表明，建筑师在设计时应当明确以业主的心理需求为导向，勒·柯布西耶无愧为建筑形式方面的创新大师，但他却对人的情感缺乏足够的关注，包括心理感受以及对形式本质性的解读。不过在观察了里普希茨住宅和勒·柯布西耶设计其他艺术家工作室的实例之后，这种批评则显得苍白无力，且毫无道理。里普希茨住宅是勒·柯布西耶设计的一系列艺术家住宅中的典型案例，尤其是业主当时正值创作的鼎盛时期，且当时的他并没有子女，而许多方面也可以证明这位建筑师早已敏感地察觉到这些情况。勒·柯布西耶表面的伪装，以及傲慢、藐视一切的个性，仅仅是他外在的面具，用来掩饰其高度敏感的神经。当然，对待每一个设计项目，勒·柯布西耶始终不倦地探索解决问题的方案，并追求终极美学目标。最终，勒·柯布西耶在自己高度"人性化"的小木屋设计中完美地表达了上述追求。里普希茨并不像梅索尼耶（Meissonier）和古斯塔夫·莫罗那般富有，他是一个"饥肠辘辘"的艺术家，生活中曾充满艰辛和痛苦。因此，勒·柯布西耶的设计值得我们关注，他成功地创造出一种新的模式，为里普希茨量身定制适合艺术家身份的住宅-工作室，并满足使用者的需求和意愿。进一步考虑，在场地宽松和资金条件允许时，这座住宅空间则依旧具有扩展的可能性。

里普希茨与勒·柯布西耶之间基于现代主义理性所形成的人脉关系，后来发展到法国境外。首先，通过里普希茨的宣传，勒·柯布西耶在布洛涅区-比扬古的名气大增，而且影响到整个巴黎。而在国外，经由里普希茨的朋友——壁画家迭戈·里维拉的介绍，胡安·奥戈尔曼成为勒·柯布西耶的追随者，并将其作品风格移植到海外。在交往过程中，勒·柯布西耶也将这些艺术家作品中的色彩特征移植到自己的建筑作品当中，并在里普希茨的工作室外墙率先使用红色涂料，人们至今仍可看到该建筑中留存的一些色彩痕迹。

如果存在"幕后角色"作用的争论性话题，并承认艺术和艺术家在20世纪现代主义建筑的形成和传播过程中发挥的重要作用，以及勒·柯布西耶早期是从艺术领域起步开始设计功能主义建筑，那么，奥戈尔曼为里维拉和卡罗两人设计的孪生住宅（后面将会提到），可能会是这一话题的最佳例证。

里普希茨和迭戈·里维拉之间的联系有翔实的文字记载。里维拉曾陪同里普希茨去巴塞罗那参观高迪的作品，行程里他们在马德里一起住在位于托罗斯广场（plaza de Toros）旁边的一套四间客房公寓中（86 Calle de Goya）。[55]

里维拉的个性张扬，他不仅具有争强好胜的性格，而且具有丰富的想象力，里普希茨显然对他抱有十分宽容的态度。里维拉总是偶尔会有一番豪情壮举，据帕泰介绍："人们永远无法了解真实的里维拉"[56]，此外，她还在另外的例子里证实道："里普希茨讨厌里维拉经常莫名其妙地讥讽他人的行为。"[57]不过尽管如此，他们两人却始终保持着坚固的友谊。事实上，最初是由里维拉把里普希茨引荐给毕加索，并带他一同拜访了毕加索的工作室。在毕加索工作室等候的时候，里维拉在里面"审来审去，对毕加索的雕塑指手画脚，并加以评论……"[58]里普希茨显然也不认可那些雕塑作品。见面时里维拉对毕加索毕恭毕敬，而里普希茨则初次见面就拿出勇气与毕加索正面交锋，就雕塑与绘画之间的本质问题进行辩论。不过他的举动并没有惹恼毕加索，两天后毕加索亲临这个年轻人的工作室进行回访[59]，从此两人一直保持友谊，而里普希茨也一直将毕加索尊为"大师"[60]。

所有一切不仅表明里维拉的主观思想不仅是受到像毕加索和里普希茨两位一样的大师的熏陶，或许还说明了为何当他回到墨西哥，面临建造私人住宅的机遇时，他便立刻决定以里普希茨的住宅－工作室兼博物馆为案例，委托建筑师设计国际式风格的建筑。这种说法或许有些片面，因为我们在后来会发现，里维拉涉猎的所有问题都具有艺术性和墨西哥文化的深层次内涵，而或许是这些因素才使他在自己的住宅中追求现代主义风格。我们将在后文详细分析迭戈·里维拉住宅，其中涉及建筑心理学命题，而且涉及建筑形态与生命不同阶段需求之间的关联性问题。

里普希茨的第二个工作室，名气不如勒·柯布西耶为他设计的巴黎工作室。在笔者看来，后来这座位于纽约州哈得孙河畔黑斯廷斯镇（Hastings-on-Hudson）的住宅，尽管对艺术家而言是最终重要的生活场所，但从建筑学角度看却实在令人失望。

位于哈得孙河畔黑斯廷斯镇的里普希茨住宅，由马丁·洛温费什（Martin Lowenfish）设计
这位建筑师是勒·柯布西耶的崇拜者
（图片来源：帕泰，1961 年）

在出版物刊登的照片显示，里普希茨第二个工作室表现出一个典型的郊区房屋形态，而且有一个很大，且比例失调的附属体量，住宅外观类似一个"日托"建筑，只有建筑平面能体现出这是一座艺术家工作室。建筑内部独立设置一个粗大的砖柱，柱顶部位直接裸露出横梁，空间的整体性完全被打破，并影响到向外的视线。[61] 建筑师马丁·洛温费什解释造成这些问题的原因来自业主，因为雕塑家事先提出明确要求在视线高度范围内不得开设窗洞。[62] 对此，帕泰补充说："里普希茨不想受到干扰，他宁愿为了雕塑作品而牺牲景观视野。"[63] 笔者认为，其他更中性温和的节点可能会更好地满足艺术家的需求，而粗大的砖柱明显破坏了工作室的空间环境。

洛温费什是里普希茨的美国朋友，他们经常相伴出行。马丁·洛温费什为艺术家提供无偿设计，而且他希望能超越勒·柯布西耶的传奇，这对他来说是一个巨大的考验。尽管洛温费什受勒·柯布西耶的建筑法则和个性影响颇深，且他和许多 20 世纪五六十年代的建筑师一样，不仅崇拜勒·柯布西耶，甚至将勒·柯布西耶的标志性领结视为时尚。[64] 然而，洛温费什毕竟不是勒·柯布西耶。

不过显然里普希茨很喜欢这个大工作室，因为这正是他毕生的追求。在类似厂房的大空间内，他可以存放自己的所有作品。1953 年 4 月 12 日，当新的工作室落成之时，一个朋友提问为什么需要如此大的工作室，里普希茨则回答说："再过几年，你将会发现对于创作者来说，这里还是太小了。"[65] 空间尺度概念是相对的，如果这位朋友看过罗丹（Rodin）、布德尔（Bourdelle）、亨利·穆尔（Henry Moore）、亚历山大·考尔德（Alexander Calder）等人的工作室，再看看 20 世纪末弗兰克·斯特拉（Frank Stella）的工作空间，那么想必便不会有人再提出这样的问题，并也会承认里普希茨的工作室确实不大。

正如帕泰的观点："人的一生会经历多种生活方式。随着工作室的建成，艺术家头脑中黑暗的记忆便被一扫而空，同时会迎来一段全然幸福的时光。"[66] 和其他艺术家一样，在最后一个工作室建成之前，里普希茨大部分时间是在自己的脑海和以往的空间内生存，而不是囿于实体的空间范围。新工作室建成之际，艺术家会迎来短暂的休止期和准备蜕变的节点，这是他的人生中将以往经历重新整合并形成某种秩序的开端，也是他为告别人世而殚精竭虑的过程。里普希茨在这个过程中幸运地与妻子和女儿相伴，同时也实现了他毕生的心愿，为自己的收藏品找到了一个类似博物馆的场所。在建造位于黑斯廷斯镇的工作室之前，为了实现自己的目标，里普希茨预先购置了位于沃伯顿大道（Warburton Avenue）168 号的"白屋"（white house）作为居住场所，同时为了避免干扰家庭生活，他当时会到位于曼哈顿第 23 大道的另一个工作室内进行创作。[67] "白屋"住宅，最终由他的妻子和他的建筑师朋友马丁·洛温费什改建成博物馆。[68]

通过长期努力和不断的圆梦过程，雅克·里普希茨早年生活中的悲惨记忆烟消云散，剩下的只有获得开放式大空间的愿望。但是，无论怎样扩大空间，经过几年的创作之后，他都会再次感到空间的缺乏，而且由于令他满意的收藏物品不断增多，迫切需要一个合适的空间展示所有作品，并留存给后代。于是他将展廊设在室外，室内还拥有几个贮藏作品的空间。随着岁月的流逝，关于由建筑师设计的建筑实体状况及后来的许多评论，对里普希茨来说已经毫无意义。位于哈得孙河畔黑斯廷斯镇工作室的宽敞空间，内部虽然昏暗，平面却具有开放性特征，能够保证艺术家不受任何约束，自由地进行创作。研究发现，类似需求在许多艺术家案例中普遍存在。为雅克·里普希茨量身定制的住宅，最终表现出某种精神品质，而且在笔者看来，它是一个介于历史和现代之间举足轻重的案例。这个案例进一步表明，当代艺术家对住宅的需求愿望，可以通过多方面去满足。空间的大小和豪华程度并不是空间品质的决定性因素，而比过去类似鲁本斯住宅那样壮观的尺度和豪华的形象更重要的，是对隐私、自由的运动、安全，以及适宜的工作条件与光照环境的需求。

注释 / 参考文献

1. 布拉克（Braque）并不喜欢他的佩雷住宅（Perret House）。他不得不大幅度介入，改造它的门面和室内环境。这所住宅位于巴黎的多勒米尔大街（Rue du Douanier），靠近蒙苏里公园（Park Montsouris）。见文献：场所环境和内部光线详述（Descriptions of the Ambience of the Place and the Lighting in it），利伯曼（Liberman），1988 年，第 143 页。

2. 罗伯茨（Roberts），1989 年，第 15 页。

3. 见拉坎布雷（Lacambre），1987 年，第 23 页，及拉坎布雷，1991 年，第 47 页。

4. 格斯尔（Gerstle），1989 年，第 17-19 页。

5. 希特（Schildt）对笔者，与约兰·希尔特（Göran Schildt）的采访，莱罗斯（Leros），4-4-94。

6. 引前，第 367 页。

7. 见沃拉尔（Vollard），于博利亚尔（Bollar），1960 年，第 24 页。

8. 同上，第 53 页。

9. 见安东尼亚德斯，1981 年。笔者在此加以补充，阿尔托的传记作者约兰·希尔特同时对塞尚与阿尔瓦·阿尔托都十分熟悉并不奇怪，他的博士论文和最早的著作都是围绕塞尚展开（见希尔特，1961 年）。

10. 格斯尔，引前，第 53 页。

11. 同上。

12. 关于德拉克鲁瓦在巴黎的多次搬迁，见存于普里多（Prideaux）的地图，1966 年，第 132-133 页。

13. 格斯尔，引前，第 324 页。

14. 希尔特对安东尼亚德斯的个人访问，莱罗斯，4-4-1994。

15. 见雷诺阿对塞尚的回忆（Renoir on Cezanne），于沃拉尔（见博利亚尔，1960 年，第 24 页）。

16. 格斯尔，引前，第 324 页。

17. 同上。

18. 即佐拉（Zola）之于塞尚，巴黎，1860 年 3 月 3 日，于里瓦尔德（Rewald），1984 年，第 68 页。

19. 同上。

20. 同上。

21. 同上，第 53 页。

22. 同上，第 367 页。

23. 见普罗切尔特（Purruchot），1963 年，图 36。

24. 格斯尔，引前，第 368 页。

25. 同上。

26. 同上。

27. 丹尼尔松（Danielsson），1966 年，第 253 页。关于高更"快乐之家"的一切内容，皆基于丹尼尔松，1966 年，第 241-262 页。

28. 见《班纳姆的传奇》（Legends in Banham），1960 年，第 232 页。

29. 这很有趣，奥赞方（Ozenfant）的住宅修建于 1923 年，吕尔萨（Lurcat）的艺术家住宅综合体——即著名的瑟拉住宅区（Villa Seurat），于 1924 年开始建造，1926 年完成。详见《A+U》杂志，1990 年特别版，第 76-81 页，吕尔萨，1967 年，第 44 页；希区柯克（Hitchcock），1929 年，第 166 页和 172 页。

30. 这是莫斯（Moos）对勒·柯布西耶的作品《作品的完成》（Oeuvre Complete）的引用，1910-1929 年，第 31 页；莫斯还在脚注中标明补充说，那个餐厅至今依然在科多－德－莫鲁瓦大街 32 号（Codot-de-Mauroy），它的名字是"Le Mauroy"——此处莫斯所指并非里普希茨（Lipchitz）住宅。

31. 见希区柯克，1929 年；1970 年，第 166 页。

32. 见奥赞方，1952 年，第 324、329 页。

33. 与瑟拉住宅区、阿奈·尼恩（Anais Nin）、亨利·米勒（Henry Miller）相关信息，见菲奇（Fitch），1993 年，第 174、175、178、188、189 页。

34. 相关瑟拉住宅区及由吕尔萨设计的艺术家住宅之引文，平面图，照片和相关评论，见范·杜斯堡（Van Doesburg），1926 年，于《范·杜斯堡 1990》（Van Doesburg 1990），第 76-81 页。

35. 关于吕尔萨和其艺术家住宅的更多信息，见希区柯克，1928年，第254页；希区柯克，1929/1970年，第171-173页；吕尔萨，1967年，第44页；《A+U》杂志，1990年，第76-81页。

36. 见布吕纳姆（Brunhammer），1980年，第107、111页，第271、320页。

37. 关于朗格莱别墅（Villa Lenglet），见邓斯特（Dunster），1985年，第33页，书中有方案的平面图、剖面图和外观照片。

38. 他的"现代"工作室被设计成了一个矗立于汉普郡（Hampshire）Frodingbridge 艺术家传统地产上的独立建筑，这个工作室紧挨着一个有许多水塘的花园。详细描述、照片和平面，见 Richards，1935年，第65-68页。

39. 伯西格尔（Boesiger），《勒·柯布西耶》（Le Corbusier），1972年，第22页。

40. 帕泰（Patai），1961年，第227页。

41. 关于这所住宅更多优秀信息，见邓斯特，1985年，第27页。

42. 同上，第56-57页。

43. 见雷德斯通（Redstone）对里普希茨的引用，序言，第6页。

44. 引前，第6页。

45. 同上。

46. 同上，第229页。

47. 同上。

48. 同上，第230页。

49. 即，这并没有被收录到一些早期关于勒·柯布西耶的引文当中，如《勒·柯布西耶：我的作品》（Le Corbusier: My Work），詹姆斯·帕姆斯（James Palmes）译，由莫里斯·雅尔多（Maurice Jardot）推荐，由伦敦建筑出版社（The Architectural Press London）出版，1960年；及维利·伯西格尔（Boesiger Willy）翻译的《勒·柯布西耶》（Le Corbusie），普雷格出版社（Praeger）出版，1972年，此书仅在项目目录第246页对其有所提及，且只是将其作为建成于1985年的位于邓斯特的里普希茨的"Metschinianinoff"住宅所引，并未提及其设计出自勒·柯布西耶。

50. 希区柯克，1929/1970年，第167页。

51. 帕泰，引前，第228页。

52. 见詹克斯（Jencks），1977年，第9页。

53. 同上。

54. Blake，1974年，第33页。

55. 帕泰，引前，第140页。

56. 同上，第141页。

57. 帕泰，同上，第123,141页。

58. 同上，第122页。

59. 同上，第124页。

60. 同上。

61. 见第118页后照片，帕泰，1961年。

62. 帕泰，同上，第368页。

63. 同上，第386页。

64. 见第311页前照片，帕泰，1961年。

65. 帕泰，同上，第387页。

66. 同上，第394页。

67. 同上，第366页。

68. 同上，第395页。

© 安东尼·C. 安东尼亚德斯（Anthony C. Antoniades）

艺术空间:
艺术和艺术家对建筑学的贡献

建筑与人类"生命阶段"的适应性

The Studio of Diego **Rivera** and Frida Kahlo by Juan O'Gorman, photo of the twin houses above by the Author,1

The house of Braque and the Studio of Joan Miro by Jose Luis Sert

Frida Kahlo,
Diego Rivera,

Juan O'Gorman

胡安·奥戈尔曼设计的迭戈·里维拉和
弗里达·卡罗工作室
(两座"孪生"住宅照片由笔者拍摄)

第4章　建筑与人类"生命阶段"的适应性

　　本章中的案例皆为量身建造的工作室，而且内部空间都具有卓越的品质，需要我们分别加以详尽的讨论。本章将关注并研究建筑与使用者"生命阶段"相关的适应性标准，这方面以往普遍未得到重视，甚至被完全忽略。人类从"胎儿"阶段到"生命晚期"，经历自然成长、能量消耗、从事工作等过程，不同"生命阶段"对空间的要求会有所不同。在生命早期阶段，人的身心充满活力。而人到晚年，则由思想统帅一切，此时需要的是能够使人身心放松、思绪万千，并可以在内部思考自己未来的空间氛围。在生命的全过程中，人类对过去、现在和未来的看法一直在发挥作用。[1]人类不断地思考这些的意义，通过学习、幻想、评估、预测等过程，最终付诸行动。某一时期的行为，有可能在后来被证明是荒谬的。一个人经过全力以赴，可能在某一时期获得青春时代梦寐以求的住宅，但是，到了实现自己最终梦想的人生阶段，却发现房子已不再适用。

　　本章讨论的艺术家住宅-工作室案例，将充分证明以上观点。通过研究发现，艺术空间与"生命阶段"这一主题息息相关，是空间设计取得成功的关键，尤其要使空间适应使用者生命和创造力的发展。在体现这一主题的案例中，最具代表性的作品是：迭戈·里维拉和弗里达·卡罗的孪生住宅、胡安·奥戈尔曼住宅，以及由何塞·路易斯·塞特（Jose Luis Sert）设计的布拉克住宅和霍安·米罗工作室。

胡安·奥戈尔曼设计的迭戈·里维拉和弗里达·卡罗工作室

　　"住宅"和"工作室"，成为迭戈·里维拉一生关注的主要问题。在家庭环境中，里维拉描绘出自己的生活美景，而"女人"和"死亡"则成为定义他人生的框架。

　　与乔托、莱昂纳多和米开朗琪罗等人相似，里维拉具有不幸和痛苦的童年。他在2岁时突然从瓜纳华托的家中被带到一个类似"树林中的原始棚屋"居住，并由一位20多岁的印度安护士安东尼娅（Antonia）养到4岁。[2]其原因是为了避免幼小的里维拉受到家庭不幸的影响。当时，由于他孪生兄弟的死亡，母亲受到精神打击而拒绝离开儿子的墓地，父亲则为了陪伴夫人而不得不住进墓地管理员的房子。死亡，在墨西哥人的生命中具有重大意义，而对里维拉苦难的童年也造成了巨大的影响。因此，在里维拉后续一个人的生活岁月中，"住宅"的概念和"寻觅家庭"的目标便成为他"生命"的重要组成部分；而"死亡"则是每个人必须要面对的命题，甚至存在于整个生命阶段当中。

　　和许多艺术家一样，迭戈·里维拉也希望在死后留下一座博物馆。这种追求与在世期间对适宜性居所的渴望同等重要，都是为了改变生活方式并展示自己的艺术作品。里维拉父母在瓜纳华托的住宅虽然"很小"，却是他心目中的宫殿。离开家庭之后，里维拉体验过许多极其"恶劣"的居住环境。安东尼娅的农舍，在里维拉童年的记忆中类似一个女巫的土坯房。[3] 他们家庭后来移居到墨西哥城并有了第二栋住宅，他也第一次拥有了属于自己的房间，这也是他童年时期的"工作室"，这个房间类似一个黑色立方体，"四面墙壁和地板上覆盖着黑色帆布"。[4] 居住环境的影响，以及童年时期产生的迷恋圣母玛利亚情结，能够说明他后来与弗里达·卡罗结合的原因。和里维拉一样，弗里达·卡罗曾经历过世人难以想象的悲惨生活，她的情感中也存在强烈的、思考"生与死"的命题。

　　从现存的迭戈和弗里达后期工作室照片中，可看到室内堆满骷髅、死人面具、犹大像、魔术用具等物品，形象地表现出"生"与"死"，以及巫术、血性、逆境等主题。他们多年保持各自独立的生活，在住宅—工作室内也保持相对隔离的状态，直到彼此了解并最终成婚。

　　迭戈·里维拉的记忆中充满着痛苦的回忆，无论是在童年、少年还是年轻时创作绘画的阶段。特别是在巴黎生活的时期，他体验过无数恶劣的空间环境，包括冰冷的房间以及缺乏舒适感的场所。[5]

　　里维拉早期曾探寻过"普适性"建筑。但由于当时这种风格尚未成熟[6]，因此他的探索被认为是"舶来主义"和"折中主义"手法。之后我们会详细了解，尽管这种探索过程在里维拉一生中持续的时间很短，从中却体现出他年轻时期的观念性立场，而他对待墨西哥独裁者波费里奥·迪亚斯（Porfirio Diaz）的批评性观点，就是这方面的有力证明。[7] 里维拉"反迪亚斯"思想主要针对迪亚斯关于艺术和建筑方面的观念，而且为了表明自己的立场，他加入了对当局的激进团体，而且终生积极参与组织活动。里维拉首先组织策划了一次反对迪亚斯的罢工活动[8]，随后又加入墨西哥共产党，他曾在 1929 年被开除党籍，但在次年递交了一份悔改书后又重新入党。里维拉和妻子卡罗常常在家中接待来自世界范围的革命者、知识分子和政治家，如列昂·托洛茨基（Leon Trotsky）、安德烈·布勒东（Andre Breton）等人。

　　在里维拉的一生中，"家庭"是一个中心主题。父母的家在"等待"他归去，而他计划建造的另一个家也在他的脑中"等待着"。对于里维拉来说，总有一个"家"存在着，或是为了生活，或是为了迎接死亡，其他一切都是暂时性的。他在西班牙和法国如奥德修斯般地奔波流浪，目的是学习知识并寻找一个"家"。当他远行归来，也让人联想到奥德修斯历经艰辛回到故土的情景，同时还令人感到他再次找回了自己的活力和记忆，以及家中的异性情节。在父母的第一座墨西

迭戈·里维拉住宅（左）和弗里达·卡罗住宅（右），由胡安·奥戈尔曼设计
两座住宅于 20 世纪 90 年代早期改建为"迭戈·里维拉工作室－博物馆"，整体建筑被周围树木所掩藏
（照片由笔者拍摄，1992 年）

哥三层住宅里，母亲和安东尼娅的幻影，游离于里维拉的梦境和现实之间，使他不断经受身份认同和存在感方面的煎熬。对里维拉而言，家里的墙壁和空闲房间都会产生某种神秘氛围，径自诉说着那些已不复存在的人物；这些空间时常会令他想起伯祖母和童年时拳养的小狗，那只狗一直等到他从巴黎归来，最后一次舔了舔主人的双脚然后死去。里维拉返回墨西哥城，就如同奥德修斯回到故乡伊萨卡（Ithaca）一般。[9]

只有那些里维拉在人生经历中所迷恋的人，才能引起他对过去的回忆，而且他把母亲、安东尼娅、圣母玛利亚视为珀涅罗珀（Penelope）的化身，里维拉一生迷恋着这些"女性",通过她们,他才能感觉到自己的权威性,以及无情和粗暴的面目。[10]

在这位艺术家的人生当中,无论是他的探索时期还是困苦年代,还是在相对安稳的日子里,女性一直扮演着核心角色。他曾旅居西班牙、法国、意大利、德国、苏联以及其他欧洲国家,并居住在公寓或旅馆客房中。里维拉所处的环境和交往的人物都与社会活动相关,他经常与志趣相投的艺术家一起,在巴黎一些典型的波西米亚氛围场所内聚会,其中包括莫迪利亚尼(Modigliani)和毕加索。里维拉曾在自传中回忆参观毕加索工作室的感想,空间内陈列着这位大师的所有作品,这与所有经销商的陈列方式大不相同,他对此感慨道:"所有作品栩栩如生,成为毕加索个人有机世界中的组成部分。"[11]里维拉也曾回忆起与安杰利·贝洛夫(Angeline Belloff)一起在巴黎住过的"冰冷刺骨"的公寓,并认为这一恶劣条件导致他失去了自己的幼子。[12]他与弗里达·卡罗之间经历过从合作到结婚、离婚并再次结婚的过程,直到后来返回墨西哥,他们才建立起真正意义的"家庭",而他也为此付出了一生的努力。

里维拉的这个"家庭"空间,便是指由建筑师胡安·奥戈尔曼为他和卡罗设计建造的国际式风格孪生别墅,奥戈尔曼当时是他们夫妇俩共同的朋友和同行,也是他们的共产党同志。笔者之所以重点关注这座住宅,是因为它生动地总结了里维拉关于艺术和建筑学的态度,同时它还具有某种象征性意义,因为它表现出了里维拉自童年时便开始积累的记忆和迷恋情结。显然,这座住宅未得到人们的足够重视,包括艺术家本人和他的传记作者,以及弗里达的传记作家。他们偶尔在文字间提及这座住宅,也只是匆匆掠过,住宅的名称也不统一,经常交替称为"位于圣安吉尔的住宅"(the house in San Angel)或"位于圣安吉尔的工作室"(The studio in San Angel),有时又称为"那间工作室"或"那座住宅"。尽管如此,我们还是可以确认,迭戈在这座住宅里生活过,而且"在生命的最后几年,他一直在此工作和休息"。[13]住宅的平面和剖面资料如今已无处可寻。只在一本介绍奥戈尔曼的著作中反复出现过几张住宅的黑白照片,以及一两张粗糙的表现图,除此之外,没有任何介绍住宅平面、剖面以及场地平面的资料。原因只有一种解释,那就是艺术家本人希望保证住宅绝对的安全性,而这点有两个事件可以证实。

第一个事件与 1940 年 5 月 24 日暗杀托洛茨基未遂的行动有关,事件发生在里维拉位于科约阿坎要塞般的住宅中。案件发生的几天之后,墨西哥警察就搜查到里维拉的住宅,并试图收集对他不利的犯罪证据。里维拉对此完全无法理解,因为他和托洛茨基是朋友,而且他还曾帮助托洛茨基安全进入墨西哥境内。[14]当警察包围艺术家工作室时,住在街对面汽车旅馆的艺术家朋友波莱特·戈达德(Paulette Goddard)发现情况并及时向里维拉报信,他才得以逃离自己的住宅。

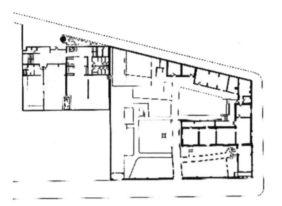

左：弗里达·卡罗父母的住宅 [位于科约阿坎（Coyoacan）]，平面类似一座要塞，如今是托洛茨基博物馆。左翼为建筑师 Antonio Latapi Boyselle 于 1990 年设计的博物馆扩建部分

右：迭戈·里维拉表现自己住宅 - 工作室的少量效果图之一，发表于 1931 年

而第二个事件则使住宅的安全性要求提高到重要地步。里维拉位于圣安吉尔的工作室和位于科约阿坎的住宅曾遭受过一些学生和中产阶级上流人士的袭击，其中包括一些耶稣会和哥伦布骑士会的成员，他们用石块击碎建筑的门窗玻璃。引起众怒的原因是艺术家刚刚完成的普拉多酒店主餐厅壁画，即《星期日之梦》（Sunday Dream）。里维拉在作品中描绘出"阿拉米达公园"（Alameda Park）周日场景 [15]，他凭借童年的记忆，表现了公园内形形色色的墨西哥人物，包括穷人和各阶层的代表性人物，画面中有一具骷髅，有弗里达和童年时期的里维拉，有双手仍在滴血的科特斯，有判决"割让得克萨斯州的卖国贼桑塔·安纳"的审判团成员，以及 1857 年制定墨西哥自由宪法的民族英雄贝尼托·华雷斯（Benito Juarez）。不过引起人们愤怒的真正原因，是因为里维拉在壁画中引用了伊格纳西奥·拉米雷斯（Ignacio Ramirez）的声明，上面用仅有 2 英寸高的字体写道："上帝并不存在。" [16]

从建筑学角度来看，迭戈·里维拉在著作中并没有对他的这座住宅 - 工作室进行专门回忆，这方面非常耐人寻味。他仅仅提到了自己的逃跑路线，并对住宅外部楼梯作了一些说明，过程中他还撞到了楼梯处堆积的作品，跑到停车的庭院后逃离了警察的追捕。显而易见，确保工作室的安全并可以悄然出入，是他的头等大事，他认为其他重要方面没有必要介绍。我们偶然可以从弗里达·卡罗身边的朋友和仆人口中证实以上情况，他们还介绍了里维拉在弗里达·卡罗临死之前以及死亡（也可能是自杀）之后不久的行踪。[17] 显然正是出于安全性原因，里维拉

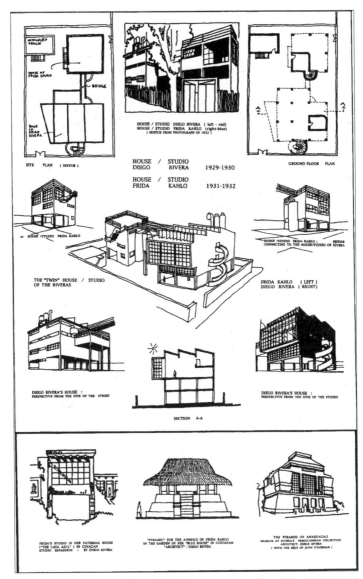

上：里维拉和卡罗的孪生住宅 - 工作室 [位于圣安吉尔（San Angel）]，胡安·奥戈尔曼设计，以及由迭戈·里维拉设计建造的几座建筑结构

下：迭戈·里维拉设计的几座住宅复原方案，笔者根据有限的图片和介绍所做的虚拟设计

没在任何出版物中对住宅加以介绍。无独有偶，雅克·里普希茨住宅的情况也是如此，我们同样没有看到建筑师在艺术家在世时介绍过该建筑。

考虑到里维拉动荡的人生和当时墨西哥的政治气候，更不用说他所在团体和主要朋友们的国际背景，由于他们经常在工作室聚会，自然也需要保持高度的警觉，这方面至少在住宅平面布局中表现得十分明确。主要出于安全性考虑，里维拉对于奥戈尔曼为自己设计的住宅一直避而不谈。但是，这方面是否能成为掩饰住宅特征的唯一理由？笔者不这样认为，因为笔者相信一定还有其他主要原因。

据了解，在里维拉的口述和文章中，大量提及自己未来的故居博物馆（Anaxacualli），而且有详细的建造方案和具体的形式风格。他把博物馆方案称为"金字塔"和自己的未来之"家"，并计划在里面保存自己收藏的前哥伦布时期艺术品。里维拉显然已经掌握了建筑设计语言和整个建造过程。那么，他为什么不肯介绍自己生命中唯一的住宅 – 工作室？毕竟他为此奋斗一生，且是由自己的同党和门徒所设计。是否存在一种可能，那就是也许他对那座住宅从未感到满意？或许还有另外一种可能性，便是里维拉最终得到了曾在巴黎时期梦寐以求的住宅，然而那时他年轻而充满活力，但在进入人生的另一阶段之后，却感到它难以适应自己的需求，但又无法决心放弃？

无论如何，毕竟这座住宅的许多建筑空间内部承载着里维拉童年时期的记忆：该住宅与他家庭在墨西哥城的房子一样，同样是 3 层建筑。住宅的通道和空间充满现代主义的内部活力，并表现出他们早期所在城市的住宅特征，过去，他母亲经常站在家庭住宅的二层眺望儿子的归来。这座住宅属于国际式风格，它是某种纯粹主义的尝试，而卡罗住宅也是一个简洁的立方体，两座建筑都表现出纯粹主义的风格，也反映出里维拉对折中主义的厌恶和抵制态度，包括他对波费里奥·迪亚斯执政时期那些被他贬为"蛋糕"式的公共建筑的态度。最后一点，这座住宅大面积的墙面都借鉴了勒·布鲁西耶在里普希茨住宅上使用过的红色，多彩的颜色极大地丰富了墨西哥建筑文化，也十分符合这个习惯在地域建筑中使用明亮色彩的民族。当时，在世界范围内，柯布的追随者们正在掀起以地中海白色为主要特征的纯粹主义建筑风格。通过多次体验雅克·里普希茨那座位于巴黎的住宅，迭戈·里维拉或许从中发现了属于"墨西哥"的色彩特征，这或许也是他喜爱朋友住宅的主要原因。

但是，这座住宅也许不是受环境条件影响的产物，而是经过里维拉用文字和情感包装的建筑；或者，他在晚年也许并没有真正地喜欢过这座住宅，甚至不认为其中具有任何意义。笔者认为以上的这些质疑都有其道理，尤其是在考虑到人的审美情趣可能会在不同生命阶段发生显著变化的情况之后。随着年龄的增长，人的需求会发生相应变化，对空间的鉴赏品味和审美情趣也会随之转变。[18] 谷崎润一郎（Tanizaki）在小说《荫翳礼赞》（*In Praise of Silence*）中，充分验证叔本华关于不同生命阶段的哲学观点，并通过日本民族案例，指出了美学思想的演变过程。日本人在年轻时喜欢鲜艳色彩，因此，青年人崇尚"神道教"（Shinto）鲜红的传统寺庙；而到成年之后，他们则喜爱漆器纹理和自然色彩，从而转而成为佛教徒，并尊崇佛寺中的宁静氛围。[19] 里维拉钟爱由奥戈尔曼设计的"勒·柯布西耶纯粹主义"风格住宅，或许是因为奥戈尔曼的审美观念与里维拉早期的美学理念不谋而合。

也或许，还可以理解为里维拉是出于对朋友的忠诚，所以在自传中对位于圣安吉尔的住宅没有进行系统性介绍。

人生的某个阶段，是在童年或者刚刚成熟时期的梦想中生活，而到了有能力实现所理想的生命晚期，则发现童年时代有关建筑样式、楼层和台阶数量、大窗口以及色彩氛围等梦想，与后期生命阶段的需求愿望没有任何关系。人们常常被内心的固执所束缚，不能进行其他的选择，哪怕当一次欺骗自己的"骗子"。我们也常会顽固地秉持年轻时的偏爱，即便知道这样做最终可能会导致失败。再回头分析，有诸多因素导致里维拉接受胡安·奥戈尔曼所倡导的纯粹主义，这些因素也许是他对奥戈尔曼忠诚的强大逻辑，并使他投身到自己未被感动甚至毫无兴趣的事业。

胡安·奥戈尔曼比里维拉年轻很多，与弗里达·卡罗的年龄相仿。自十几岁开始，奥戈尔曼就崇拜里维拉，成年之后又接受了对方激进的共产主义理想。奥戈尔曼很快便成为墨西哥建筑师中的年轻领袖，并率先对墨西哥权威建筑界的官僚作风表示了反对，同时还倡导了墨西哥现代主义运动。20 世纪 30 年代中期的《建筑实录》（*Architectural Record*）杂志曾频繁介绍过他的作品。通过这种宣传，那时年轻的奥戈尔曼便作为墨西哥建筑界的头雁而名扬四海，而同期同一杂志介绍的巴拉甘（Barragan）则还尚未崭露领袖的头角。[20] 然而，奥戈尔曼的作品，在国际出版物中却仅被刊登一些简单的图片，包括平面图、效果图和实物照片。至于这些作品产生的内生动力和动荡背景目前则依旧无人知晓，我们只能期待新的发现，或者希望在里维拉和托洛茨基、弗里达·卡罗等人的传记或专题研究中能获得更多信息。

正如我们今天所了解的，实际上"截至 1936 年，在墨西哥城的许多范围内一直抵制现代主义建筑风格。"[21] 在这种现实环境下，奥戈尔曼在追求现代主义的道路上付出了一番艰辛的努力，并最终迎来了事业的辉煌。他最初以一名建筑师的身份入职教育行政部门，从那时起便尽显才华，年仅 27 岁就已经参与了墨西哥上百所学校的建设，其中有 40 多座校舍由他亲自主持建造。此外，在少年时代曾希望成为画家的奥戈尔曼，一直认为"在某种程度上，画家应当兼作建筑师，而每个建筑师也应该成为画家。"[22] 他坚持这种理念并热情参与政治和社会活动，成为实施教育改革的最佳的人选。当时迭戈·里维拉正在"圣卡洛斯艺术学院"（San Carlos Academy of Art）实施一项改革方案，而奥戈尔曼便为此接受了该学院系主任一职，尽管他并没有教学方面的经验。[23] 里维拉的改革非常彻底，不过结果也是好坏参半。所有改革理念或许与他本人曾在 25 年前被学校开除的事件有一定关联。里维拉凭借自己在国内的影响力和地位获得了学生们的支持，身后还有他在墨西哥共产党内活动期间建立的势力群体。他向政府委员会提交了一份课程计划，核心内容是去掉所有教学基础构架，并极力倡导实行"导师－学徒"制模式。在这一教学体系中，学生作为导师的学徒，有专职人员配合指导，学生在学业结束前都要在导师指导下完成相关实践性项目。里维拉的课程计划注重实训模式，并面向所有艺术专业的学生，且不分男女。他认为："这些学生将来应成为技能娴熟的专业工匠、画家、雕塑家，以及建筑师、建造师、室内装潢师、雕刻工艺师等等，或者成为壁画、陶艺、印刷、摄影、石印等艺术领域的大师，甚至集其他多种专业能力于一身。只在掌握所有艺术知识和技能基础之上，他们才有可能根据自己的兴趣从事某一专业。"[24]

这一方案听起来类似包豪斯的教学理念，在时间跨度上更接近弗兰克·劳埃德·赖特的"塔里埃森"（Taliesin）教学模式，而且，此方案的特色在于逆逻辑性培养技术工匠的教学定位。进一步分析，也和许多艺术家（包括建筑师）的情况类似，作为课程计划的制定者，里维拉拒不接受他人对自己狂妄的"教育理念"进行预先评估。

里维拉设置的课程计划学制长达八九年，期间要求学生白天到工厂工作，晚上参加圣卡洛斯学院的研讨会，或者参加工作坊内的各种实践活动，周末还要去听导师的讲座。在详细执行里维拉这项疯狂课程计划的过程中，贝特朗·沃尔夫（Bertrand Wolfe）甚至发现弗里达·卡罗也站在反对立场，她称里维拉是"一个与时钟和日历为敌的人。"[25] 里维拉的传记作者也提出一系列疑问："什么样的时钟能运转这么长时间？什么样的日历能容纳这么多日程？什么样的体质才能承受如此高的工作强度？"[26]

当时，学生们并不了解自己被置于何种处境。据沃尔夫介绍，学生们遵从这项课程计划的原因，主要是因为他们被里维拉对莱昂纳多·达·芬奇的信仰所感染，自从听说有《达·芬奇笔记》之后，里维拉便去寻找这本著作并开始埋头阅读。[27]

在这一改革过程，年轻的建筑师胡安·奥戈尔曼扮演了一个重要的角色。因为在众多的建筑师当中，里维拉唯独委托奥戈尔曼来协助实施自己短暂教育梦想中的建筑学培养计划。计划实施过程中，艺术家群体和建筑师们最终产生摩擦，因为建筑学专业的学生远远多于对造型艺术感兴趣的学生人数。里维拉则努力为建筑学教学方案进行辩护，他在报告中声称培养计划中并没有培养建筑师的具体目标，而是要使画家和雕塑家掌握必要的建筑学知识……"在所有艺术中，我对精致完美的建筑艺术最感兴趣，我们会聘请优秀的建筑师参与课程教学……"[28]

所有冲突最终导致双方义愤填膺。原本得到学生支持的迭戈·里维拉，不仅于1929 年被开除墨西哥共产党外，他还发现自己竟然处于被动防守局面。造型艺术专业的学生们得到"来自墨西哥共产党内的强力支持"[29]后，便开始攻击里维拉是一个"虚伪的革命家"，是在底特律、纽约和旧金山等地通过壁画创作赚取"美元"的大富豪，而且是"……艺术家中的墨索里尼"[30]，还将这些指责提交到了学校理事会。反对派阵营中包括所有造型艺术家以及保守派画家，而建筑系中的年轻教师和少数保守派建筑学教授，在奥戈尔曼的领导下则坚决支持里维拉。"校园内每天都发生建筑学和绘画专业学生之间的冲突事件。"[31] 最终，在墨西哥共产党的支持下，反对派势力蔓延到各个方面，里维拉则面临四面楚歌，被反对势力所包围。除了奥戈尔曼和极少数建筑师之外，其他所有人——包括保守派画家、建筑系学生和教职人员（他们大部分是墨西哥共产党员），都在学校理事会上对里维拉列出 23 项指控内容，迫使他在任职后的第 8 个月辞去职务。[32]

这次事件，强化了里维拉和胡安·奥戈尔曼之间的友谊，并验证了里维拉的现代主义和新建筑思想，以及他对艺术门类之间相互影响所抱有的坚定信念。基于杰出艺术家和建筑大师之间合作的态度，里维拉将使用一生的住宅项目设计，委托给从 30 年代起就一直支持自己的朋友胡安·奥戈尔曼。

这座住宅中融入了当时的"所有艺术"思想。它是一座"纯粹主义"的实验性建筑，而且是一座具有色彩的建筑，而不是纯粹的白色形态。也许是里维拉提出的要求，他建议参考里普希茨住宅的红色特征。因此，20 世纪 30 年代中期墨西哥建筑中的色彩应用，可以说是受到里维拉建筑学与艺术相结合理念的影响，并由胡安·奥戈尔曼率先进行了尝试。路易斯·巴拉甘（Luis Barragan）和他的朋友索尔多·马达莱诺（Sordo Madaleno），以及里卡多·莱戈雷塔（Ricardo Legorreta）则紧随其后，开始在建筑上大胆地使用色彩。笔者经常列举莱戈雷塔的设计案例，且认为他在这方面做得更加优秀。然而遗憾的是，国际学术界对奥戈尔曼未给予足够重视，同时对索尔多·马达莱诺色彩奔放的建筑作品也给予充分的关注。

卫星城商业中心内部空间，位于墨西哥城郊外。建筑师索尔多·马达莱诺设计，他是路易斯·巴拉甘的朋友，并曾一起到欧洲游历
（照片由笔者提供）

经过再三挣扎，里维拉推行的教育计划还是以失败告终。但是，通过他住宅的具体形象中，不难发现未来里维拉的身影。只是笔者依旧认为，由奥戈尔曼设计的这栋里维拉"纯粹主义"风格孪生住宅，只是里维拉年轻时代的向往，而并非是他当时所处生命阶段的真正需要。

在格拉迪斯·玛奇（Gladys March）为里维拉写的传记——《我的艺术人生》（*My Art, my Life*）中表明，里维拉对自己的两座住宅虽未做任何评论，但它们确实具有非凡的意义，因为它们不仅体现了里维拉持有的不同艺术之间相互影响的态度和现代主义思想，甚至还体现出这位艺术家的毕生追求。

那么，是什么原因导致这两座住宅未得到重视呢？是否有可能是因为里维拉根本就从来未曾喜欢过它们呢？

70岁之后，里维拉倾心策划自己的"金字塔"（即故居博物馆）项目建设，并集中精力创作包括"心脏病医学院壁画"在内的几件作品。只是这时他身患一种血液疾病和静脉炎，导致他的右臂失去活动能力。[33]

迭戈·里维拉临终时拒绝去医院治疗，而是留在由胡安·奥戈尔曼为自己设计的工作室中，最终以一个画家的身份告别了人世。工作室内"布满他崇拜着的画像和圣像，以及许多面具、神像、犹大像、骷髅等等，在床头的画架上还有两幅他未完成的作品。"[34] 和里维拉一样，历史上还有另一位艺术家卡济米尔·马列维奇（Kazimir Malevich），也是在自己作品的陪伴下安然离世。里维拉去世后的第二天，"身着藏蓝色西服和红色衬衣的里维拉遗体，躺在一具桃木漆面的金属灵柩中，被移送到了'国家美术宫'（Palace of Fine Arts）的圆形大厅。"[35]

补充说明

胡安·奥戈尔曼本人享有一座纯粹主义风格的住宅－工作室，与他为迭戈·里维拉设计的工作室十分相似。晚年，奥戈尔曼在佩德雷加尔（Pedregal）用熔岩材料建造了另外一个住宅。这座住宅和他早期设计的、具有勒·柯布西耶风格的建筑没有任何关系，而是一座表现主义（expressionist）的尝试性作品。这座住宅表明了奥戈尔曼对高迪和弗兰克·劳埃德·赖特的关注，建筑采用曲面形态，内部设有楼梯和水池，几乎没有布置绘画作品的墙面。住宅墙壁装饰有石版画和墨西哥图腾，而这些对奥戈尔曼和墨西哥人民都具有重要意义。[36]

里维拉有让我们感到震惊的另外一面，尽管他在致力于探索人类普遍真理的同时，注重对墨西哥民族文化的真实性表现，但他却很难接受奥戈尔曼采用外来的墙体形态来诠释勒·柯布西耶的纯粹主义。而奥戈尔曼最终也鼓起勇气放弃了这种风格，并在后来的所有实践中，探寻属于自己的"墨西哥风格"。

这两位艺术家的实践都是探寻艺术真实性过程的辩证组成部分。里维拉最终是通过绘画进行了探索，并通过他的"金字塔"反躬自省，却发现那只是一种粗俗的"墨西哥文化";而奥戈尔曼,则认为他在佩德雷加尔具有高迪风格的熔岩住宅中实现了自己的追求。只是他们二人都并没有从建筑学方面找到答案。但他们的努力却都具有强烈的墨西哥文化主题,而且这种探索从未停止。多年后,由路易斯·巴拉甘和里卡多·莱戈雷塔在这方面取得了卓越成就。

在墨西哥发生的有关艺术与建筑学方面的论战,也许是 20 世纪建筑学史中最突出的案例之一,过程中充满了各种对立和牺牲,各方都付出了顽强的努力,也表现出了血气方刚的精神。

这就是艺术和建筑学的本质,通过悲剧和死亡经历,生命最终达到永恒。

胡安·奥戈尔曼住宅,位于圣安吉尔的佩德雷加尔

[图片来源: Esther Mc Coy,《艺术与建筑》杂志(*Art and Architecture*)]

迭戈·里维拉作,《站在十字路口的人》,国家美术宫壁画

由何塞·路易斯·塞特设计的布拉克住宅和霍安·米罗工作室

可以说，何塞·路易斯·塞特是 20 世纪活跃在"艺术圈内"最优秀建筑师的一分子。他和许多著名艺术家建立了深厚的友谊，不仅与他们近距离生活，而且经常在艺术家圈内度过自己的闲暇时光和假期。同时，塞特也是勒·柯布西耶的狂热崇拜者，他曾经作为助手在勒·柯布西耶的巴黎事务所工作过一年时间。[37]移居到巴塞罗那之后，塞特创办了自己的事务所，并在 1929–1939 年期间，频频往返于法国和西班牙之间，除了去见朋友，他还紧跟艺术运动潮流，后来还获得了 1939 年巴黎世界博览会西班牙共和国展馆的设计委托。毕加索正是在西班牙馆首次展出了他著名的作品《格尔尼卡》（Guernica），而西班牙馆也是这位建筑师与毕加索、米罗、考尔德以及其他艺术家的联合设计项目。在与米罗合作了多年以后，塞特接受了这位画家的委托为他在马略卡岛设计一间工作室。米罗的一生与这座美丽的地中海城市息息相关，这里是他的爱妻皮拉尔（Pilar）的家乡。[38]当时塞特已经移居到美国，并担任了哈佛大学建筑学院院长一职，同时也和保罗·莱斯特·维纳（Paul Lester Wiener）共同经营着一个建筑事务所，他合理安排时间并往返于哈佛和西班牙之间。米罗的马略卡工作室建成之后，他又推荐塞特负责设计了梅格基金会（Maeght foundation）的开发项目，工程位于法国蔚蓝海岸圣保罗山城美丽的郊区。[39]项目中包括一栋为布拉克（Braque）设计的别墅，尽管这座别墅并未建成，却是在整个 20 世纪内由建筑师为志趣相投的艺术家设计的住宅中，个性表现最强烈的。笔者认为：我们应当用已建成的态度来对待布拉克别墅的设计方案。该方案的特殊意义在于，它综合表现出"密斯式"空间组织原则以及勒·柯布西耶的设计语言，包括材料的选择、建筑的可塑性特征以及对光线的利用等方面。

在米罗工作室和布拉克住宅这两个案例中，塞特综合利用了上述的所有元素，创造出具有个性和建筑学真实属性的作品。"布拉克住宅"简洁的平面类似"密斯式"完整的矩形空间，比例非常完美，平面设计是塞特在自宅基础上的进一步拓展，他的私人住宅于 1958 年建在马萨诸塞州的剑桥市。[40]塞特住宅虽然空间高度较难满足当代艺术家的创作要求，却充分考虑了私密性和采光。布拉克住宅的剖面设计十分精致，非常适合作为绘画空间，并能很好地满足画家对展览功能的要求。住宅剖面设计精致地表现出类似勒·柯布西耶在内部空间提高自然采光效率的手法，也与勒·柯布西耶设计的朗香教堂和东京博物馆（Museum in Tokyo）非常相像。塞特创造出独特的弧形天窗形态，形成独树一帜的剖面设计手法，他后来将这种形式的天窗用于美国波士顿大学图书馆。

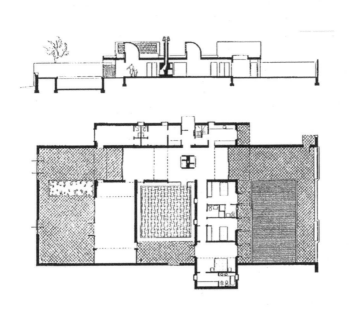

布拉克住宅,何塞·路易斯·塞特的设计方案,梅格基金会项目
(图片由塞特提供)

关于塞特设计的"布拉克住宅"方案,目前没有任何资料记载显示布拉克本人的态度。因此,关于"布拉克住宅"的方案设计,我们只能认为是按照艾姆·梅格基金会项目场地内建设艺术家住宅的设想,由塞特做出的意向性设计。[41] 也许,布拉克住宅方案只是一个虚拟设计,或者只是一个冠名项目,类似在纽约以艺术家名字命名的"单身公寓"(例如 20 世纪初以伦勃朗和范·戴克、罗丹、根兹博罗等艺术家命名的建筑),其目的是借助艺术家的名望来宣扬某种独特的建筑构造(详见"公寓居住者"章节,即第 6 章)。尽管塞特是在 1960 年设计出的该住宅方案,而布拉克也是于 1963 年才去世,但是我们仍然无法找到布拉克和塞特本人或其他人关于这个住宅方案的相关评论。[42] 不过可以确认的是,布拉克非常了解塞特为梅格基金会综合开发项目所做的整套设计,因为布拉克设计制作了圣伯纳德教堂(St. Bernard)圣坛的彩绘玻璃窗,而这座教堂正是梅格基金会的建设项目之一。如果能发现任何布拉特有关这座住宅态度的相关资料,对未来的学术研究将会是一件幸事。不仅是因为他在巴黎和乡村拥有几座工作室,并创作了很多以"工作室"为主题的绘画作品[43]，更是因为他作为一位"立体主义"（Cubism）的重要人物[44]，在面对现代主义建筑师表现立体主义的方案时，布拉特应当会在第一时间作出评论。至于米罗工作室，作为一个建成项目，我们会有许多机会讨论使用者对空间的反应。[45]

米罗工作室，明显与勒·柯布西耶在巴黎的私人公寓存在渊源[46]，工作室的石材侧墙与勒·柯布西耶公寓的砖石墙面十分相似。由于石材墙面存在难以布置画框的弊病，因此米罗也和勒·柯布西耶一样，也不得不把自己的作品放在地板上。我们了解到，最初米罗对工作室并不满意，所以他宁愿住到距离不远的一栋旧别墅当中。别墅是从蒙乔森（Munhausen）男爵的后代手中购得，男爵曾经居住在马略卡，米罗对他非常崇拜。这栋旧别墅让画家倍感舒适，他在楼梯下面的几间朴实无华的房间内工作，这些房间很小，墙面被涂成红色或其他彩色。而对于新的工作室，经过两年，直到当中被他堆满作品之后，他才找到一丝好感。这位艺术家曾明确地声称，他最初在工作室内并未体验到舒适感。

抛开工作室规模和纯净的"建构"特征，霍安·米罗的工作室显然难以适应这位画家特殊生命阶段的精神需求。尽管萨拉（Serra）声称"大空间工作室"就是米罗的"全部追求"[47]，但是很快便证明了，米罗在工作室并未感到快乐，"米罗本人承认这个期望已久工作室的空间内部阴森的环境令他毫无创作激情。他原本希望拥有一个大空间工作室，便于创作巨幅绘画作品，然而自从搬入新的工作室之后，他的内心却没有被激起任何涟漪。"[48]不过对于工作室的设计，米罗对塞特一直都抱有感激之情。但我们相信这只是米罗面对人情世故的圆滑，而非真正的赞赏，他更多地在言谈中表现出了对旧住宅的感情，以及对自己地产内与工作室同期建造的另一栋别墅更情有独钟，而他对那栋别墅周围的花园也是备加喜爱。这栋别墅是由他委托的内弟而不是塞特进行的设计。[49]米罗在这个花园中创作了

霍安·米罗工作室，由何塞·路易斯·塞特设计
（照片由塞特提供）

一些巨幅作品，而塞特设计的工作室，则主要用作于存放绘画作品，而不是工作和激发灵感的场所。[50]

这是又一个类似霍安·奥戈尔曼为里维拉和卡罗设计的住宅案例，建筑师在设计过程中忽视了使用者在特殊"生命阶段"的需求，以及不同生命阶段对艺术家美学思想所产生的影响。

米罗工作室的案例也反映出当代前卫艺术家更偏爱历史建筑，而不是自身时代的房屋。米罗之后的大量当代艺术家，无论知名度高低，都主张委托建筑师设计自己的住宅。20 世纪的最后 30 年间，建筑学类期刊和趣味杂志频繁介绍建筑作品。然而那些由著名摄影师拍摄的精美照片，在多数情况下却也并不能说明建筑的使用效果，而能够表现影响艺术家创造力和创作激情方面的建筑摄影作品，则更是凤毛麟角。这些杂志通常是为迎合大众消费而包装设计的建筑摄影集锦。无论是书刊中的照片或塞特本人，都没有阐明艺术家米罗在工作室并未获得特殊的温暖，以及他反而更喜爱自己地产内传统别墅的事实。

除了本章和之前章节中详细分析的标志性案例之外，还有许多根据艺术家需求量身建造的工作室，其中不乏能够阐释在此关注的"生命阶段"这一主题思想的优秀作品。在新墨西哥和加利福尼亚州，以及墨西哥、西班牙、希腊和法国南部等地区，也有很多类似案例。都是些为本土知名艺术家设计的普通住宅，有些项目确实因关注到艺术家特定年龄时期的使用需求而受到"嘉奖"，不过也有一些"令人失望"的作品，尽管都是由本土著名建筑师所设计……

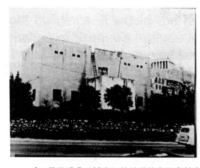

左：位于雅典卫城脚下的希腊著名画家帕泰尼斯（Parthenis）住宅，相当令人难以接受
右：帕泰尼斯临终前，雕塑家拉扎罗斯·拉梅拉斯（Lazaros Lameras）将这位画家的石膏头像赠送给他的儿子
（照片来源：ACA 档案，由 Meglokonoumou 拍摄）

　　我们已经大量选择分析了具有历史意义的优秀住宅建筑作品，因此不再赘述个别的"负面案例"……同时，笔者将继续关注与"艺术与空间"相关的，涉及两者之间（艺术与空间）更深刻关联度，以及存在性和社会文化等方面的具有深层次内涵的主题。

注释 / 参考文献

1. 从哲学的角度了解"生命阶段"的概念，见叔本华（Schopenhauer），1942 年，下卷，第 114-146 页。关于城市规划框架内更新应用建议的辩论，尤其是强调对孩子和年轻人的建议的部分，见道萨迪亚斯（Doxiadis），1974 年，第 55-61 页，第 215 页。

2. 里维拉（Rivera），1960 年，第 4 页。

3. 同上。

4. 里维拉，1991 年，第 9 页。关于这点必须注意，因为很有可能，原先格拉迪斯·玛奇（Gladys March）在英译版迭戈·里维拉传记中提及的"黑色画板"（Black Canvas），在玛丽莲·索德·史密斯（Marilyn Sode Smith）的英译版，萨莫拉（Zamora）关于卡罗（Kahlo）的专题论文中，被翻译成了"黑板"（Blackboard）。我们采用了史密斯自传中的"黑色画板"这一说法，即使它实为里维拉的一个"谎言"（关于他的谎言，见沃尔夫，1969 年，第 7 页）。

5. 然而，这段时期激励了叶连娜·波尼亚托夫斯卡（Elena Poniatowska 创作出有史以来最感人的爱情小说之一，该小说讲述了里维拉和他最爱的第一任妻子安杰莉娜·贝洛夫（Angelina Beloff）在一起的那段时光。在 Angelina 的记忆中，他人家中"富丽堂皇，带有豪华的集中供热系统"，而她必须在寒冷的工作室中瑟瑟发抖，不得不持续往壁炉中添加燃料以勉强保持温暖。而为了让在这样环境下出生的他们的第一个孩子得以存活下去，他们不得不将他送给了一位在 Neuilly 拥有公寓的富有的朋友。里维拉对 Angelina 十分残酷的，如同他对他生命中所有的女人。他从不回应妻子感人的信件。这一点在他死后受到了那些爱着他的女人——尤其是 Angelina Beloff——的证实：里维拉除了作画毫无心想，而她也意识到自己无法为他提供他想要的激情。

6. 里维拉，1991 年，第 31 页。

7. 同上，第 16 页。

8. 同上。

9. 同上，第 42-43 页。

10. 没有比波尼亚托夫斯卡书中的证言、弗里达·卡罗（Frida Kahlo）的各种自传中所提、以及里维拉四个妻子的证言更加确凿的证据了，1960 年，附录，第 183-190 页。

11. 同上。

12. 见波尼亚托夫斯卡，1986 年，第 5、7 页。

13. 萨莫拉，1990 年，第 13 页。

14. 里维拉，1969 年，第 141 页——托洛茨基（Trotsky）的传记作者最终接受了这一被证实的说法：即暗杀事件的核心人物包括西凯罗斯（Siqueiros），他是墨西哥画家和壁画家、代表了墨西哥共产党——见贝特朗·沃尔夫（Bertrand Wolfe），1984 年。

15. 关于对该画作的描述，见里维拉，1991 年，第 157-159 页。

16. 同上，第 158 页。

17. 即弗里达的护士科尔内利娅·马耶特（Cornelia Mayet），她统计了弗里达去世之前的那个夜晚她到底服用了多少安眠药，而这或许也暗示了她的死因——或者说是她的自杀方式：见萨莫拉，引前，第 12 页。

18. 见叔本华，1942 年，第 114 页。

19. 见谷崎（Tanizaki），1977 年。

20. 即见奥戈尔曼（O'Gorman），1934 年，1937 年。

21. 沃尔夫，B.，1969 年，第 258 页。

22. 同上。

23. 同上，第 254 页。

24. 同上。

25. 同上，第 255 页。

26. 同上。

27. 同上，第 256 页。

28. 沃尔夫，B.，1969 年，第 259 页，由 Diego 里维拉联系出版，1930 年 4 月 2 日。

29. 沃尔夫，B.，同上，第 259 页。

30. 《环球报》（El Universal）新闻头条，1930 年 4 月 11 日；及沃尔夫，B.，同上，第 259 页。

31. 沃尔夫，B.，同上。
32. 同上，第 260 页。
33. 同上，第 412 页。
34. 同上。
35. 同上。
36. 关于房子照片，见麦科伊（McCoy），1964 年和 1982 年。
37. 见巴斯特隆德（Bastlund），1987 年，第 6 页。
38. 见塞拉（Serra），1986 年，第 114 页。
39. 有关这区域内艺术家住宅的更多信息，见艺术空间下册第 2 章"阿尔勒东部地区"。
40. 有关布拉克住宅（Braque House）的更多信息，见巴斯特隆德，1987 年，第 164-165 页。
41. 有关布拉克的更多信息，见莱马里（Leymarie），1988 年。
42. 以上关于塞特的所有信息，见巴斯特隆德，1987 年，和 GA 系列中关于 Sert 的部分，第 61 页。
43. 即指画作《第 2 工作室》（Studio II），1949 年，于 Zurcher，里佐利（Rizzoli）出版，第 242 页。
44. 毕加索（Picasso），一定程度上还包括霍安·格里斯（Juan Gris），见舒尔茨 - 霍夫曼（Schulz-Hoffmann）与莱马里作品中部分，1988 年，第 19 页。
45. 即见塞拉，1986 年。
46. 有关米罗工作室的平面图与照片，见巴斯特隆德，引前，第 156-161 页。
47. 见塞拉，引前，第 77 页。
48. 同上，第 78 页。
49. 同上，第 77 页。
50. 关于米罗的更多信息，见索比（Soby），1959 年。

关于先前出版物和版权的特别声明：

《艺术空间》以上这一章节在希腊语版中被译为"胡安·奥戈尔曼设计的迭戈·里维拉工作室：墨西哥艺术与建筑"（英文版：The Studio of Diego Rivera by Juan O'Gorman: Art and Architecture in Mexico；希腊文版：Λαμπηδών: Αφιέρωμα στηΜνήμητηςΝτούληςΜουρίκη; Lambidon: Memorial Volume to NtoulaMouriki, National Technical University Edition, 责编 Mary Aspra-Vardavaki，雅典，2003 年，第 31-42 页）。

上述研究进一步的理论发展，以"建筑与人生的各个阶段"（Architecture and the Stages of Life）为题，刊登于日本《Jutaku Kenchiku》杂志，2005 年 4 月，第 28 页。在 2005 年国际建筑师代表大会 [International Union of Architects World Congress 2005（IA，2005）] 上，这篇文章以更完整的成品形式和"建筑与人生的各个阶段"的标题，被进行了演讲，Section 3.2（c），Housing in Cities, Istanbul，2005 年 7 月 6 日。

日译版与英译版还以《建筑与生命的不同阶段》（Architecture and the Stages of Life）为题，发表于《Kenchiku Gahou》杂志，中村敏男译，卷 41，第 314 期，2005 年 11 月，第 122-135 页。

© 安东尼·C. 安东尼亚德斯（Anthony C. Antoniades）

5 艺术空间：
艺术和艺术家对建筑学的贡献

艺术运动与建筑空间：私人、公共建筑以及
城市设计

孰先孰后？马匹还是……？
（照片由笔者提供）

第 5 章　艺术运动与建筑空间：私人、公共建筑以及城市设计

建筑历史往往将建筑主体视为孤立的存在，并把建筑学发展视为自身演变的现象。这种偏见的史学观在形成过程中还受到一些"沙文主义"（sauvinism）的影响，而在 20 世纪也成了主流观念。人们通常会以不同角度研究建筑，例如主要关注建筑类型、材料应用、建造技术以及建筑风格等方面，而当中对建筑学与艺术之间关联性方面的思考却少之又少。此外，对待来自外界的质疑，建筑学界常常抱有质疑和自我辩解的态度。这方面有许多典型的事例，例如 19 世纪初建筑界就曾就引入环境心理学理论而产生争议，其还曾站在自身立场，对有关将建筑视为艺术的问题进行了无休止辩论。在同领域的史学家看来，建筑师仿佛已经了解社会的全部需求，不需要雇主提出任何设计要求，而建筑师也不是在解决社会问题或者为更广泛的需求服务。建筑史学家还将该领域内的所有创新成就都视为建筑师的功劳，无论是在建筑风格、社会学、还是自然科技等诸多方面。以格罗皮乌斯（Gropius）设计的法古斯工厂（Fagus factory，1913-1934 年）为例，历经 80 多年的时间，人们才承认这座建筑在很大程度上是采纳雇主对特殊空间形态要求的结果，而且其中还借鉴了雇主在美国所拍摄照片中的某些建筑特征。[1]由此可以说法古斯工厂并非是由建筑师凭空创新出的建筑形态。同样，我们也很久才意识到，20 世纪末的一些"虚拟工作室"（virtual office）建筑案例，基本上是将广告商杰伊·恰特（Jay Chiat）设想的概念与建筑学结合的产物[2]，而不是弗兰克·盖里（Frank Gehry）及其追随者 [例如建筑师克莱夫·威尔金森（Clive Wilkinson）] 的创新发明。正如拿破仑所说："历史乃是众口一词的谎言。"

也许，上述情况有其内在原因，也可能存在合理的解释。毕竟建筑学曾经有过无比辉煌的历史，尤其是在文艺复兴时期，当时所有的建筑师都是职业巨匠和理念先锋。但凡是看过由小安东尼奥·达·桑加洛（Antonio da Sangallo the younger）参与圣彼得大教堂（St Peters）设计制作的巨型木质模型的人，就会马上将其视为"史诗"般的杰出建筑。[3]而许多著名的建筑史学家也一定亲眼见过类似的其他模型，他们甚至会对文艺复兴时期建筑师们非凡的创新意识和高超的专业水平感到嫉妒万分。然而，正如近代历史所记载，只有少数著名建筑史学家紧紧围绕建筑学的历史渊源、设计理念和风格演变等问题，进行周而复始的研究。剩下的许多，则是忙于将建筑学的各种名誉声望都归于自己的国家和民族，例如亨利·罗素·希区柯克就曾试图系统地将建筑学领域的所有荣誉都归功于路易斯·沙利文（Louis Sullivan）。而班纳姆则不惜引用作为德国外交官的建筑师赫尔

曼·穆特修斯（Herman Muthesius）的外交声明，来将德国建筑的进步归功于"英国工艺美术运动"[4]的影响，虽然此处的这个观点显然是正确的。此外，佩夫斯纳（Pevnser）竟然把德国和奥地利两国对建筑学的贡献降低到极小程度，甚至在新版《现代建筑运动的先驱——从威廉·莫里斯到沃尔特·格罗皮乌斯》（*Pioneers of the Modern Movement, from William Morris to Walter Gropius*）一书中，对高迪（Gaudi）只字未提，理由是他认为关于高迪的文章和著作"已经在市场上泛滥"[5]。

由于这种心态，我们完全无法指望"建筑史学家"可以承认艺术家对建筑学所作出的贡献。

当然偶尔也会有一些不同的评论，却是来自极少数个性独特的实践型建筑师。阿尔瓦·阿尔托就曾认为塞尚早已经走在建筑师之前[6]，而保罗·纳尔逊（Paul Nelson）[7]、季米特里斯·皮奇欧尼斯[8]和路易斯·巴拉甘（Luis Barragan）[9]等人也都在晚年接受访谈、撰写知识产权或遗嘱，或是在获奖演说中，对那些影响过自己的艺术家都给予了恰当的评价或赞美。

只要大致浏览 19 和 20 世纪著名艺术运动的历程，就会发现这些运动的发起时间往往要早于建筑学领域中发生的重大事件，包括同时期的"建筑革新"运动在内。

正如我们所已经探讨的，艺术家对建筑师产生影响的范例不胜枚举，其中还存在一定的规律性。艺术家与建筑师之间合作的案例早在文艺复兴时期就已存在，而到了 19 和 20 世纪便更加令人瞩目。

艺术空间与私人领域

作为某种生活方式，艺术创作活动最初在艺术家私人住宅和工作室内进行，然后扩展到了城市公共区域。广义的"艺术空间"首先得到艺术家、诗人和美学家们的关注，而建筑师在后来才开始参与设计这种空间类型。在维多利亚时代的中、后期，英国开始反对控制人类的机械文明，而这也成为所有运动的起因。不过实际上，这种现象产生的根源可以追溯到 18-19 世纪。在新的社会秩序中，政治家和艺术家们已经开始关注如何为工人阶层提供教育、生产工具等问题。克里孟梭（Clemenceau）时代的法国以及维多利亚女王执政时期的英国，成为关注这些艺术焦点问题的国际中心。

1883 年，克里孟梭作为来自蒙马特尔山的社会活动家代表，在众议院大会法国印象派艺术家代表当中发表演讲："为了捍卫反对旧政权的共和政体，我们需要支持劳动者群体自由解放运动，这样才能引导工人接受教育以促进他们的发展。同时，还要为他们提供就业机会，使其能够通过劳动改变自身处境。"[10]显然，这是所有支持他的选民们的心声，这些选民中包括法国画家和艺术家群体，以及广大的劳动者。克里孟梭认为，艺术家和劳动者之间的结合，能够克服潜在的社会问题和经济危机。在法国，政治家代表画家群体所表达的担忧，在后来也成为维多利亚时代后期英格兰大多数画家和诗人的个体选择，他们自由集结而成的团体不断壮大，最终扩大成为"工艺美术运动"（art and crafts movement）。而建筑师们的行动则比较缓慢，直到 19 世纪末，才通过"艺术工作者协会"（Art wokers Guild）加入到时代潮流之中。

英格兰所有的艺术运动，都是由"拉斐尔前派兄弟会"（Pre-Raphaelite brotherhood）中的约翰·埃弗里特·密莱司（John Everett Millais）、威廉·霍尔曼·亨特（William Holman Hunt）和但丁·加布里埃尔·罗塞蒂（Dante Gabriel Rossetti）三位画家发起，并进而引发了后续的一切。他们将矛头指向自己正在伦敦皇家艺术学院（Royal Academy in London）所接受的学院派教学模式，并反对过度崇拜拉斐尔。他们主张发展一种新的绘画创作风格，提倡从"前拉斐尔"时期的艺术、古代艺术、古代文学，以及自然界中汲取灵感。同时，他们提倡向当代杰出的、身边熟悉的艺术家学习。这种核心理念很快得到其他艺术家的响应，其中最著名的是威廉·莫里斯，他后来成为这些人的领袖，并被后世誉为工艺美术运动的奠基者。不久，"拉斐尔前派"艺术家便受到年长 10 多岁的评论家约翰·拉斯金（John Ruskin）的赏识。拉斯金不仅支持他们的理念，而且努力扶持特纳（Turner）成为扬名世界的画家，并帮助他保住了大量房产。此外，拉斯金还计划扶持了许多其他画家，也包括威廉·莫里斯在内。

凡是阅读过配有插图说明的拉斯金整套著作之后，笔者相信所有人都会把他尊为有史以来精力最旺盛、工作最勤奋、成果最丰富的学者之一。

尽管"拉斐尔前派"艺术家们缺乏拉斯金那种勤奋好学、努力工作的精神，但他们却能在各自理念或者生活方式等方面产生相互影响。这些艺术家从拉斯金和莫里斯那里得到许多帮助，因为他们两位都是富家子弟，没有经济方面的负担，由此也可以自由地追求自己的理想。然而，拉斯金和莫里斯却受到了背信弃义者的伤害。拉斯金的妻子尤菲米娅（Euphemia）被密莱司夺走[11]，而罗塞蒂则在自己的妻子莉莉（Lilly）去世后不久，在和威廉·莫里斯一同住在凯尔姆斯科特庄园（Kelmscott Manor）期间，与莫里斯的女儿珍妮·莫里斯（Jenny Morris）[12]发生了不正当关系，以掩饰自己的不幸。[13]"拉斐尔前派兄弟会"的所有成员都是画家、诗人和美学家，而莫里斯在他们当中，则表现出了综合的专业兴趣和卓越的创造能力。莫里斯早期受过建筑学方面的教育，这种情况在他之前的画家中也并不令人罕见，例如特纳也有过类似经历。[14]莫里斯在师从一位居住在牛津乔治埃德蒙街（1824-1881 年）"高教会"（High-Church）中的建筑师期间，遇到了他一生的挚友和合伙人——建筑师菲利普·韦布（Philip Webb）。莫里斯是诗人、画家、工匠，

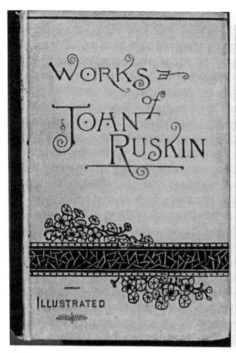

拉斯金的《现代画家》（*Modern Painters*）丛书第一卷的封面和插图

拉斯金对自然形态、植物枝叶、岩石肌理、云朵和山脉的研究和成果，以及他对拉斐尔前派兄弟会、特纳和后来的许多画家所产生的交叉影响，时隔一个多世纪之后才被建筑界发现并加以利用，并在计算机的辅助之下，最终创造出 20 世纪晚期的那些"流线形"曲面建筑形态

（图片来源：笔者个人稀有典藏书籍）

也是一位社会主义者[15]，"拉斐尔前派"艺术家反对学院派的立场对莫里斯产生了极大的震撼。而通过莫里斯，建筑师菲利普·韦布也在该团体中扮演了极其活跃的角色。后来，韦伯得到机会为威廉·莫里斯和他年轻的妻子简·莫里斯设计"红屋"（the Red House）的项目。[16] 因此，可以说韦布进入画家和诗人团体的举动，标志着建筑师开始真正地参与到工艺美术运动当中。当然，莫里斯所关注的领域更加广泛，且建筑师们也是通过"艺术工作者协会"而在工艺美术运动提出的自己的主张。该协会是由当时是维多利亚建筑风格的领袖理查德·诺曼·肖（Richard Norman Shaw）的弟子所创立。[17] 理查德和菲利普·韦布、爱德华·戈德温（E. W. Godwin）都是当时建筑界的关键人物，他们和自己的门徒一起高举创意的火炬，将画家和诗人的设想实施到具体的建筑当中，并设计建造了以石块和灰浆为主要材料的房屋建筑。三位建筑师和追随他们的弟子们为 20 世纪建筑学发展做出贡献，这些人中包括沃伊齐（Voysey）、莱瑟比（Lethaby）、贝利·斯柯特（Baillie Scott）、卢瑟（Luthens）、麦金托什（Mckintosh），以及欧洲的奥尔布里希（Olbrich）和霍夫曼（Hoffman）等建筑师。只是实际上由于勒·柯布西耶和弗兰克·劳埃德·赖特等"建筑界翘楚"当时的卓越表现，以上建筑师在 20 世纪早期的建筑评论中只能屈居次要地位。因此，工艺美术运动在 20 世纪引发巨大波澜，其中必然少不了包豪斯学院和弗兰克·劳埃德·赖特的塔里埃森等教学机构的作用，当然也离不开后来迭戈·里维拉个人所作出的努力。里维拉本人深受墨西哥社会学家们的影响，而且身陷社会主义的理想之中，他于 20 世纪 30 年代开始践行克里孟梭的主张，并着手改造墨西哥圣卡洛斯学院（Academy of San Carlos），目标是将其变成艺术学校，把劳动者培养成为建筑师和艺术家。[18]

关注以上这些艺术家的创造行为特征，不仅有助于更好地理解整个 20 世纪的历史，而且对环境心理学和艺术设计两方面也都具有启迪意义。如果说在 20 世纪末期，罗伯特·文丘里（Robert Venturi）和弗兰克·盖里（Frank Gehry）的身后有艺术家克拉斯·奥尔登堡（Claes Oldenburg）充当艺术顾问，那么在 18 世纪菲利普·韦布的扬名过程中，则有"拉斐尔前派"艺术家们的鼎力支持，尤其是但丁·加布里埃尔·罗塞蒂和威廉·莫里斯。另外，在理查德·诺曼·肖显示自己创造力的背后，也有皇家艺术学院的学院派画家们所给予的实在动力。很久之后，也正是美国艺术家詹姆斯·麦克尼尔·惠斯勒（James McNeil Whistler），为志趣相投的建筑师朋友爱德华·戈德温提供机会，委托其为自己设计一个在后来十分成功的建筑——位于伦敦切尔西的惠斯勒"白屋"（White House）。

当时，莫里斯完全被诗歌和文学作品所吸引，而且托马斯·马洛礼（Malorry）的传奇和他的著作《亚瑟王之死》（*Le Morte d'Arthur*）[19]，也点燃了他内心对中世纪的向往，那是一个人人可以通过劳动和协同创新获得满足的时代。莫里斯胸怀远大目标，他希望通过自己的劳动和创作来感动周围的人，并希望以美学思想振奋人心，从而彻底改变自己和朋友们的生活方式。后来，他清楚地认识到，为了传播这种美学信念，必须提升大众整体的审美水平，此外他还认为只有通过社会主义制度才能实现这一目标。于是，莫里斯最终创办了英格兰社会主义同盟会，并在自己的凯尔姆斯科特住宅（Kelmscott house）内开展活动，这座住宅是以他后来位于汉默史密斯（Hamersmith）区域的凯尔姆斯科特乡村庄园（Kelmscott Manor）命名。所有的一切都是由十分年轻的他们所发起，他们当时都只有 20 岁出头，而刚从牛津毕业的拉斯金也刚才满 28 岁。这些年轻人不仅了解自己未来的使命，而且不惜用一生去实现自己的理想。莫里斯的经济条件，也能够保证他在初期开展活动，而他和自己和朋友们，也可以在力所能及的年龄去倾尽全力地向着理想努力。莫里斯与年轻而又无比貌美的简·莫里斯（Jane Morris）成婚，而这也使他曾联想到北方的古老传说，他把他们当作心目中的伊索尔德（Iseult）和圭尼维尔（Guenevere）。1858 年，莫里斯以妻子为原型创作了《美丽的伊索尔德》（La Belle Iseult）的画作 [20]，从而将简·莫里斯的容貌永久地留在了他唯一留存下来的油画作品当中。莫里斯委托菲利普·韦布为自己修建一个使得他可以在工作的同时也能陪伴妻子的住宅。一个可以让他时常与友人谈笑风生，朋友们也可时常参与完善住宅的后期建设以及装修工程的地方。

由菲利普·韦布设计的"红屋"，是按照威廉·莫里斯的具体要求建造的。这是第一个由建筑师根据艺术家明确构想设计建造的住宅，一座可以滋养使用者的创造性活动的住宅。

"红屋"位于英格兰肯特郡贝克斯利区（Bexley Heath，Kent）的一块荒地上，是第一座由建筑师为画家所设计的传统住宅，具有后文艺复兴时期的建筑风格。严格意义上讲，它在历史上的地位举足轻重。在此之后，这座住宅引发出一场革命，并将居住建筑类型带入一个新的发展时期。

威廉·莫里斯的"红屋"

对"红屋"的评价基本上毁誉参半。所有曾经在里面居住过的人物当中，罗塞蒂向莫里斯所表明的见解可以说是最刻薄的。罗塞蒂形容："与其说是房子，它更像是一首诗。" [21] 相反，莫里斯本人则对它赞不绝口，并称之为"我自己的小艺术宫殿。" [22] 他还准备把位于一层的起居室建成"世界上最漂亮的房间。" [23] 这座住宅得到了赫尔曼·穆特修斯（Hermann Muthesius）的赞赏，他将其称为"那个时期独树一帜的建筑" [24]，并把它介绍到德国。威廉·莫里斯协会的作家们对"红屋"一直持有乐观意见，而持反对态度的则多是最初的使用者。对"红屋"的积极评价方面，包括辅助空间的人性化设计，以及为服务用房提供的花园景观。而批评意见主要集中在住宅的风格以及缺少浴室空间等方面。罗塞蒂和莱瑟比、希区柯克等人，则对住宅过于追求中世纪的意境加以指责。罗塞蒂称其为"一堆拼凑的塔楼"（the Towers of Topsi），另外两个人则批判该建筑从外观看起来更像是教区牧师的住宅。

1952年之后，建筑师爱德华·霍兰比（Edward Hollamby）成为"红屋"的主人，并对其备加呵护。他虔诚地保留了住宅的原貌，并改善着内部设施，后来还出版了一本介绍该住宅的专著，书中还配有精致的彩色图片。[25]

所有喜欢"红屋"的人，对住宅花园和室内手工装饰构件都津津乐道，这些细节都出自莫里斯和他的朋友们之手，包括室内一些肖像绘画作品布局的设计。事实上，这座住宅"神圣却不温馨"，或者说是"华丽而不舒适"，环境条件也很不尽人意。不过这矛盾修饰的赞誉和谴责，终是那些曾经居住在里面的人们自有评说。[26]

冈特（Gaunt）曾建议在春天决定"红屋"的位置，而这一建议却导致莫里斯选择了错误的朝向，即北侧。在冬季，主卧室、画室，以及位于一层的餐厅非常寒冷，而设在北向的入口则给出入带来危险，因为堆积的冰雪长时间难以融化。

尽管莫里斯的构思非常浪漫，但恰恰是他充满诗意的决定造成了住宅环境和布局方面的致命错误。莫里斯在此居住期间得了风湿热病，后来在住宅里的社交活动也逐渐减少。[27] 这对夫妇在"红屋"里仅仅居住了五年时间。或许是由于缺乏舒适性的原因，莫里斯最终决定搬离"红屋"。当回到伦敦后，莫里斯创办了自己的"经营公司"，一个集创新、营销和时尚设计功能为一体的"城市蜂巢"。他在"公司"内召集一些画家、诗人、艺术家和各类工匠，在此设计并制作餐具、家具、壁纸等产品以及其他生活用品。

建筑历史很少提及"红屋"。而一些关于"红屋"的轶事以及深层次的研究也表明，仅凭诗意的想象进行建造是不够的。如果没有合理的布局，梦想最终会导致失败的结果，而梦想也只能作为纪念留存在头脑当中。"红屋"更像是一段传奇或神话，尽管最初的主人和设计者都抱有卓越而崇高的建筑理念[28]，但它终究难以被誉为是一座杰出的建筑。

直到生命晚期，当莫里斯搬到英国郊区与牛津地区相邻的"凯尔姆斯科特庄园"中的一座旧别墅时，他才认清自己真正的所求。时而莫里斯会和但丁·加布里埃尔·罗塞蒂分享这座别墅[29]，期间他们相互交流各自的最终决定。因此，知名度不高的"凯尔姆斯科特庄园"也成了另一个进一步印证了建筑和人的生命阶段存在联系的案例。某些案例之所以会有令人遗憾的结果，和空间构成方面的决策失误，主要是因为一个人通常只有到了中年才拥有一定的经济基础并有能力建造私人住宅，而且建设理念却又是主要基于使用者年轻时期的梦想。不过显然，

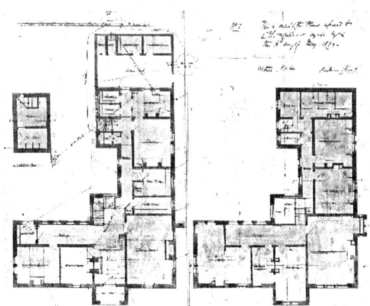

上：威廉·莫里斯的"红屋"；下：菲利普·韦布设计的平面图
（图片来源：建筑师爱德华·霍兰比，"红屋"后来的主人和修复者）

由于身体状况的原因，他（或她）终究难以享受最终的成果。

惠斯勒的"白屋"

通过合作而产生的艺术家对建筑师的影响效应很快便扩大到"拉斐尔前派"的圈子之外。即使是保守的学院派艺术家也接受了这种合作的前例。在对立的前卫派阵营中，画家詹姆斯·麦克尼尔·惠斯勒和他的建筑师朋友爱德华·威廉·戈德温成为著名的最佳搭档。他们两人具有相同的生活作风，而且行为都很古怪和放荡不羁。此外，他们都欣赏日本艺术和奥斯卡·王尔德（Oskar Wilde）的室内装饰理论。惠斯勒一直渴望能拥有一座住宅，并希望能在家中邀请朋友共享自己名声在外的早餐，于是他最终将设计委托给戈德温。由此泰特街上的这座"白屋"便就此产生，然而住宅的色彩和简约的建筑风格却招来恶毒攻击。人们对房主进行不公正的责难，并挑衅和讥讽惠斯勒建造了一座城堡式的宫殿[30]，以适应他的个人品位和特殊需要。最终，房子和主人的命运成为所有建筑师为艺术家量身设计住宅中最悲惨的案例。惠斯勒在此仅居住了一年的时间，他只把这座房子当作了一个暂居之地[31]，期间甚至未曾把行李箱里的物品全部取出，这栋住宅更多地被作为存储空间而非生活场所。一年之后，由于诽谤拉斯金的官司，他被迫卖掉房子以支付诉讼债款。由于公众的反对，以及保守建筑管理部门的否定，这座优秀的建筑作品最终不幸地成了一栋废弃建筑。"白屋"遭到了保守建筑部门的否定，而它的建筑师戈德温也同他所设计的"异类"建筑一同，遭到了攻击，因为他在同一街道上还设计了奥斯卡·王尔德住宅，这座低调朴实的住宅被外界认为是"另类"建筑。戈德温设计的王尔德住宅形象简朴，且内部装饰的使用非常节制，这些特征和设计元素都得到了惠斯勒的赞赏，但却遭到建设主管部门的反对。"白屋"曾默默地向人们提示，艺术和建筑学之间存在的非常重要的内在联系，但由于追求更高的经济利益，"白屋"终于在 1970 年被拆除。且据说，当时由威廉·莫里斯创建的历史建筑保护协会竟也认为没有必要保留惠斯勒的住宅。这种做法就好像"拉斐尔前派"的后继者们，在惠斯勒去世多年之后针对他进行的报复行动。

惠斯勒和戈德温建造的"白

惠斯勒的"白屋"，建筑师爱德华·戈德温。外立面经过若干方案比较，最终通过建设管理部门审批
（图片来源：Pearson，1952 年）

建筑师爱德华·戈德温设计的奥斯卡·王尔德住宅（左）和弗兰克·米尔斯（Frank Miles）住宅
（右），均位于切尔西的泰特街
（图片由 Dimitris Vilaetis 提供）

屋"，虽并没有什么独特之处，但建筑的比例却非常优雅，而且门窗的设计尊重
内部的功能要求，而不是服从于外部形态特征。而对该住宅内部空间的描述则表
明"白屋"无论是从整体考虑还是其人性化的程度，都要比莫里斯的"红屋"更
加成功。和爱德华·戈德温一样，菲利普·韦布也曾为一些不知名的艺术家建造
过住宅，他为画家兼建筑师乔治·普莱斯·博伊斯（George Price Boyce）在切尔
西设计的住宅，就是其中较为著名的作品之一。[32] 该住宅被评价为韦布"本土性
建筑"中的杰作。[33]

位于切尔西的格里布广场（Glebe Place）的乔治·博伊斯住宅，菲利普·韦布于 1871 年设计
（图片由 Georgina Gyftopoulou 提供）

艺术家对场所的循环利用

17世纪时，伦敦市内的修道院区域曾被"多米尼亚人"或"黑衣修士"所废弃，而在经过回收更新利用之后，便受到一些"尊贵绅士"、画家、诗人和演员们的青睐。"黑衣修士区"当时成为英格兰的第一个艺术家社区，甚至国王也经常亲临此地以光顾肖像画家安东尼·范·戴克爵士的工作室。安东尼是鲁本斯的学生，作为查理一世国王最喜爱的画家[34]，他来到伦敦并最终在该社区定居。17世纪末期，"考文特花园"（Covent Garden）成为艺术家最喜爱的区域，这里是"伦敦的第一个广场，也是英国首个经过规划的城市区域。"[35]1775年，特纳出生在位于"考文特花园"和斯特兰德大街之间的梅登大道21号的一座建筑内，而他后来的经营场所和工作室也一直设在此处。[36]当时，位于城市边缘的切尔西区主要为"考文特花园"范围提供蔬菜作物。在之后的一个世纪中，切尔西便成为又一个艺术家关注的城市中心区域。时至今日，切尔西已经发展成为伦敦的两个重要艺术家聚集区之一。另一个中心则位于伦敦汉普斯特德（Hampstead）区，这里吸引了大量著名的保守派艺术家。当时，在汉普斯特德艺术中心区有一位声名显赫的人物，他就是英格兰最伟大的建筑师——理查德·诺曼·肖，他的艺术家客户主要是一些皇家美术学院的学院派画家。但由于诺曼·肖表现出同情韦布的倾向，因此大多数评论家对他依旧持有保留态度。但笔者相信，诺曼·肖为艺术家设计住宅的成就远远超出那个时代其他建筑师。

理查德·诺曼·肖，其追随者，及其应得的名誉

圣安德鲁（Andrew Saint）为我们提供了关于诺曼·肖生平的详细介绍，他用长篇幅讨论了诺曼·肖设计的若干住宅案例，而且附有许多照片和平面图纸。这些平面图的质量比较粗糙，现在看来很难相信是出自典雅风格的"学院派"。所有住宅毫无模仿历史建筑的痕迹，全是由建筑师诺曼·肖独创的"安妮女王"时期建筑风格，包括建筑外部风格。细致分析这些建筑平面图纸，便能够发现诺曼·肖将住宅作为"生活的机器"的考虑。多年之后，勒·柯布西耶也提出了类似的比喻，只是他们二人的唯一区别在于，前者是维多利亚时代的生活方式，而当时的画家工作室通常都设在二层，因此模特需要使用专用楼梯上下出入工作室空间。[37]在同一流线上，工作室旁边都设有接待客人的茶室，儿童也可以在里面玩耍，紧邻工作室还有一个温室，为艺术家提供具有自然光线的空间环境（例如位于弗洛格诺街39号的住宅，以及位于穆尔布里路8号的住宅）。诺曼·肖设计的所有住宅都在平面中综合表现出了严格的空间秩序。他在住宅设计

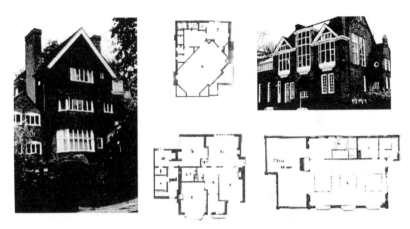

**理查德·诺曼·肖为凯特·格林威（Kate Greenway）设计的两座住宅：汉普斯特德的弗洛格诺街
39 号住宅，工作室平面被旋转了 45°（左）；穆尔布里路 8 号住宅（右）**
（照片由笔者提供）

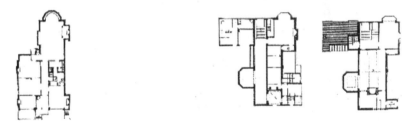

**理查德·诺曼·肖为画家设计的两座埃德温·朗住宅，空间组织秩序和"分区"设计：位于芬奇乔
恩大道 61 号住宅底层平面（左）；内斯霍尔花园街 42 号住宅两个平面（右）**
[图片来源：圣（Saint），1977 年，第 158、162 页]

中将不同的功能"分区"组织在一起，从而获得功能和结构明确统一的和谐组织，
同时也摒弃了浪漫主义平面和中世纪风格中所表现出的强烈虚实对比（poché）
和非对位关系。体现诺曼·肖"分区"理念的最佳住宅案例，是他为画家埃德温·朗
（Edwin Long house）设计的两栋住宅[38]，分别位于芬奇乔恩（Fintzjon's）大道
61 号和内斯霍尔花园（Netherhall Gardens）街 42 号，这两座住宅都是空间组
织方面的优秀作品。在居住类型建筑中，很难再有其他更合适的案例能够体现
设计者对生活方式、空间构成，以及总体构图等方面的均衡性考虑。偶尔面对
尴尬的场地条件和朝向的难题时，诺曼·肖也表现出了高超的处理手法。位于

瓦埃斯设计的若干住宅左上：1893 年为福斯特女士设计的工作室（过程方案）；右上：1987 年为苏特罗设计的双层工作室，位于斯塔德兰湾；左下：1981 年为布里顿设计的工作室——"艺术家小屋"，位于西肯辛顿；右下：约在 1889 年设计的"艺术家小屋"

[图片来源：格布哈特（Gebhard）及贝利·斯柯特，《英国建筑师》（The British Architect）]

艺术家"乡村住宅"：约翰·盖伦·霍华德（John Galen Howard）约在 1887 年设计的作品

[图片来源：《美国建筑师》（The American Architect），1888 年 5 月 5 日刊]

弗洛格诺（Frognal）大街 39 号的住宅设计，便是体现他"糅合"居住功能与住宅朝向能力的最佳作品，该住宅顶层的工作室平面被旋转了 45°，以使得房间能够获得长时间的自然光线。

进一步分析，弗洛格诺大街 39 号住宅的工作室紧邻阳台，能够让画家在天气良好时在室外工作。比起那些前卫派画家们的住宅，学院派画家住宅显示出更加精致的设计手法。显然，这些住宅的主人都是一些相对富裕的用户，或者是一些希望可以象征性地表现自身地位的艺术家，他们试图通过投资建造住宅的方式来实现梦想。此外，这些住宅的使用者都是安于现状的艺术家阶层。也因此，这些类似豪华别墅的住宅受到实力雄厚艺术家们的极大欢迎，他们很乐意在这样的住宅中生活。19世纪最后的25年间，英格兰的中产阶层画家已经享有类似诺曼·肖设计的住宅，而同一时期法国和美国具有相同地位的画家，则对公寓式的工作室心满意足。

　　尽管理查德·诺曼·肖是一位了不起的绅士，也是20世纪最谦虚、最杰出的建筑师，但他却从未参与到工艺美术运动之中。他认为建筑师是"优秀作品的独立设计者……尽管其他人认为建筑创作不同阶段需要各方面的相互协同。"[39] 实际上，是工艺美术运动造就了诺曼·肖，虽然他对该运动一直持有反对态度。即便不存在这种因素，他也是一个艺术家圈内的建筑师，因为艺术就是他的客户。基于这一观点，我们便可谈论关于艺术家住宅规模和尺度方面的话题。在其他建筑师只能接手一些预算极低的设计项目，同时可能还面临艰苦的生活条件时，诺曼·肖负责设计的已经都是一些重点项目和宏伟工程，且都是具有巨大的规模和尺度的项目。

　　此后，诺曼·肖的事业发展势头从未停止。在他指导下，许多建筑师设计了无数艺术家工作室和艺术家聚居场所，而且所有项目的投资预算都非常宽松。在F. 瓦埃斯（F. Voyse）的"作品集"中，收集了大量他所设计的建筑作品或各种类型住宅项目，包括私人独立式工作室类型住宅 [如1981年为布里顿（Britten）设计的位于西肯辛顿（West Kensington）的工作室]，还有并联式工作室和私人住宅 [如为福斯特（Forster）女士设计的工作室方案]，以及设有双层空间的住宅案例 [如1987年为苏特罗（Sutro）设计的位于斯塔德兰湾（Stlldland Bay）的两座工作室类型住宅]。[40] 而贝莱·斯科特（M. H. Bailie Scott）的"作品集"，不但作品的数量繁多，而且这些作品都具有很大的影响力。斯科特的作品不仅极大地影响了欧洲（尤其是德国）建筑界，甚至对美国建筑界也产生了一定的影响，包括弗兰克·劳埃德·赖特本人以及他的草原式建筑风格。[41]

　　曾经与诺曼·肖合作共事并与艺术紧密关联的人物当中，最著名的是建筑师埃德温·勒琴斯爵士（Sir Edwin Lutyens）。[42]

　　20世纪70年代末，以上杰出人物的创作经历得到学术界重视，于是我们才开始意识到应当重新认识20世纪建筑学起源的问题，并也应给予客观的评价。而在此之前，这些研究工作者都无法得到进展，因为当时大部分的学术期刊都在关注建筑师中的其他领袖级人物，例如勒·柯布西耶和弗兰克·劳埃德·赖特等人。我们非常了解这些大师们傲娇的秉性，他们即使偶尔借鉴运用前辈的设计理念，也不会给予任何赞誉。在早期的建筑史学家当中，只有尼古拉斯·佩夫斯纳（Nicholas Pevsner）曾表明，工艺美术运动对建筑学理念的形成以及建筑师的个性发展产生了巨大影响，然而他的观点中却仍带有许多民族主义色彩。笔者认为，在所有著名史学家当中，亨利·罗素·希区柯克的评论最为公正，且他也会时而列举一些艺术家和建筑师合作的优秀案例。[43] 此外，也是希区柯克率先指出，19世纪50年代"维多利亚鼎盛时期"的前卫建筑师也受到了英格兰"拉斐尔前派"画家群体的很多影响[44][例如19世纪60年代时罗塞蒂、福特·马多克斯·布朗(Ford Madox Brown)以及惠斯勒对莫里斯、罗塞蒂、韦布、博德利（Bodley）和戈德温之间的关系产生的影响[45]]。希区柯克还提醒人们去关注类似的许多其他案例，尤其是画家对建筑学领域所带来的影响，而当中的有些人，按照希区柯克的话说，在当时"几乎被遗忘"，例如荷兰的托罗普（Toorop）、比利时的克诺夫（Khnopff）和恩索尔（Ensor）、瑞士的霍德勒（Hodler）、挪威的蒙克（Munch）以及英国的比尔兹利（Beardsley）。[46] 这些画家尽管不是艺术史著作中的代表性人物，却是自身时代的艺术界先锋，他们或是以团队合作的方式进行创作，或是在出版物和展览中观摩、学习同行的作品。而某些画家，如塞尚和瑟拉，还有梵·高和高更，他们则具有强烈的个性和自主性，更倾向于通过一己之力解决所面临的艺术问题，而虽然对他们由此在自身时代的影响甚微，但却在当今对建筑学和艺术领域产生越来越多的持久性影响。

希区柯克的观点切中命脉。佩夫斯纳和希区柯克作为这方面研究的开拓者，为后续的研究奠定了基础，使得我们能够了解和掌握有关艺术家和建筑师之间产生合作影响的一系列案例。这种影响，从英格兰和苏格兰开始传播，并蔓延到挪威、德国和奥地利等国家，后来又传播到法国，最终影响到整个欧洲。

像塞尚和毕加索之类的艺术家，他们尝试独自探寻并解决特定的美学问题，他们的努力对建筑学领域也产生了普适性影响，只是这种影响在很久之后才得到建筑师的理解和回应（例如勒·柯布西耶、阿尔托和利维斯卡）。通常，艺术家以团队合作的方式进行创作，这种方式能产生更加直接的影响，而这主要是由于他们发出的宣言和举办的群体作品展览具有公开性。此外，艺术家也非常注重集体行为，并善于发起各种运动，他们的活动几乎无处不在。这类艺术家广泛介入与自身有关的社会性事务。而他们不仅是为了表现自己，也是为了影响整个文化氛围，通过艺术形式和个人作品，促进了社会文化品质的提升，并赢得市场的回报。在艺术、文化类型建筑以及城市设计学科的未来发展过程中，这些艺术家都极具影响力，且都做出了巨大的贡献。

回溯历史，我们不难找到产生"跨界"影响的里程碑式案例，同时也能列举出艺术家兼建筑师"群体"的名单，例如伊利尔·沙里宁（Eliel Saarinen）和查尔斯·伦尼·麦金托什（Charles Rennie Mackintosh）。而且，我们还能够挖掘这种因素对特殊综合性建筑设计产生影响的具体案例[例如伊利尔·沙里宁在赫尔辛基周边设计的"维特莱斯克综合体"（Hvitträsk）建筑，以及麦金托什为自己设计的"艺术家小屋"[47]和位于格拉斯哥的私人公寓[48]]，"跨界"因素甚至影响到建筑学和环境设计教育。沙里宁和麦金托什两位建筑师都对建筑教育作出了贡献，沙里宁曾任职于美国格兰布鲁克艺术学院（Granbrook academy），而麦金托什则设计出非常独特的格拉斯哥艺术学院（Glasgow School of Art）校舍建筑，而这也成为他对教育产生影响的标志，该项目我们会在此后进行详细介绍。这两位建筑师都曾追随过"新艺术运动"，这项运动的追随者们还包括霍塔（Horta）、吉玛德（Guimard），以及欧洲许多国家的艺术家或建筑师。文化历史学家已经对奥地利"新艺术运动"情况做过详细剖析。也由此，通过这些特殊案例，我们可以向理论权威们明确表明："艺术和艺术家"确实对建筑学作出了直接贡献。

关于以上方面，希区柯克和佩夫斯纳两人都谨慎地表明，对于他们未能充分涉及的有关建筑理念的起源问题，确实缺乏足够的研究资料，此外，他们还指出，对于某些信息过胜的建筑师，他们也都采取了明显的回避态度（例如佩夫斯纳在上文中提到的对高迪的评价）。此外，希区柯克也很快地指出了建筑师和艺术家之间潜在的对立可能。[49] 而来自外围其他领域的研究，为这些基础性史料作出很大贡献，尤其是被前沿史学家所忽略国家中的学者们的研究成果。对艺术家传记和 21 世纪艺术运动史的深入研究，能够提示大量证明艺术和艺术家对 20 世纪建筑学所做出贡献的相关信息。

艺术家的先锋角色："公共"建筑与城市设计

19 和 20 世纪的大多数艺术运动，都是由画家群体（而不是建筑师）发起。正如我们所看到的，英格兰艺术家群体在这方面发挥了引导作用，他们在对建筑师产生影响的同时，也逐渐拉近了双方群体的联系，他们站在同一立场，共同反对中世纪和维多利亚时代的保守主义思想。

"工艺美术运动"的发生，是由于英格兰社会政治中的"反维多利亚主义"动态因素。随后，英国的"工艺美术运动"在欧洲不同地区演变为"新艺术运动"（Art Nouveau），例如在英格兰、奥地利、苏格兰以及美国等国家。两种运动的目标都是希望可以将艺术引入人们的生活当中。而艺术家也顺理成章地成为这运动的先锋。他们可以更自如地表达自己，也不用面临建筑师那样的经济风险。建筑师不仅需要在办公室解决运营经费，有时还要表现出极度的外交和政治倾向。

我们已经了解到"拉斐尔前派"在艺术运动中的作用，以及莫里斯和拉斯金的积极表现。莫里斯是提倡"艺术"（尤其装饰艺术）具有社会作用的关键人物，他认为通过发挥"艺术"的作用才能使"艺术家和手工艺者"远离资本主义工厂的反人性环境，避免艺术家的作品在工厂里成为企业家创造利润的产品。此外，莫里斯还希望艺术家能够回归自己的住宅或工作室空间，为自身利益从事"艺术或工艺品"的创造。某种意义上，莫里斯率先提出了将分离式乡间住宅类型建筑作为"艺术家工作室"以用于艺术家居住和工作场所的主张。而在此的若干年之前，美国便已经倡导并在纽约高密度城区中建造了公共性艺术家住宅。

莫里斯和拉斯金携手发起的"工艺美术运动"，由于对古代艺术品的过度迷恋（例如拉斯金），以及莫里斯对中世纪神秘主义的沉溺[50]，而使得这场运动并未能创造出新的艺术形式，而只停留在浪漫的仿造阶段。只有莫里斯本人的主张和代表性作品对全世界艺术家产生影响。在法国，由于与旧政权之间的连带关系，学院派和"布扎艺术"（Beaux-art）备受质疑，因此他们在变革之后的新社会探索用新的形式表现自身，而艺术家也在试图扮演新的文化角色的同时在社会中寻找新的市场。工业革命不仅带来了批量生产和艺术家与手工艺人的快销，同时也为艺术家提供了新的经济来源和社会地位，使他们的服务者身份为后人留下"实业家"形象，艺术家的绘画作品或被用来装点他们住宅的墙面，或成为他们长远的投资产品。历史上，艺术家曾习惯于遵从君主的恩典，同时也享有相当的财富和社会地位。而在新的时代，艺术家则需要重新思考自己的角色，包括新的艺术表现方式，以及新的经济保障途径。

19 世纪到 20 世纪初，在英格兰和法国以及其他欧洲国家，尤其在德国和奥地利，"艺术运动"对社会的方方面面都产生了巨大影响。所有艺术运动都通过文章、杂志、演讲和发表宣言等形式，向公众进行宣传。同时，艺术家时而还会联合举办国际性展览，这些展览偶尔还会在著名场所举办。例如，1850–1851 年的"伦敦水晶宫"、1855 年建造的"巴黎埃菲尔铁塔"、1893 年建造的"芝加哥世界博览会"规划项目都是伴随着具有里程碑意义艺术事件而产生的杰出建筑作品。前两个项目的领军人物是工程师约瑟夫·帕克斯顿爵士（Sir Joseph Paxton）和居斯塔夫·埃菲尔（Gustave Eiffel），而第三个项目则是多名艺术家参与的结果，该项目由 D. H. 伯纳姆（D. H. Burnham）负责，他接替 1891 年去世的设计伙伴罗特（Root），牵头组织来自美国东海岸的一大批建筑师展开设计合作。

随着艺术运动如雨后春笋般地涌现，相关辩论和抵制行为也促成了新的艺术动态，而且不断形成的新的分裂或分支，则在过程中形成新的运动。

这是一场新生代和老一辈艺术家之间的博弈。新生代从旧群体中分离出来，他们重新组建艺术团体并制定新的宣言，在艺术史中留下各自的足迹。这方面不仅表现在艺术创新活动中，也体现在为人类制造的新产品和新建筑之上。事实上，建筑的含义也在这个过程中得到明确和完善，而且其组成元素也更加清晰，且逐渐成为适应艺术家需求的物质要素。以"装饰"和"室内设计"为例，两方面并非是建筑学所关注的范畴；在这两个学科诞生过程中，得到画家和应用型艺术家们的极大的关注和积极的参与，如莫里斯和克里姆特（Klimt）、霍夫曼等人，他们中有些人起初就是建筑师，其余则是严格意义的画家，他们在与建筑师合作的过程中逐渐走向专业化道路。通过这些运动，与艺术相关的建筑师和室内设计师、装饰设计师等职业人员才聚集到建筑学领域。而"室内装饰师"其实也早已是画家和其他艺术家自身领域内的专业术语，只是从建筑师们直接引用这一术语开始，人们才逐渐对"室内装饰师"的看法有所偏见。

艺术家和建筑师之间的跨界影响，以及新型公共建筑中的"艺术空间"

艺术和艺术家在 20 世纪对建筑学所作出的贡献，特殊表现在建筑全面向艺术和文化性方向转变的特征，而且体现出向城市设计方面发展的趋势，公共性开放空间的设计也是如此。表现这一特征和趋势的代表性作品，是由苏格兰和奥地利"新艺术"分支流派建筑师创作的两座前卫性建筑，一个是由查尔斯·伦尼·麦金托什设计的"格拉斯哥艺术学院"（Glasgow School of Art），另一个是由约瑟夫·玛丽亚·奥尔布里希（Joseph Maria Olbrich）设计的"分离派会馆"（Secession building）。这两座建筑都是建筑师和艺术家跨界影响的典型案例，而且设计理念也都是受到艺术运动思想的极大影响。麦金托什设计的"格拉斯哥艺术学院"校舍，不仅受到广泛关注，而且很早就得到学者和建筑师的赞誉。沃尔特·格罗皮乌斯不仅熟知这座建筑，而且将其视为一座具有开拓性的作品。[51] 还有一些人把"格拉斯哥艺术学院"校舍视为"第一座真正体现现代主义运动理念的建筑……麦金托什的理念都十分超前，而他的这些理念也在后来被弗兰克·劳埃德·赖特，这位几乎处于同一时代的建筑师所实现。"[52] 这毋庸置疑是一座全面的创新性建筑，不仅仅表现在建筑的风格上，还体现在卓越的剖面设计、巧妙的选址，以及最终精细的建造工艺和细节等方面。作为一个艺术学校建筑，这个项目的意义格外突出，尽管在空间灵活性理念方面没有对建筑学产生革命性影响，但它仍然具有强烈的现代主义建筑特征。维也纳的"分离派会馆"同样也取得了类似的成就，这座建筑与"新艺术运动"和麦金托什的影响密切相关。当时，麦金托什的作品已经开始受到广泛关注，他还应邀在维也纳举办作品展，展览场地恰好设在受他理念影响而建成的建筑之内（麦金托什曾在"分离派会馆"第八展厅举办个人作品展览）。

麦金托什与艺术相关的职业生涯，始于他 1889 年在霍尼曼（Honeyman）和科皮（Keppie）公司的学徒生涯，期间他一直对艺术保持浓厚兴趣。在向霍尼曼和科皮学习期间，麦金托什参与了一些与艺术相关的项目设计竞赛，例如"格拉斯哥艺术画廊"，以及 1893 年的"格拉斯哥艺术俱乐部"项目。[53] 若干年之后，麦金托什参加了一个"科学与艺术博物馆"的项目设计竞赛。此后，他便不断参与艺术和艺术家相关的项目设计，例如 1901 年的"艺术家联排住宅"。[54] 麦金托什在艺术和建筑学方面的发展，得益于他另外四位艺术家朋友的跨界影响，他们是：赫伯特·麦克奈尔（Herbert MacNair）、玛格丽特（Margaret）和弗朗西斯

左：格拉斯哥艺术学院（1898—1909 年），查尔斯·伦尼·麦金托什设计
右：维也纳"分离派会馆"，约瑟夫·玛丽亚·奥尔布里希设计
[左图引自贝内沃洛（Benevolo）对 T. 霍华斯（T. Howarth）的引用，1952 年。右图由笔者提供]

（Frances）姐妹，以及麦克唐纳（Macdonald），他们都被誉为格拉斯哥"新艺术运动"中的核心人物。就这样，麦金托什开始立足于艺术类建筑的设计市场，而在与艺术家交往的过程中，他逐渐成长为具有艺术情感的建筑师，并最终形成自己的设计风格。麦克奈尔和麦克唐纳姐妹深受荷兰画家托罗普的影响，后来直接吸收了托罗普的绘画风格，并运用到纸张和金属材料表面的装帧设计作品当中。[55] 麦克唐纳姐妹中的玛格丽特后来成为了麦金托什的妻子。

关于"格拉斯哥艺术学院"校舍设计竞赛要求，戴维·沃克（David Walker）建议控制工程造价，这方面与麦金托什限制建筑体量和创造前所未有的简单形态密切相关，最终建筑的"……体量异常简洁，几乎达到消隐状态。"[56] 这是一座综合了艺术和经济性的建筑，两方面结合的目的是为了使建筑为社会需求服务。

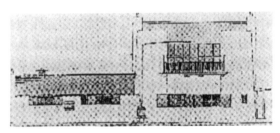

"艺术家的乡村小屋"，由 C. R. 麦金托什设计

对麦金托什作品中艺术影响的概括，在他偶尔构思的自己理想住宅的方案以及他为自己设计的实际居所中表现得淋漓尽致。[57] 这些设计都受到艺术灵感的启

迪，且能满足特殊功能要求，而他也将绘画和绘图的需求在建筑中加以强化。从这个意义上，麦金托什的生活方式和某些个人习惯，是由艺术、事业方面的朋友以及家庭环境共同塑造。伊利尔·沙里宁也有类似经历，他在维特莱斯克的发展，深受艺术界朋友和艺术家妻子的跨界影响。麦金托什所有与艺术相关的设计项目，都可视为他在事业中演绎的序曲，而他奉献一生的终极杰作——则是"格拉斯哥艺术学院"校舍。这件作品是"艺术类型"建筑中经久不衰的经典。

接下来，我们将介绍由约瑟夫·玛丽亚·奥尔布里希创作的维也纳"分离派会馆"。

奥地利分离派

奥地利"分离派艺术"运动，始于"新艺术运动"接近尾声的阶段。在时间顺序上，"奥地利分离派"紧随比利时、法国和德国的"分离派运动"。

"奥地利分离派"形成于 1897 年，而且发生在"格拉斯哥艺术学院"校舍设计竞赛结束的一年之后。"奥地利分离派"的形成因素与古斯塔夫·克里姆特（Gustave Klimt）脱离维也纳美术家协会（艺术之家）的事件有关，该协会是学院派艺术家组织，克里姆特于 1893 年加入这个团体。[58]

克里姆特被公认是"奥地利分离派"的创始人，他是一位画家出身的建筑装饰设计师，而不是建筑师。当时，约瑟夫·玛丽亚·奥尔布里希在建筑界刚刚崭露头角，后来却英年早逝。奥尔布里希不仅热情地投入到艺术运动之中，而且和奥地利的艺术家们也一直联系紧密，不久他便加入"艺术和艺术家工作室"的组织当中。在奥尔布里希设计的"艺术和艺术家"相关项目以"分离派大厦"为首，同时位于达姆施塔特（Darmstadt）的"艺术家聚居地"和"艺术家工作室街区"也是当中的杰出作品。[59] 在这个意义上，可以把奥尔布里希与勒·柯布西耶相提并论，后者在职业初期也是与艺术家密切合作，并也是由设计艺术家工作室项目而开始走上的职业道路。在此有必要加以强调，奥尔布里希设计的达姆施塔特"艺术家工作室街区"项目，在巴黎艺术家聚居地——"拉胡石居"（La Ruche）一年之前建成，我们将在后面讨论"拉胡石居"对勒·柯布西耶产生的重要影响。以上三个项目在 1898 年到 1901 年期间建成，这也体现出奥尔布里希与艺术家交融与共的关系。

约瑟夫·玛丽亚·奥尔布里希于 1897 年至 1898 年设计的"分离派会馆"，是"分离派"运动所产生的最重要建筑作品。

"分离派大厦"是 19 世纪末最重要的建筑之一，建筑功能中率先体现出"复合型"空间理念。此外，"分离派大厦"还是一座包容主义（incllsivist）建筑，其表明建筑不仅可以具有使用功能和象征性意义，还可以成为城市地标。"分离

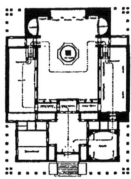
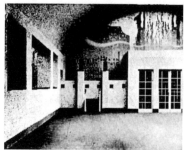

左上: 奥尔布里希设计的"分离派会馆"; 右上: 第 14 届分离派艺术展会"克林格展厅"(Klinger
Room)平面图
左下: 内部空间局部, A. Bohm 的画作; 右下: 马克斯·克林格创作的贝多芬雕像
(左上照片由笔者提供,其他由奥地利国家图书馆档案室提供)

派会馆"还作为一个文化产品,以定期举办展览和艺术文化活动为宗旨,将艺术
紧密地与社会联系在一起。这座建筑设计的构思理念是:"建构一种可以适应各种
使用条件的中性空间架构,进而彻底颠覆展览空间的整体设计理念,例如,该建
筑内部采用可移动墙体,从而大大增加了空间的灵活性。"[60] 从这种意义上,可以
把"分离派会馆"视为 75 年后巴黎"蓬皮杜中心"的先例,后者是典型的集多
样性、展览性、文化性等多功能为一体的综合性建筑。

尽管"分离派会馆"在空间品质设计方面缺乏周密性思考,但从整体上它远
远超过"格拉斯哥艺术学院"校舍的意义。

"格拉斯哥艺术学院"校舍很长一段时间一直在建筑历史中位居显著地位,
尤其是在美国拥有许多推崇者,包括传授建筑学理论和建筑设计课程的教师,他
们认为这个项目的设计胜过同时代任何建筑师的作品。还有某些英语国家的历史

学家，他们还曾试图证明"分离派会馆"的原创性源于英国，而其重要依据是建筑入口上方金色圆顶的叶片状形态特征。然而，这座建筑的形象令人难以相信其是某种形态的衍生品，而且毫无疑问，它对许多建筑师产生过根本性影响，正如布伦南·吉尔（Brenan Gill）所介绍的，奥尔布里希不仅对弗兰克·劳埃德·赖特产生了直接影响，尤其是对他橡树园"统一教堂"（Oak park Unity Temple）的设计。[61]

　　维也纳"分离派会馆"的设计构思，受到那些具有个性理念艺术家的影响。这些艺术家是奥尔布里希实际意义上的客户，他们要求奥尔布里希用建筑语言诠释各自的设计理念，同时也要满足他们的特殊需求。艺术家古斯塔夫·克里姆特却是一位极特殊的客户，可以说，他代表了那些拥有自己的建筑形态理念的业主，而从他绘制的第一张建筑草图便可以印证这一点，他显然是通过草图与建筑师沟通并表达自己的想法和建议。[62] 而如果将克里姆特的草图与建筑师最终的设计进行比较，两者之间的差别则令人惊讶。事实上，克里姆特虽然在自身艺术领域表现出了彻底的开拓和革命性，他显然在功能性方面也有许多"见解"。然而当涉及建筑艺术时，克里姆特自己的建筑学观念却始终未能超越"传统"样式。他在草图中表现一个带有山花的对称式建筑，具有明显的"传统"痕迹，与折中主义的"布扎艺术"风格几乎毫无区别。当笔者看到这张草图时，第一时间就联想到了库尔贝勾勒的画廊形象，这方面我们会在以后章节进行讨论。

克里姆特绘制的"分离派会馆"最初意向草图
（图片来源：Fliedl，维也纳历史博物馆）

　　建筑师在挑战头脑中既定的"偏见"和将概念加以诠释并转化为现实时，都必不可少。奥尔布里希设计的"分离派会馆"屋顶与克里姆特最初勾画的顶部形态毫无关联。

上述例子或许足以证明艺术家在建筑学方面的表现并非得心应手，且为何那些尝试扮演建筑师角色的艺术家终以失败而告终，他们往往成为复制过去的牺牲品，也无法像受过专业训练的建筑师那样创造新的建筑形态和结构体系。多萝西娅·坦宁的案例，也能够对此进行很好的说明。多萝西娅·坦宁是一位画家，也是马克斯·厄恩斯特的第二任妻子。她曾担任过建筑师的角色，并"设计"出了位于法国塞朗村（Seillans）的别墅作品。结果，整个建筑几乎毫无创新性，且带有不必要的"拱"元素。[63] 更令人费解的是，作为"潜意识"流派的前卫艺术家，马克斯·厄恩斯特竟甘愿居住在一个"新拜占庭"（neo-Byzantine）风格的别墅之中。

"分离派会馆"是一座"空间互补"的建筑。在此举办的第 8 届分离派展览会上曾展出了麦金托什的作品，以介绍这位艺术家在欧洲从事空间设计方面的成就。最著名的是 1902 年在此举办的"第 14 届分离派艺术展会"，这次展会还被称为"贝多芬特展"，而"分离派会馆"的巨型空间所彰显出的非凡创新特征，也对未来空间形态的发展将产生巨大影响。在这次展会的组织过程中，许多艺术家聚集在同一屋檐下，协同创造出了一个和谐、连续的空间氛围，而被强化的空间体验，则被作为向公众宣传生活美学理念的途径（例如，本次展览被当代评论家誉为一次教育性媒介 [64]）。为了烘托由马克斯·克林格（Max Klinger）创作的贝多芬雕像，艺术家们平等地聚在一起合作。克里姆特也专门为这次展览绘制了一幅壁画——《贝多芬横饰带》（Beethoven Frieze），他在壁画创作的过程中还邀请几个朋友充当模特。由约瑟夫·霍夫曼设计的展厅入口流线穿越各个房间，从而创造出足够的空间深度，使观众在行进的过程中得到独一无二的体验。[65] 整个展览空间内还设有一个颇具戏剧性的舞台，而在此之前，只有在卡尔·弗里德里希·辛克尔（Karl Friedrich Schinkel）设计的剧院和柏林博物馆，才能获得的类似空间体验。

"第 14 届分离派艺术展会"会馆及其艺术性和"戏剧性"的空间氛围，成为影响未来 20 世纪城市中艺术和文化综合体建筑的经典案例。而"分离派会馆"也成为宣传城市当中平凡的"艺术和文化"的起源地。

分离派团体后来再次解体。古斯塔夫·克里姆特首先脱离了团体，随后发起并创立的新运动和组织由他的名字命名："克里姆特画派"（Klimt Gruoup）。就概念的演进而言，是莫里斯倡导了将劳动者从工厂中解救出来，并引导他们进入艺术家工作室。但却是克里姆特和他的分离派以及担任他们建筑师的麦金托什一同，将莫里斯的理念向前推：他们将社会中艺术的持续性表达作为一个整体，通过在多功能建筑中定期举办展览的方式，把艺术引入城市内部。某种程度上，他们推动了艺术事业向社会化发展，达到艺术家广泛参与的理想境界。他们完全颠覆了"博物馆"类型建筑的概念，"博物馆"也不再像以往那样，单纯地作为永久性收藏艺术作品并阶段性开放的场所，而充满活力的艺术家也不会再在里面籍籍无名。从"分离派"最终解体到 1908 年"克里姆特画派"的诞生期间，艺术进一步渗透到城市设计领域当中。克里姆特再次成为这一开拓性过程的主角，他与约瑟夫·霍夫曼一起创办了被誉为维也纳历史上最伟大的一项展览。这个展览作为纪念君主洛贝里奥·透·奥托卡拉托拉（lobileo tou Autokratora）百年诞辰庆典活动的一部分[66]，且也得到了"维也纳艺术和工艺美术工作室"（The Wiener Werkestätte）的资助。举办 1908 年展览会的"艺术展场"，是对旧建筑、开放空间、园林绿地，以及废弃场地等场所的综合利用，而展览主题则涵盖整个城市生活的方方面面，无论是好与坏、新与旧。参加展会的有享誉国际的前卫艺术家，如高更、波纳尔（Bonnard）、马蒂斯、弗拉曼克（Vlamink）、梵·高、维亚尔（Vigiar）等当代法国画家。同时在克里姆特坚持下，展会采取了开放性态度接受当代前卫艺术家参展，例如奥斯卡·考考斯卡（Oskar Kokoschka）。展会期间，考考斯卡的心理学主题绘画作品和一幅壁画创作素描，遭到保守维也纳人的抵制，人们此前从未见过类似考考斯卡作品中尖叫的面孔，以及他作品中表现出令人感到低俗的品位。建筑师阿道夫·路斯（Adolf Loos）买下他一幅题为《战士》（Warrior）的作品以表明自己的支持态度。面对攻击怒火和先进朋友们的理解，考考斯卡鼓起勇气继续编写了剧本《谋杀者，女人的希望》（Murderer, the Hope of Women）。他为这个话剧绘制了一张海报，海报上有一个红色男人和一个白色女人，这幅海报的色彩被评价为表现死亡和低级趣味。[67]考考斯卡的所有这些举动，包括他后来的生活方式、全面激进的态度，以及后来的一系列行为（他曾剪掉自己的头发吸引别人注意，并向咖啡厅顾客兜售自己的素描），都是他在对某些参展作品作出的回应。也因此，保守派必然会站到反对的立场，并制造许多有关考考斯卡的丑闻。在这一过程中，奥斯卡·考考斯卡成为中心人物，而古斯塔夫·克里姆特和阿道夫·路斯则充当自由主义的倡导者。而在女性世界中，与他们两人保持一致的，是阿尔玛·马勒，她后来成为年轻的考考斯卡的恋人[68]，也是评论家口中的"头号野蛮人"[69]。如果有人想到当时只有 25 岁的考考斯卡能够疯狂地爱上阿尔玛·马勒，而他还居住在一个很小的房间，同时拥有一间墙面都是黑色的工作室[70]，就不难理解他在参展过程中所引发的全面树敌的轰动效应。然而，1908 年在"艺术展场"举办的展会，其目的是宣扬全面的自由和表达。展会意在突破能在一座建筑内进行的展出模式，并通过表现朴实而多姿多彩生活场景，展现城市空间中各个角落所发生的一切。从这个意义上讲，这次展会确实为后续举办与城市和环境相关的特殊展览迈出了第一步。到了 20 世纪 60 年代，这类主题性展览开始变得流行起来，而奥尔登堡的作品则是先驱理念的代表。此后，城市生活成为许多展览的主题，艺术家们也用微型作品重塑着城市的各类空间，包括住宅和墓地（例如约瑟夫·霍夫曼表现的、在乡村别墅、居住建筑和花园内的生活的[71]），而这一切则也引发更多的争论话题和对立观点。"克里姆特画派"在 1908 年提出的倡议中，主张艺术和文化应全面覆盖城市环境的所有范围，将城市转变为真正的生活的舞台。但同时，基于这一理念却又衍生出许多其他新的对立面，他们只强调房屋装饰的重要性，甚至忽视建筑的独立性等。以克里姆特为代表的艺术家和如霍夫曼一样从事装饰设计的建筑师与当时那些在建筑学领域发挥主导作用的人物相比，在社会角度上要先进许多。这些建筑学先驱如阿道夫·鲁斯，而从"包容主义"的角度讲，这些艺术家甚至显然要比勒·柯布西耶和他所有的"规划理论"都要更加超前。

总而言之，威廉·莫里斯这位前辈对克里姆特所产生的影响，不仅是一段佳话，且它能够启迪建筑师去关注社会问题。克里姆特在"艺术展场"展会开幕式上的简短讲话表明了将艺术扩散至整个社会环境中的建筑概述，建筑不仅应当将艺术的创作者联合在一起，也要将艺术的受享者团结起来。建筑和空间应当是对整体，即建造者和使用者的共同诠释。[72]

古斯塔夫·克里姆特工作室
（照片来源：奥地利国家图书馆图片档案室）

克里姆特和姐姐及家人一同，在位于维也纳阿尔贝蒂娜的"花园工作室"中度过了自己的余生。从某些工作室照片可以看出，克里姆特从未以建筑学专业角度对自己的住宅给予过任何特殊关注。他所求的只是一个既能摆放他大尺寸的画架，又设有大窗户以满足绘画光线要求的大房间。事实上很多照片无论是在工作还是在花园内休息时，克里姆特都是一个十分严肃的人，穿着他创作时的罩衫，与其说是一位充满激情的画家，更像是一位护士。在某种程度上，这也表明克里姆特非常严谨，是一位真正的艺术家和艺术匠人，他的行为有条不紊，且耐心细致，时刻保持着周围环境的整洁与舒适。与充满激情的毕加索不同，克里姆特具有非凡的耐力，他的许多作品也表现出极其细微的品质。这位艺术家的伟大之处还体现在他的人格魅力当中，他能够正确看待并承受自己作品所遭到的不断攻击（包括对他画派内所有成员作品的攻击 73 ），以及他获得教授职务时所遇到的反对意见。

弗里德里希·汉德瓦萨（Friedriech Hundertwasser）在维也纳设计的项目
（照片由笔者提供）

　　古斯塔夫·克里姆特是一位杰出的"潜意识"画家，此外还应当承认，他作为画家对重构社会整体环境给予极大关注，并致力于探索在现实中如何创造体验美学的环境氛围，而且在此过程中发挥出根本性作用。大约在 50 年之后，另一个奥地利艺术家弗里德里希·汉德瓦萨（Friedrich Hundertwasser）勇敢地对建筑学进行了批判，并且和他并不满意的建筑师团队进行合作，完成了一些有史以来最具"艺术特征"的住宅和商业综合体项目设计，其中有些项目还建在他的家乡维也纳市中心。弗里德里希·汉德瓦萨无疑是古斯塔夫·克里姆特的继承者，他们后来也得到了其他建筑师和城市设计师们的极力推崇。而在美国旧金山"哥拉德利广场"（Ghirardelli Square）、圣迭戈"霍顿广场"（Horton Plaza），以及"奥林匹克运动会开幕式"场地整体设计等项目中，都能体现出古斯塔夫·克里姆特理念的影响，尽管参与这些项目的设计者，并未给予克里姆特必要的致谢和引用。

圣迭戈市多层购物中心——"霍顿广场"外观，由乔恩·捷得（Jon Jedrde）设计
（照片由笔者提供）

注释 / 参考文献

1. 来自雷纳·班纳姆（Reynar Banham）的最后研究《现实的亚特兰蒂斯》（A Concrete Atlantis），见班纳姆，1989 年，第 185-187 页。

2. 关于杰伊·恰特（Jay Chiat）虚拟工作室环境的重要概念，见皮尔逊·克利福德（Pearson Clifford），1999 年，第 103-105 页，及拉塞尔·詹姆斯（Russel James），1999 年，第 105 页。

3. 关于建筑实践繁盛的文艺复兴时期的最新研究，见米利翁（Million）与兰普尼亚尼（Lampugnani），1994 年。

4. 班纳姆，1967 年，第 44 页。

5. 见佩夫斯纳（Pevsner）与理查德斯（Richards），1973 年，第 6 页。

6. 希尔特（Schildt），1982 年，第 8 页。

7. 即那位曾为 Perret 工作，非常有天赋，且在 20 世纪 30 年代中期在欧洲非常知名的美国建筑师；在他晚年时，他承认从他的艺术家朋友 [布拉克（Braque）、贾克梅蒂（Giacometti）、让·埃利翁（Jean Hélion）、米罗（Miró）、莱热（Léger）、考尔德（Calder）] 那里所学到的，比他从建筑师朋友身上所学到的还要多：见赖利（Riley）/ 艾布拉姆（Abram），1990 年，第 19、75 页；另，关于埃利翁对他设计方法论的影响，见纳尔逊（Nelson），1937 年。

8. 关于皮奇欧尼斯（Pikionis）与德·基里科（De Chirico）的跨专业相互影响，见皮基文（Pikivnhw），1968 年。

9. 关于路易斯·巴拉甘（Louis Barragan）对赫苏斯·雷耶斯（Jesus Reyes）的赞赏，见巴拉甘，1980 年。

10. 见毕沙罗（Pissaro），注释 2，1981 年，第 24 页。

11. 见冈特（Gaunt），1988 年，第 33 页。

12. 莉莉（Lilly）因肺结核而英年早逝，罗塞蒂（Rossetti）也将他所作的诗篇手稿与她一起下葬。几年后，他又挖开坟墓取出手稿，尽管他这样做是为了排遣他的痛苦，但结果对全世界来说却是一大幸事。关于此事，详见冈特，1988 年，第 95 页和第 152 页。

13. 冈特，第 115 页。

14. 关于特纳（Turner）作为建筑师早期的练习和偏好，见林赛（Lindsay），1985 年，第 12、13 页。

15. 关于菲利普·韦布（Phillip Webb）及其早期与威廉·莫里斯（William Morris）之间的联系，见莱瑟比（Lethaby），1935 年；另见霍兰比（Hollamby），1991 年。

16. 留存至今关于“红屋”（Red House）的可见参考，见霍兰比，1991 年。

17. 关于理查德·诺曼·肖（Richard Norman Shaw），见圣（Saint），1976 年。

18. 关于迭戈·里维拉（Diego Rivera）的更多信息，见《艺术空间（下）》章节“量身定制的工作室”。

19. 见瓦兰斯（Vallance），1897 年；另见冈特，1942 年。

20. 见皮尔森（Poulson），1989 年，第 26 页。

21. 冈特，1942 年，第 127 页。

22. 同上，第 126 页。

23. 见霍兰比，图 9 图例。

24. 斯坦普（Stamp），1986 年，第 60 页。

25. 见霍兰比，1991 年。

26. 更多相关信息，见冈特，1942 年，第 126 页。

27. 埃谢尔曼（Eshelman），1971 年，第 96 页。

28. 如今的“红屋”得到了现任主人及建筑师爱德华·霍兰比对其的保护和翻新，他还创作了一本关于红屋的著作，见霍兰比，1991 年。

29. 见皮尔森，1989 年，第 57 页。

30. 见《英国建筑师》（The British Architect）中，E. D. 戈德温（E. D. Godwin）的实时注释，1878 年 4 月 18 日；另见罗宾（Robin），1989 年，第 125-126 页，当中罗宾发表了英国建筑师的草图，1878 年 12 月 6 日。

31. 有关“白屋”（White House）中惠斯勒（Whistler）的相关故事，见皮尔逊（Pearson），1952 年，第 124-127 页，及威廉姆斯（Williams），1972 年。

32. 见纽沃尔（Newall），1987 年，第 28 页。

33. 同上。

34. 见马歇尔·比阿特丽斯（Marshall Beatrice），1901 年，第 4 页。

35. 林赛，1985 年，第 1 页。

36. 同上。

37. 圣，1977 年，第 157 页。

38. 同上，第 163 页。

39. 同上，第 319 页。

40. 同上，第 106、112 页。

41. 关于 M. H. 斯科特（M. H. Scott）及他的影响，见 D. 科恩沃尔夫·詹姆斯（Kornwolf James, D.），1972 年，第 XXVII 页。

42. 埃德温·勒琴爵士（Sir. Edwin Lutyen）的父亲是一个画家，他将自己的儿子带去与肖见于面。

43. 见希区柯克（Hitchcock），1963 年，第 285-287 页。

44. 希区柯克，1963 年，第 285 页。

45. 希区柯克，1963 年，第 286 页；又见布里格斯（Briggs）所著，1977 年，第 16 页。

46. 希区柯克，第 286 页。

47. 见麦克拉伦（McLaren），1968 年，插图 21-144（b），和第 37 页。

48. 同上，第 38 页。

49. 希区柯克，1963 年，第 292 页。

50. 关于莫里斯（Morris），见库克（Cook），1974 年，第 232 页。

51. 安德鲁·麦克拉伦·扬（Andrew McLaren Young），1968 年，第 5 页。

52. 同上，第 6 页。

53. 见沃克（Walker），于佩夫斯纳，1973 年，第 116-117 页。

54. 见沃克，于佩夫斯纳，1973 年，第 131 页。

55. 安德鲁·麦克拉伦·扬，1968 年，第 6 页。

56. 沃克，引前，第 125 页。

57. 相关照片和草图，见麦克拉伦，引前；图 21，及第 37-38 页。

58. 弗利德尔（Fliedl），1991 年，第 60 页。

59. 关于最后两个项目，见希区柯克，1963 年，第 299 页。

60. 弗利德尔，引前，第 97 页。

61. 见吉尔（Gill），1987 年。

62. 见弗利德尔，1991 年，第 60 页；相关信息，第 63 页。

63. 见坦宁（Tanning），1986 年中照片，于第 95 页和第 96 页之间。

64. 见弗利德尔，引前，第 103 页。

65. 同上，第 101 页。

66. 见希罗德（Giroud），1989 年，第 188 页。

67. 同上，第 188-190 页。

68. 同上，第 200 页。

69. 弗利德尔，引前，第 157 页。

70. 也可见希罗德，引前，第 196 页。

71. 更多可见弗利德尔，引前，第 158 页。

72. 克里姆特（Klimt）的就职演说，见弗利德尔，引前，第 158-159 页。

73. 关于克里姆特的问题，见朔尔斯克（Schorske），1981 年，第 208-278 页。

© 安东尼·C. 安东尼亚德斯（Anthony C. Antoniades）

安东尼·C.安东尼亚德斯

6 艺术空间：
艺术和艺术家对建筑学的贡献

作为城市居住建筑先导的
艺术家住宅

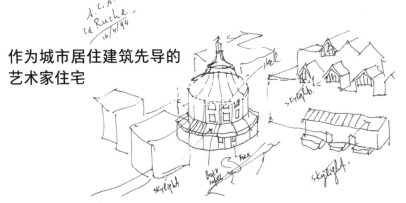

"拉胡石居"核心建筑入口
（草图和图片由笔者提供）

第 6 章　作为城市居住建筑先导的艺术家住宅

A. 总体发展框架，以及法国的引领作用

正如我们先前所探讨的，在 19 世纪的英国，建筑师为艺术家设计住宅的现象曾盛极一时。然而这些住宅的最初设计构思，基本上都是由艺术家本人提出，而非建筑师的创新理念。例如，"红屋"的设计理念，主要出自威廉·莫里斯本人，而不是菲利普·韦布；同样，"白屋"的设计理念基本来自惠斯勒，并非建筑师爱德华·戈德温；再比如，某些学院派画家作为雇主向理查德·诺曼·肖提出详细的设计要求，使他在三维表现方面形成自己的独创性风格。通常，由艺术家事先提出建筑使用要求和空间基本概念，然后经建筑师归纳理解后再进行具体设计。显然，"艺术空间"的产生离不开来自"艺术"方面和艺术家需求的影响，而建筑师则用专业语言将这些要求实现。

在 19 世纪建筑的发展阶段，建筑学理论体系中出现一段断崖式空白期。而在 20 世纪曾出现由建筑师解决建筑学所有问题的学术观念，并将勒·柯布西耶视为旗手。这期间在人们头脑中形成了一种概念，那就是好似在勒·柯布西耶之前建筑学领域从未发生任何事件，令人觉得所有原创性理论都是由他创造的，而且是他一人在推动着历史的发展。事实上，直到 20 世纪 70 年代，大多数建筑师在成长过程中都在传颂勒·柯布西耶开创的国际现代主义建筑的传奇故事。然而，早在 20 世纪 30 年代早期，在英国和其他一些国家就出现了反对勒·柯布西耶的观点，而人们也开始了这方面的深度反思。[1] 只是这种思潮却未得到其他国家的重视，仅仅被认为英国人傲慢的表现。在"膜拜"勒·柯布西耶的年代，那些批评和反对的视野和观点被视为亵渎神灵，而在 20 世纪的大部分时期一直如此，而许多国家的建筑界都受到了相应影响。

在事业的起步阶段，勒·柯布西耶在艺术家住宅方面大做文章，令多数人相信是由他首创了这一建筑类型。在此，笔者坚持否定这个观点，而且认为，即使是 20 世纪那些由建筑师设计的艺术家住宅，也是受到 19 世纪艺术家喜爱住宅案例的启迪。此外笔者进一步认为，勒·柯布西耶所关注的集合住宅（mass housing）类型，以及他后来为艺术家设计的住宅项目，其中不仅传承了英国某些优秀住宅案例中的精髓 [如沃伊齐住宅和贝利·斯科特（Baillie Scott）住宅等]，而且某种程度上是直接借鉴了那些目前已被忽视的、过去艺术家住宅案例后演变而成的，无论是在巴黎（"拉胡石居"），或是纽约 [例如由威廉·莫里斯·亨特设

计的纽约"第十大道单间公寓"（The Tenth Street Studio Building），以及由纽约建筑师斯特吉斯与西蒙森工作室（Sturgis and Simmonson, Architects）设计的"艺术家工作室公寓"（Condominium for Artists' Studio）] 等项目。这些住宅建筑都是按照艺术家的想法专门建造而成，并由艺术家拟定完善的具体设计要求。接下来让我们研究大西洋两岸艺术家住宅建筑的发展历程。

作为大量建设和发展艺术家住宅建筑的全球中心，法国成为锻造艺术家和建筑师的大熔炉。许多艺术家还将法国的艺术家记忆和艺术生活方式传承并移植到美国。

从 20 世纪初开始，关于建筑学和绘画艺术主导地位的问题一直争论不休，孰是孰非也一直摇摆不定。到了 1905 年，《建筑评论》（The Architectural Review）杂志针对这一问题发表了很多辩论性文章、立场与回应 [值得关注的是 1904 年由贝斯（Bayes）和布卢姆菲尔德（Bloomfield）撰写的几篇文章，以及克劳森（Claussen）于 1905 年发表的论文]。在英国发生论战之际，勒·柯布西耶却在欧洲其余各国独领风骚。在勒·柯布西耶的宣传鼓动下，全球范围内达成共识，认为只有勒·柯布西耶一人在针对建筑空间进行创造性活动，并把他视为唯一的创造性人物。然而不久，包括在法国，便有人开始质疑所有的这一切提出了，甚至是在艺术家和勒·柯布西耶本人之间，也产生了某种错误。而最早的质疑者便是阿梅代·奥赞方。奥赞方曾是勒·柯布西耶的朋友和早期合作伙伴，但他晚年却对勒·柯布西耶的某些作法表示无比愤慨，例如勒·柯布西耶包揽"新精神运动"（Esprit Nouveau）理念以及"纯粹主义"思想功绩的行为，以及勒·柯布西耶对待自己住宅的特殊态度和做法。奥赞方在自己的重要著作——《现代艺术起源》（Foundations of Modern Art）一书附加说明中，明确给出了"新精神"运动和"纯粹主义"真正应当被赞誉的姓名。此外，奥赞方还对《走向新建筑》（Toward a New Architecture）一书评价说，该书中的内容无非就是他们两人联名在《新精神》（Esprit Nouveau）杂志上发表文章重新杂糅之后的复制品。而这篇发表在《新精神》文章的署名为勒·柯布西耶 - 索格里尔（Le Corbusier-Saugnier），而"索格里尔"是奥赞方以母亲的名字为自己起的笔名。[2] 某种意义上，奥赞方这是在指责勒·柯布西耶和他表兄弟皮埃尔·让纳雷（Pierre Jeanneret）为了获得大众名誉而对他的思想进行了剽窃的行为[3]，他们甚至不曾给予他任何应得的名誉。众所周知，至少在"纯粹立体主义"方面，奥赞方对勒·柯布西耶个人思想体系的形成产生过重要影响。事实上奥赞方还曾引用 R.H. 维纶斯基（R. H. Wilenski）的著作《现代法国画家》（Modern French Painters）中将他本人直接誉为"纯粹主义"创始人的内容。[4]

下面笔者将试图证实勒·柯布西耶有幸得到过许多人的扶持，他不仅要向奥赞方致意，还要感谢其他一些艺术家，以及巴黎的整体艺术氛围，尤其是这座重要城市中的艺术家居住环境。笔者还认为，勒·柯布西耶本人的一些建筑构想，例如他的"雪铁龙住宅"和"马赛公寓"（the Unit of Habitation in Marseille），都可以在 19 世纪巴黎具有"本土性"风格的艺术家工作室项目中找到影响因素。尤其是 1902 年的"拉胡石居"综合体，这个位于巴黎郊区铁路和屠宰场之间的艺术家聚集地，直到笔者在 20 世纪 90 年代中期到访时依然能感到其中的活力。

关于艺术是如何对勒·柯布西耶产生的影响，巴黎的作用可谓是首屈一指。事实上，巴黎艺术家的创作空间基本设置在巴黎美术学院或卢浮宫内，尽管勒·柯布西耶反对学院派的"学术"观点及其建筑风格，但是学院派体制中潜在的某种因素，却激励他"创造"了开敞式平面布局。这种因素尤其在由戴维（David）、格林（Guerin）等著名艺术家主持的巴黎大画室中表现突出，这些画室内充满创作激情，具有浓郁的创作氛围，而环境当中也永远漫布着动态和交流的氛围。而且，艺术家经常相互到画室拜访，他们一起观摩、欣赏某件正在创作过程中或者刚刚完成的作品，而在观察大师工作的同时，他们还轻松地与艺术家或学生进行交流。在这些过程中，艺术家提高了绘画技法和创作能力。这些画室不仅是纪律严明的学园，还是一个社会性温床。在 18 和 19 世纪，这种环境培育出许多法国的伟大艺术家，同时也为后来全新的印象派视野和现代主义绘画理念开辟出一条发展途径。汤姆·普里多（Tom Prideaux）在其著作《德拉克鲁瓦的世界，1798 年至 1863 年》（*The World of Delacroix 1798–1863*）中介绍："年轻的德拉克鲁瓦也喜欢喧闹的环境……他画室内部忙乱的场景，如同现代报业编辑的工作空间"[5]，这种场景在巴黎其他著名艺术大师的私人工作室（private atlier）内部同样可以看到。"独立工作室"与工厂式的工作空间不同，虽然也具有开放式平面，但却同时，突出表现了秩序感和自由度共存的氛围。而在伦勃朗时代的荷兰"工作坊"，则仅仅是靠严格的约束力来维持其生命。同样是开放式布局，注重创造性和强调生产性的空间存在巨大区别。与巴黎美术学院和卢浮宫内的学院派大师工作室相比较，艺术家的"独立工作室"内部更注重纪律和自由度方面的结合。也许正是这种非常个性化的自由氛围，驱使了具有"革命性"和特立独行的艺术家向同宗大师看齐。

很多证据表明，如果泰奥多尔·席里柯（Theodore Géricault）未曾在适合自己个性的"介朗工作室"（Guérin's studio）中接受熏陶，就不会在他短暂生命中发出流星般的光彩，也不会对他年轻的朋友德拉克鲁瓦产生任何影响。在介朗这位态度随和的大师鼓励下，席里柯充分展现了自己特立独行的个性和"奔放乐观的性格"[6]，并最终找到了可以释放自己的绘画表现的出路。[7]艺术家理想的社会环境和社会关系，以及周围包容却不同的其他艺术理念，这是任何工作室的关键元素，与空间的大小无关。

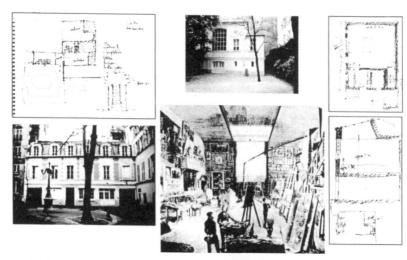

中上、左下：德拉克鲁瓦居住的公寓入口和通过服务楼梯可以抵达的后院；手绘图：位于上层中央的工作室；中下：表现工作室内部的版画
（照片由笔者提供）

　　德拉克鲁瓦的记忆中，一直保存着学徒时代有关建筑学和工作室氛围的印象。作为职业画家，他为了寻找舒适的住所而不断搬迁，目标是要"贴近良好的邻里社会"。[8] 德拉克鲁瓦在洛雷特圣母院街（Rue Notre-Dame de Lorette）拥有一个特殊的工作室，该建筑曾是一座体育馆，他成名之后的多年都在那里生活，并在里面创作出许多作品。雷纳德（Renard）曾绘制了德拉克鲁瓦工作室内的场景。画中，这位画家正在接待来访客人，其中一人正在和他交谈，其他人则在欣赏陈列的作品。[9] 从建筑学角度观察，德拉克鲁瓦工作室空间最显著的特征是一个大窗户和一个很大的天窗，并利用遮阳设施来控制光线，天窗由两根木梁架起，并将整个空间划分成三个区域。工作室内还有桌子、画架及其他附属装置，例如一个用于登高固定或替换画作的大梯子。值得注意的是，整个天窗采用方形骨骼窗棂，形式与勒·柯布西耶为奥赞方设计的住宅十分相似。此外，放在室内角落的可移动梯子，也让我们联想到勒·柯布西耶用来联系夹层空间的轻便楼梯。德拉克鲁瓦工作室十分空旷，里面冰冷刺骨，室内只有一个很小但噪音很大的加热设备，难听的声响融入环境背景当中，而所有的管线都穿过房间，与空间使用属性极不协调，还破坏了空间的连续性。在如此大的空间内，显然会面临取暖难题，德拉克鲁瓦长期饱受寒冷条件的折磨，他的体质很虚弱，最终因患结核性喉炎去世。[10]19世纪，大多数艺术家一直被取暖问题所困扰，20世纪也是如此。当燃煤用尽或火

炉损坏的时候，他们只能出去散步或者去博物馆参观。德拉克鲁瓦在他 1824 年 3 月 30 日的日记 [11] 中写道："当维修炉子的时候，我会散步到博物馆，向站在凳子上欣赏普桑（Poussin）的绘画，再来继续景仰保罗·韦罗内塞（Paolo Veronese）的作品。"由于艺术家工作室通常设在旧建筑阁楼内，很难连接集中供热或其他加热装置，因此许多著名艺术家都使用燃煤炉取暖。只有毕加索例外，他曾在位于格兰斯奥古斯丁斯（rue des Grands-Augustins）大街的阁楼工作室内安装了大型取暖炉，这令人感到很不可思议。在 1940 年至 1941 年的冬季，面对负责提供燃煤的纳粹军官，毕加索回应说："西班牙人从来不会惧怕寒冷。"[12] 在布拉克拍摄的一张著名照片中，毕加索正在搅动取暖炉中的炭火。[13] 除了为获得充足的光线，温度条件也促使一些艺术家开始向南方迁移。相对而言，南方的阿尔勒（Arles）和普罗旺斯艾克斯地区拥有更充足的阳光和温暖的气候，这种自然环境足以使艺术家获得幸福感，特别是在他们年轻困苦的阶段。梵·高的亲身经历就是最好的例证。当他初到圣玛丽·德拉美尔（Saint Marie de la Mer）的时候，马上给弟弟特奥（Theo）写信说自己非常喜欢那里"火焰般炽热的天气"以及"可人的金黄色"。[14] 关于艺术家取暖方面的困境，史学家和学者们尚未进行过全面深入的研究，只是在某些传记作者的字里行间略有介绍，而且仅仅是被当作艺术家需要克服的困难之一。而阿尔弗雷德·巴尔（Alfred Barr）关于这方面的观点则与众不同，他在评论毕加索 1901 年绘制的《自画像》时，敏锐地注意到了寒冷的环境可以对一个人产生的影响。在这张画像中，阿尔弗雷德·巴尔观察到"……一个处于饥寒交迫以及绝望的人"；他进而又指出："毕加索曾回忆居住在没有灯光房间内的经历，吃的是坏香肠，甚至用烧掉作品的方式取暖。"[15] 这段用自己作品当作燃料的回忆，使毕加索的火炉被视为有史以来最昂贵的取暖设备。阳光明媚的法国南部地区，非常适合年轻艺术家健康成长，特别是那些贫穷的艺术家。然而，由于巴黎是 19 世纪晚期的全球艺术中心，且城市中潜在大量商机，而迫使艺术家们不得不返回巴黎，继续忍受着不利的光线条件、频繁的雨季，以及寒冷的气候。与成功者相比，名气较低的艺术家的困难相对较小。对于那些在"奥斯曼"风格建筑顶层隔间居住的穷艺术家而言，取暖问题相对容易解决许多。然而，对于那些需要大工作室的成功艺术家来说，室内采暖问题和保持温度显然会令他们感到无可奈何。因此，有些艺术家采用了租赁方式以回避使用过大的工作空间。而若是遇到大型创作题材或需要完成某件大幅作品时，他们便会临时租用一个更大的空间，而不是永久性地待在一个大工作室内被动承受取暖方面的负担。席里柯就是在租用的工作室中创作出的《梅杜萨之筏》（*Raft of the Medusa*）[16]，这幅巨幅作品达到 15 英尺 × 21 英尺的尺寸。只有少数极富有的艺术家，才有可能拥有绘制巨幅作品条件的大画室。古斯塔夫·莫罗就是这类艺术家中的佼佼者，他拥有一座多层公寓，顶层是一个具有 2 层高度的大画室，内部的楼梯和陈列储存柜令

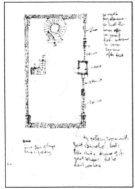

拥有双层高工作室的古斯塔夫·莫罗多层联排住宅，现为古斯塔夫·莫罗博物馆
（照片和草图由笔者拍摄或绘制，1994 年）

人印象深刻。只是在普遍情况或者说是对大多数艺术家而言，开敞式平面和大型工作室内部取暖方式一直是一个不易解决的难题。

　　在前文介绍表现德拉克鲁瓦特殊工作室的版画中，显示出这位画家非常注重作品在墙面上布置的构图关系，而当时的年度沙龙画展却对这方面效果从未给予重视。在各种正规展览以及卢浮宫重要的展出中，对布展的整体视觉效果都缺乏考虑，无论何种尺度，展墙面上绘画作品的布置都毫无章法，有些大幅作品甚至高达顶棚。通过分析，笔者认为德拉克鲁瓦这间特殊工作室的空间品质远胜于他在弗斯滕伯格大街（rue Fürstenberg）建造的最后那间工作室。尽管空间整体环境是保证艺术家工作和行为活动的最重要因素，但是德拉克鲁瓦同样注重作品的展示效果，因此工作室所有墙面的布置都显示出某种非对称性逻辑。这个工作室是对空间混乱状态加以有机组织的典型案例，内部充满活力，且井然有序。这样的工作室不仅能使艺术家行动自如，也能够在为来访者提供观赏某件特殊作品的舒适环境的同时，使来访者被艺术家的全部作品所感染。这间工作室的空间结构表现出某种特殊的厚重感，其特征我们之后会在路易斯·康的作品中有所发现。德拉克鲁瓦率先关注了内部空间作品的陈列布局，这方面在过去展览中往往被忽视，无论是在荷兰画廊艺术作品的展示中，还是在沙龙和卢浮宫的画展中都是如此。德拉克鲁瓦的所有工作室，都具有非凡的意义（包括前文提到的工作室和位于弗斯滕伯格大街 6 号的最后的工作室），不仅因为他是自身所处时代的杰出艺术家，更是因为他受到了许多后继艺术家的推崇，如马内（Manet）、莫奈（Monet）、毕沙罗（Pissaro）、梵·高，以及马蒂斯和毕加索等人，当中的许多艺术家都曾到访过德拉克鲁瓦的工作室。

　　巴黎到处都有艺术家工作室，这些场所曾经服务于19世纪财力雄厚的艺术家，后来又供20世纪的后起之秀使用。这类工作室通常位于巴黎公寓类型建筑的顶层，而因为北向漫射光线非常重要，所以当中的绝大多数都是北朝向。而从巴黎所处的纬度分析，工作室朝向与保持室内温度的需求产生矛盾，因为南向开窗更有利于获得日照。有一个突破常规的工作室案例，就是位于科兰库尔大街和蒙马特公墓对面乔治·布拉克（George Braque）的南向公寓。[17] 这是一位工作严谨、井然有序的画家，他发明出一套精密的可调节遮阳系统，通过窗帘控制进入内部空间的光线，可以在遮挡直射光的同时获得均匀的散射光线质量，并可以根据自己的工作需要控制所有光线。[18] 莫奈曾经历极度贫寒的年轻时代，当时他甚至"没有钱购买画布和颜料"，也曾贫困到买不起"食物、取暖材料和衣物"。[19] 然而，莫奈却通过一套精密复杂的调控系统控制天窗，最终在位于吉维尼（Giverny）小镇的大工作室内营造出极其精致细腻的艺术空间氛围。他通过悬挂在顶棚上的大画布，不仅能调节强烈的阳光，还能获得较佳的光线环境。[20] 莫奈最初是一位杰出的室外画家，他后来回到室内绘画，并创作出许多优秀作品。如果要评选出一位工作室设计方面的改革家，莫奈则当之无愧。莫奈的所有工作室，室外景观中都备有一些特殊设施，不仅可以作为升降大画布的辅助工具，而且可以随时用来在

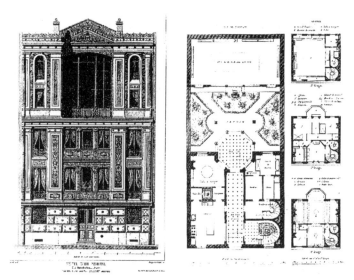

画家住宅：位于巴黎马勒谢尔布尔大街（Cite Malesherbes，1858 年）
（由建筑师 A. Jal 设计，图纸由 Jollivet 绘制）

室内固定作品，便于进行观察研究。他经常根据不同的情绪和感受，对作品进行改动、完善，或者做出相应的调整。

到此为止，我们已经阐明巴黎开放式工作室内部独特的生活方式，以及这些空间内取暖和采光方面存在的特殊问题。其中，光线条件是最重要的决定性因素，因为艺术家十分清楚理想的漫散射光线对于绘画创作的重要意义。

由于在 18 和 19 世纪，摄影技术尚未全面发展，人们需要请艺术家绘制自己的肖像，而且多数人还需要用绘画作品来装点室内空间。因此，艺术家在当时比较富裕，而且备受人们的尊重，他们当中还有人因此成功跻身于上层社会。

艺术家"工作室"（或单身公寓）类型建筑，是以服务艺术家需求为宗旨而发展形成的建筑类型，一方面是为了使艺术家脱离阁楼中不良的卫生条件，另一方面是要为有能力的艺术家提供相对奢华且经过特殊设计的居住空间。19 世纪，伴随着奥斯曼巴黎重建计划，在巴黎最佳社区建造出许多"单身公寓"类型建筑，极大地满足了艺术家在居住地附近工作的需求。这些项目的影响因素逐渐得到关注，有些项目甚至在国外杂志（特别是美国杂志）上被加以详细介绍。这类项目当中，最著名的案例是由建筑师 E. 索韦特（E. Sauvestre）设计的"画家住宅"方案，《建筑实录》（Architecture Record）曾对此加以特殊介绍。[21] 另一个实际建成的独特案例是古斯塔夫·莫罗的私人公寓画廊，前文中已经对该项目有所介绍。在艺术事业蓬勃发展的 19 世纪，在大多数艺术家身上已经表现出对单身公寓类型住宅的需求，其中甚至包括一些具备实力的成功艺术家，而只有那些拥有富裕家庭背景的艺术家除外。

德拉克鲁瓦曾强烈地表现出"寻觅理想工作室"的倾向。他在巴黎四处都拥有工作室，他经历过无数次搬迁，并长期在不同的场所内生活和工作。1829 年，这位艺术家决定在同一座建筑内生活并工作，正如他所说："我只需设一扇门，而且让它一直开着，这样我就可以穿着拖鞋从一个房间进入无比舒适的工作室。另外，这座房子还拥有它自己的楼梯，十分美观整洁。"[22]

 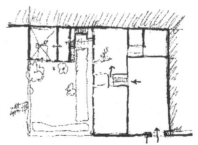

德拉克鲁瓦的工作室公寓，位于巴黎弗斯滕伯格大街 6 号，工作室左侧通过一段楼梯与公寓主体相连

更换工作室显然需要大量的投资，而且单身公寓的价格比以往更加昂贵，但是德拉克鲁瓦当时却很满意，因为这样做最终可以节省许多额外费用。[23] 世纪之交，纷纷涌入巴黎的世界各地的艺术家，并无法像学院派的前辈那样称心如意。相对而言，处于 20 世纪的前卫画家并不像 19 世纪的前辈那么幸运。事实上，为了在艺术上取得创新性成就，艺术家首先需要在个性需求和生活方式等方面做出彻底的妥协。他们不得不为生活而费尽心思，同时还需要满足于仅有的物资条件。他们还不得不共享居住设施，或者挤住在同一房间内轮流使用床铺，并经常一起忍受饥饿或者临时寻找食物充饥，这些方面都成为磨炼艺术家创新能力的因素。而这些经历也在他们的艺术作品中表现得淋漓尽致。

1978 年，克利夫兰艺术博物馆（Cleveland Museum of Art）组织了一场题为"18 及 19 世纪艺术家和艺术工作室"的展览。针对这次展览主题，龙尼·L. 扎孔（Ronnie L. Zakon）专门撰写了一篇概述。本次展览主题和专题，首次关注了艺术家在工作室中的生活习惯，并清晰地展现了过去两个世纪中这方面的概况。在后来有两部英文专著中对这一主题也加以了详细记载，而且对过去两个世纪艺术家创作力生成的环境因素也加以回顾。这两本著作是：由约翰·米尔纳（John Milner）撰写的《巴黎工作室》（The studios of Paris），以及由迈克尔·佩皮亚特（Michael Peppiatt）和与艾丽丝·贝洛尼－里瓦尔德（Alice Bellony-Rewald）合著的《想象空间：艺术家和他们的工作室》（Imagination's Chamber：Artists and their Studios）。两部著作引人入胜，而且内容对建筑师也具有特殊意义。[24] 虽然两部著作都没有直接涉及建筑学方面，但它们却为我们提供了丰富的素材，有助于我们更好地理解过去两个世纪的建筑历史。著作中涉及的若干艺术家工作室，全部是法国建筑（并未包含 19 世纪英格兰案例）。两部著作以丰富的资料，客观地阐释了艺术家在这些案例生成过程发挥的重要作用，以及艺术总体氛围对现代建筑演变的影响因素，尤其是对勒·柯布西耶成长过程的影响。

A.1　独立栖息空间：巴黎工作室

上文论述的关于艺术家为提升自身社会地位而奋斗的历程显示，巴黎工作室对未来"艺术空间"的持续发展起到了决定性作用。无论是画家还是雕塑家，无论贫穷还是富有，艺术家都需为"光线"与"温度"以及"租房"等关键性生存条件付出巨大努力。米开朗琪罗（Michaelangelo）给他侄子莱昂纳多的信笺，以及梵·高和他弟弟特奥之间的书信往来，都足以体现他们奋斗的足迹。包括塞尚、古斯塔夫·库尔贝和图卢兹·洛特雷克（Toulouze Lautrec）等艺术家，尽管他们出生在富裕家庭，且得到过父辈的经济资助，也同样遇到过类似问题。因此，发展相对落后的蒙马特郊区，成为巴黎艺术家喜爱的最佳栖息地。他们在那里找到用廉价废旧材料建成的临时性住所，虽然内部缺少基本的生活用品和舒适的条件，但廉价的租金却是最大的诱惑。没有人比莫迪利亚尼（Modigliani）更了解该区域的情况。而图卢兹·洛特雷克也主动选择到蒙马特区域，并成为该区域的杰出公民。他经常在错层式工作室内举办聚会等公开活动，而这种错层式的内部空间，也能够激发我们对建筑学目的性的思考。然而，在租赁型艺术家住宅中，最有意义的是"洗濯船"（Beteau Lavoir）建筑，这座建筑原意为"洗衣房"，虽然是一座没有供电供水和卫生设施的简陋建筑物，但后来的名气却逐渐增大，特别是在毕加索入住之后。这座艺术家集体居住的特殊房屋是临时搭建的，带有天窗，以及一些木质附加结构，于1970年被大火烧毁。对于那些生活窘迫、无处立身的艺术家来说，类似的"洗濯船"空间便能够满足他们所有的生活和工作需要。

从左到右：雷诺阿工作室，以及图卢兹·洛特雷克、高更、梵·高在巴黎的工作室
（照片由笔者提供）

19世纪末到20世纪初，巴黎成为艺术家的天堂，城市中聚集着形形色色的艺术家，其中有些人穷困潦倒，也有条件稍好和潜在上升趋势的新锐，以及富家子弟。而由于艺术家通常都沉浸在创造性的活动之中，因此他们需要在外解决日常生活问题，于是他们的住所附近不仅需要有餐厅，也需要有其他方面的城市服务设施。起初，艺术家都是城市居民的身份，但随着在艺术和物质财富方面的成就与积累，他们开始倾向于乡村生活，并愿意雇用管家和其他人员照料生活。在很大程度上，独立生活的经历也成为造就艺术家的必要过程，大多数艺术家身边环境长期处于杂乱无章的状态。从19世纪巴黎的地产市场概况，我们就能够了解当时对这种住宅类型大量的需求状况。为了适应大量艺术家的需求，城市需要提供所有类型的居住设施。一些展销活动留下的低价建筑被改造成艺术家工作室加以循环利用，而某些具有远见卓识的房主则开始专门投资设计复式住宅以满足新型客户的需求。在巴黎，那些处于中上阶层以及经济实力较强的艺术家，他们可以选择单身公寓，或者选择旧修道院和宫殿改建的住宅，而那些实力较弱的艺术家，则会租住为艺术家特殊设计的公共性居住设施。而面向相对贫困阶层的共居住设施有多种类型。不过其中最廉价的设施显然不具备恰当的居住条件，当中常常聚集着"拾荒者和妓女"。[25]

艺术家比任何人都清楚自身的问题。在荷兰，一些艺术家社区成为著名的艺术家聚集地 [例如荷兰北部的"德伦特艺术家村"，梵·高曾受画家朋友范·拉帕德（Van Rappard）的邀请到此居住]。[26] 梵·高是 19 世纪最悲惨的画家，他曾经历过极端困苦的岁月，也曾梦想能在美好的艺术家聚集地内生活，他还曾"考虑建立艺术家兄弟联盟，倡导艺术家的作品来自于民并服务于民，并通过特殊形式向大众传播艺术。"[27] 虽然梵·高的理想和亚伯拉罕·林肯（Abraham Lincoln）似乎有些相似，而在他的理想当中，也只有最后一个顺利而平稳地取得了成功，这是迎合大众需求和顺应市场经济发展的结果。平版印刷术和复印技术的进步，使艺术作品能够进入大众的生活环境。另外一位名叫阿尔弗雷德·布歇（Alfred Boucher）的艺术家，也许是出于对梵·高在巴黎时期关注问题的透彻理解，于是他特意为贫困者考虑，设计并建造出一座艺术家综合体住宅。这种建筑类型可能最接近梵·高理想中集中建设的艺术家住宅。而这一"艺术家天堂"，正是"拉胡石居"。

A.2　拉胡石居：公共住区的窘况

"拉胡石居"类似一个蜂巢式建筑，其建造理念是要为艺术家创造经济可负担的社区，并为他们提供体现人性尊严的理想空间。尽管该住区的房价低廉，但有些住户和后来的评论者却对其不甚满意。这里被形容为"猫和老鼠以及饥犬的天地"，而里面的工作室则被贬为"棺材空间"。[28] 莫迪利亚尼的朋友布莱兹·桑德拉尔（Blaise Cendrars），曾在"拉胡石居"用诗句描述这座综合体建筑：

> "……楼梯与门与楼梯
> 敞开的门像张报纸
> 上面贴满来访者的留言卡片……
> 到处显得杂乱无章，令你
> 感到狼藉一片……"[29]

而若换一个角度考虑，实际情况却截然相反："拉胡石居"为大量艺术家解决了居住和工作之忧，对于那些贫困者和下层人物，以及身处异国他乡或流亡中的艺术家，这里成了他们的庇护所和温暖的住区。浏览着往居住者的信息，就像是在历数 20 世纪所有艺术家的名录。

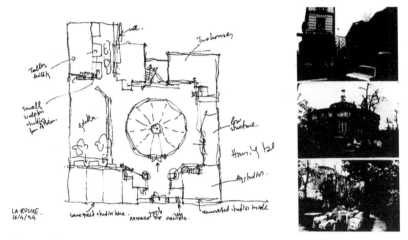

"拉胡石居"——著名的"蜂巢"式建筑：里面保存着 20 世纪巴黎艺术家的"花名册"，场地平面以及中心建筑实景照片

（照片和草图由笔者提供）

　　"拉胡石居"是一个大型综合体项目中的主体建筑。住区中央是一个正十二边形金属框架建筑，该建筑的框架之间为砖砌墙体，屋面采用木瓦铺装并带有一个圆顶。"拉胡石居"位于蒙马特区相反方向的城市尽端区域，坐落在当希大道（rue de Dantzig）的分支——当希小路（Passage de Dantzig）上，场地原为伏吉拉尔屠宰场（Vaugirar slaughterhouse）。[30] 当时，这里的名气斐然，因为里面聚集了包括苏蒂纳（Soutine）、莫迪利亚尼、里普希茨、扎德金（Zadkine）、夏加尔（Chagall）、莱热（Leger）、阿尔奇片科（Archipenko）、里维拉等在内的诸多20 世纪著名艺术家。

　　这座综合体建筑至今依然存在，只是其密度与建成时相比增加了很多。值得庆幸的是，由于居住在那里的艺术家群起抗争，它才免遭被推土机推倒的命运，当时的保护行动还得到以往租户中杰出艺术家的友情支持。一位来自小亚细亚的难民雕塑家，直至 1994 年夏一直居住在"拉胡石居"，作为保护"拉胡石居"行动的一员，他向笔者回忆起他们的斗争史，并介绍道："毕加索捐献出许多绘画，而夏加尔只拿出了一件作品。"[31]

　　通过史料研究，以及笔者 1994 年 4 月参观时的观察，"拉胡石居"这座艺术家聚集地表现出令人意外的勃勃生机。里面混杂着各种类型的租户，有年迈的老者和年轻人，也有残疾人。建筑入口两侧是一对女神雕像柱，她们的面部表情栩栩如生，目光好似正在注视着一个孩子在父亲陪伴下玩弄他的塑料玩具。综合体

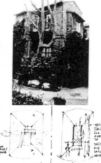

左图和上图：
"拉胡石居"的中心建筑和入口的女神雕像柱。提醒注意下图女神雕像脸部转动形态，这种动态感雕塑前所未有

中（上）：家庭工作室
中（中）：楔形雕塑工作室
中（下）：核心建筑周边公寓

（照片与草图由作者提供或绘制，1994 年）

右上：核心建筑全景照片

内的一些单元进行过翻新，以满足新的功能需求。这里的景观朴实无华，路面和平台表面污渍斑斑，仅有几棵大树和一些灌木，而且到处散乱地摆放着雕塑和未经雕琢的大理石块。在建筑周围的砖墙设有格架，上面摆放着私人物品、动物骨骼和租户们的各种贵重用具。一位热情好客的管家负责维持住区的秩序和安全，偶尔响起的管家爱犬的叫声会打破这里宁静的氛围。

　　"拉胡石居"是历史上率先经过专门规划的住区之一，建筑史学应当给予更多的关注。笔者认为，"拉胡石居"对勒·柯布西耶产生过影响，但是到目前为止还没有找到任何文献记载能够说明他对该综合体建筑有过评论。勒·柯布西耶对这个项目的总体概况及其特色应当有所了解，因为他有许多艺术家朋友以及合作伙伴曾居住于此，他甚至为这里最早的租户设计过住宅，例如雅克·里普希茨住宅。"拉胡石居"具备艺术家住区应有的条件，包括生活与工作设施、散步与交流的庭院、与自然结合的人造空间，还有一些与艺术功能相关的建筑，如剧场、展厅、教学空间等。[32] 这座留存至今的著名建筑依旧充满着神秘色彩。"拉胡石居"中的核心建筑，是由建筑师阿尔弗雷德·布歇设计的。布歇是 18 世纪法国洛可可艺术领袖弗朗索瓦·布歇（Francois Boucher，1703—1770 年）的后裔。他的设计借鉴了 1900 年巴黎世界博览会建筑的多边形形态，因此建筑由一系列楔形房间组成，建筑外墙采用砖块砌筑。有趣的是，老布歇和曾孙两人都把艺术和建筑学视为同宗。弗朗索瓦·布歇曾影响过戴维，并使最初学习建筑的戴维在后来转而学习艺术。[33] 弗朗索瓦·布歇还是路易十五的情妇——蓬帕杜尔侯爵夫人（Madame de Pompadour）最中意的画家 [34]，而且身为洛可可艺术家，和那个时代大多数艺术家一样，他与建筑师有着密切的合作关系。然而，作为"拉胡石居"的设计者，阿尔弗雷德·布歇却有不幸的一面，因为历史评论家对他的祖辈抱有许多负面评价。特别是弗朗索瓦·布歇的品德首先在遭到了狄德罗（Diderot）的抨击之后，一直被视为是一个道德沦丧之人。[35] 虽然弗朗索瓦·布歇的艺术造诣很高，而且创作了一些优秀作品（他是 18 世纪法国艺术界中的三位领袖之一），但他当时却在为颓废的旧政权服务。狄德罗自 1759 年走向评论家生涯开始，就诉病弗朗索瓦·布歇的美学观念和道德水准。狄德罗的指责影响之强烈，以至于到法国大革命时期，所有人都不再把布歇尊为画家，而是一个服务于宫廷贵族堕落腐朽、挥霍无度生活方式的工具。在布歇的少数支持者当中，戴维坚持反对狄德罗在这个问题上的观点。[36] 有趣的是，这种支持的理由是因为戴维本人熟知布歇热情和幽默的性格。这位洛可可风格的始祖曾建议戴维放弃建筑学，并把他送到了伟大的艺术导师维恩（Vien）门下学习，他还提醒戴维说："维恩缺乏激情，希望你时不时地带着作品来我这里，我将指出你在维恩那里沾染的冷漠习气，并传授你如何表达激情……" [37] 此外，从阿妮塔·布鲁克纳（Anita Brookner）研究戴维的文献中还发现，戴维的叔叔——建筑师雅克·比龙（Jacques Buron）是布歇的远房表亲，因此戴维和布歇在某种程度上也算得上是亲属关系。此外，我们非常清楚法国大革命的思想理念，以及戴维在大革命运动中所发挥的作用。阿尔弗雷德·布歇很可能了解老布歇和戴维的关系，因而为自己的前辈感到骄傲。尽管他那位温厚的祖辈事实上是为旧政权效力，但阿尔弗雷德本人却具有强烈的民主思想。"拉胡石居"的设计理念，充分表现出阿尔弗雷德·布歇的民主和人文主义思想。也许，布歇家族长期传承下来的热情与革命精神，造就了阿尔弗雷德·布歇的"博爱"胸怀。以上方面，在"拉胡石居"中得到了直接表现，只是纠正负面观点仍需要很长一段时间。戴维和阿尔弗雷德·布歇的血缘关系，也许很少有人了解，至少在关于"拉胡石居"的学术研究中从未被人提及。如果这层关系被人们熟知，也许"拉胡石居"的享誉度会更高，而且更容易被 20 世纪民主社会中的主流激进派所接受。遗憾的是，他们更多只是对老"布歇"的了解，而其中的主要原因便是狄德罗有失公允的谴责。

　　笔者认为，"拉胡石居"之所以被官方艺术机构所忽视，是由于布歇的名字和他先辈的缘故，此外，或许他与罗丹（Rodin）的关系也进一步加剧了这方面

"拉胡石居"印象
照片及草图由作者拍摄或绘制于巴黎，1994 年

的影响。据介绍，阿尔弗雷德·布歇曾经邀请罗丹到位于香榭丽舍圣母院大道的他自己俭朴的工作室中向学生传授雕塑技艺。[38] 要知道，罗丹于 1898 年被法国文学家学会视为"害群之马"，而国家社会沙龙也曾拒绝接受罗丹的《巴尔扎克雕像》（*Balzac*）参加展览，这在雕塑史上也是一桩前所未有的丑闻。[39] 布歇是罗丹的朋友和合作伙伴，他和罗丹的所有朋友一样，或许都遭受过官方机构的迫害。无论是由于"祖上代表旧政权的罪恶"还是"与罗丹之间的关联因素"，都迫使阿尔弗雷德·布歇必须用行动来恢复自己的名誉。笔者认为，他通过 1902 年亲手建造的"拉胡石居"，便实现了自己的这个意愿。

正如我们将要看到的，布歇设计项目中的"社会性"理念在法国未得到重视，或许也未得到勒·柯布西耶的关注，但他的理念却在美国引起轰动。《美国建筑师》（*The American Architect*）杂志及时刊登了"拉胡石居"开放的信息，其中不仅详细介绍了该综合体建筑，而且高度赞扬了阿尔弗雷德·布歇为"帮助那些不走运的同行工匠"所做出的努力。[40] 当时，美国人用清醒的目光关注着正在法国发生的一切，并意识到每年平均 30 至 50 美元的廉租项目应当得到重视。而且，"拉胡石居"除了拥有 48 个工作室之外，整体设计构思中还包括一个结合艺术作品展览功能的公共大厅，租户每年只需额外交纳 10 美元的费用便可在此举办特殊展览。阿尔弗雷德·布歇经常为艺术爱好者进行无偿指导，他还曾计划将"拉胡石居"附近的一栋建筑作为展出自己艺术收藏品的博物馆。

美国人之所以对"拉胡石居"产生浓厚兴趣，其中存在充分的理性因素。早在 1857 年，美国便已经开始建造他们的艺术家工作室公寓——"第十大街单间公寓室大楼"（the Tenth Street Studio Building）。而在 19 世纪末的美国，艺术家和建筑师们也已经开发建造出属于自己的"单身公寓"类型建筑。[41] 很有可能是美国建筑师在 1902 年巴黎展会中关注到"拉胡石居"的概况，并将其建设理念带回国内。我们还了解到，凡是去过欧洲的美国艺术家，都会聘请建筑师按照他们在法国所见的样式设计自己的住宅 - 工作室，他们偶尔还会把手绘建筑草图交给建筑师做参考。例如艺术家罗西特（T. P. Rossiter）曾亲手绘制自己工作室 - 住宅的方案草图，然后交给建筑师理查德·莫里斯·亨特（Richard Morris Hunt）在设计作参考。[42] 又如"布赖恩特公园大厦"（Bryant Park Studios）的投资人——画家安德森（A. A. Anderson），他曾多年在巴黎担任美国艺术家移民协会主席，当他回到美国之后，马上委托建筑师查尔斯·A. 里奇（Charles A. Rich）设计一座私人建筑[43]，并要求设计时需参考自己在巴黎期间所体验过的项目特征。

安德森的私人工作室设在"布赖恩特公园大厦"内，这间工作室不仅奢华而且占据独特的位置，还有另外两方面的卓越品质，一是巧妙结合卷帘幕布来控制室内光线；二是在两层高带有夹层的工作室入口玄关处，可以戏剧性地全览整个工作室空间，这些特征在之前的工作室案例中很难见到。[44]

早在 1903 年（在"拉胡石居"建成的一年之后），纽约就已经有了第一座艺术家公寓，由著名的景观画家亨利·W. 兰杰（Henry W. Ranger）投资建造。这座公寓的设计者是建筑师斯特吉斯和西蒙森[45]，该公寓的特色在于内部设有独特的夹层空间，比勒·柯布西耶在"雪铁龙住宅"（1920-1922 年）、奥赞方住宅（1922-1923 年）以及"新精神馆"（Esprit Nouveau pavilion，1925 年）中起居室等项目中所采用的夹层空间设计手法要早很多年。[46] 我们将会在本章后面部分关注美国工作室建筑类型的演变过程。尽管"第十大街单间公寓大楼"忠实地体现出 19 世纪起源于法国的乌托邦思想，且它的建造时间显然早于"拉胡石居"，但是由于缺少实证依据，笔者也无意表明美国建筑对勒·柯布西耶产生过影响。笔者真正想表达的是，"拉胡石居"在许多前卫性理念方面确实对勒·柯布西耶产生过影响。

"拉胡石居"的确是一座开拓性建筑，不仅体现在其住区空间的组织方面，还表现在整体建筑中率先引入的"再循环"概念、建造中采用的预制技术，以及对特殊或废弃材料的综合利用。该综合体建筑的核心部分是奇特的酒馆体形态，被改造成艺术家的天地。[47] 这座建筑应当被视为"再循环"概念的标志性案例，且是由画家在建筑学领域进行的实践项目。该建筑具有为开放、自由的艺术教育服务的功能，完全区别于卢浮宫内那种专制的学院派教育模式，因此，可以把"拉胡石居"视为艺术家民主思想的象征。"拉胡石居"崇高的设计理念建立在社会性和革新思想的基础之上，它的宗旨是为 19 世纪末和 20 世纪初的艺术和艺术家服务，在当代艺术家或是其他艺术群体中，对类似服务的需求依然存在。此外可以理解的是，对某些艺术家来说，"拉胡石居"除了拥有美好的一面，它难免也会给人们留下痛苦的记忆，尤其是令那些背井离乡者在此无法体验到家庭般的舒适。从这些人口中，难免会流传出一些有关"拉胡石居"的负面传言，对他们而言，这里与苦难紧密相关。[48] 例如，夏加尔就认为"拉胡石居"一无是处，或许也是出于这种原因，他在保护这个综合体的时候仅捐献出了"一件"作品。[49]

"拉胡石居"中的楔形工作室不断被转让，居住的人群种类一直在变化。这些人群中含有多元文化、多样性民族，因而封闭文化和种族隔离等因素交织在一起。雅克·里普希茨的传记作家帕泰曾介绍，当里普希茨入住"拉胡石居"的时候，"这里聚集了很多犹太人，他们大部分来自东欧国家。"[50] 里普希茨曾经表示对这里不太满意，因为他更看重自身的拉丁民族血统，而对犹太教和自己的犹太祖先缺乏情感。[51] 但是，他仍然向莫迪利亚尼（Modigliaini）推荐了"拉胡石居"，并亲口许诺为他在该住区寻觅一个落脚之处。

20 世纪 20 年代，正值"拉胡石居"的繁华时期。[52] 当时，勒·柯布西耶正在研究预制住宅体系并专门为艺术家设计工作室方案，例如 1920 年提出的"雪铁龙住宅"体系和 1922 年设计的"艺术家住宅"方案[53]，其中有几位年轻业主是他的朋友，如费尔南·莱热（Fernand Leger）。有趣的是，每当提及勒·柯布西耶引用为他个人创作灵感来源的案例时，早期评论者的态度都非常谨慎。威利·博奥席耶（Willy Boesiger）曾小心翼翼地指出，勒·柯布西耶本人声称他 1920 年提出的"雪铁龙住宅"方案，内部空间设计灵感来自一个出租车司机餐厅，而那些密集的垂直玻璃檩条的设计，则借鉴了巴黎的工业厂房风格。[54]同样有趣的是，奥赞方曾指出，自己住宅附近一间酒吧的内部夹层空间对他也产生过类似的启迪，他本人和勒·柯布西耶曾常常光顾那里。多年以后，勒·柯布西耶于 1933 年到希腊参加第四届国际现代建筑师大会（C. I. A. M）。大会期间，勒·柯布西耶向希腊建筑师介绍，当他第一次到圣托里尼岛（Santorini）参观时，头脑中便产生现代建筑的最初理念，这一说法被与会的希腊建筑师广泛传播。也有人介绍，勒·柯布西耶声称自己是受到希腊斯基罗斯岛（Skyros）上住宅的启发，从而产生了"马赛公寓"夹层单元的最初设计构思。也许这些传言纯属虚构，是勒·柯布西耶言不由衷的说辞，他显然不愿对启迪自己创作灵感的真正来源作出任何评论，其中包括巴黎的单身公寓建筑和"拉胡石居"中卓越的楔形空间，艺术家们曾经在那里生活和创作，却很快被建筑界所遗忘。有些时候，一件舶来品可能远比我们身边熟悉的作品更容易被接受。如果仔细比较"拉胡石居"的内部形态和勒·柯布西耶的典型夹层空间，就会发现两者之间有着惊人的相似之处。

也有人倾向认为，甚至"新精神馆"起居室内部的空间形态，也有"拉胡石居"中某个双层夹层单元的特征。如果说勒·柯布西耶对"拉胡石居"毫不了解，这实在是令人难以相信，起码奥赞方和费尔南·莱热两人都有可能向他介绍过这座综合体建筑。费尔南·莱热曾经在"拉胡石居"居住，他还曾为其中的环形亭院建筑赠送过一件作品，并要求布置在勒·柯布西耶的一幅画作旁边。而且，勒·柯布西耶本人也不可能未光顾过"拉胡石居"，因为他说过："我深爱着巴黎这座城市，在 20 岁的时候我已经跑遍那里的每个角落！"[55]然而，正如我们所了解的，勒·柯布西耶对待真理的态度总是视情况而定。

　　　　"真理并不存在于极端当中，
　　　　而是流淌于两岸之间，
　　　　时如涓涓溪流，
　　　　时如滔滔江水，
　　　　每天皆有不同！"[56]

他的诗说明了一切。

在约翰·米尔纳的"巴黎工作室"一文中，附有几张"拉胡石居"的内部空间照片，足以说明一切。这个按照艺术家构思建造的项目，对建筑学理念进行了彻底的创新，它旨在为艺术家建造廉价的居住环境和具有活力的住区，并为特殊的使用要求创造出内外连续的空间形态，同时也为租住者提供了可选择的空间类型。此外，"拉胡石居"内拥有理想的工作环境，工作室的顶棚很高，能够为室内提供充足的光线，而且工作室的租金非常低廉。在功能分区方面，建筑的上两层是画家的专用空间，而雕塑家的工作室则位于底层，因为他们通常需要使用笨重的材料和设备。除了关注功能、环境以及社会性方面的问题，这个项目还注入了"再循环"的理念，以及与过去相关的因素。因此，在"能源"利用以及"内涵"性方面，"拉胡石居"都意义非凡。而所有这些珍贵的理念，都是通过阿尔弗雷德·布歇这位画家引入的建筑学领域。

综合上述内容足以令笔者相信，"拉胡石居"不仅反映出该住区创始人背景，还体现出阿尔弗雷德·布歇的总体设计理念。然而该项目如今却被建筑师们所忽视。笔者倾向认为，也许是"拉胡石居"中央的十二边形核心建筑——或者称之为"蜂巢"的建筑部分，启发了勒·柯布西耶的"蜂巢式"住宅概念。通过勒·柯布西耶1922年绘制的一张别墅区草图，很容易令人联想起"拉胡石居"翻新后的立面形象。即使前面的观点真伪存疑，但"马赛公寓"的夹层空间和内部独立单元，与"拉胡石居"中的工作室空间极其相似，这是难以辩驳的事实。多年以后，里卡多·博菲尔（Ricardo Bofill）在巴塞罗那一块废弃的场地上设计建造出了"瓦尔登第七公寓"，意在为诗人和艺术家群体提供住宅，该建筑场地条件与"拉胡石居"的环境非常相似。

如果上述部分假设能够成立，那么在空间和形态要素的表现方面，"艺术空间"对现代主义运动确实存在影响。笔者倾向这样一个观点："德拉克鲁瓦工作室"很可能启发了勒·柯布西耶设计出奥赞方工作室的天窗，同时也促成了"单间公寓"建筑类型的发展。在勒·柯布西耶时代之前，"单间公寓"建筑在巴黎早已存在。因此，勒·柯布西耶并非凭空对艺术家住宅产生极大关注。基于相关论据，笔者针对种种假设作出结论性总结，认为勒·柯布西耶创造的"夹层类型空间"的灵感来源极有可能出自"拉胡石居"，而且"拉胡石居"还是他设计"马赛公寓"的参考案例。本人并不赞同雷纳·班汉姆和斯坦尼斯劳斯·冯·莫斯的观点，他们目前仍然强调，巴黎的酒吧或其他建筑是影响勒·柯布西耶设计理念的主要因素。[57]

在此，笔者联想到一件令人爱憎交加的事。显然，席里柯和德拉克鲁瓦得到了毕加索、塞尚、莫奈以及其他艺术家的尊敬，尤其是毕加索，对这两位伟大艺术家都倍加崇敬。我们也清楚勒·柯布西耶从内心喜爱绘画艺术，而且他也很擅长绘画——尽管其作品缺乏原创性。不过他确实十分善于融汇各种前卫绘画理论。绘画领域中的一些艺术巨匠早已将自身融入传统和友情的氛围之中，且具有朴素的历史观和浓郁的民族文化情结。在法国的历史上，绘画早已成为法国人自己的事业，就连毕加索本人，在自愿流亡期间也要设法成为"法国公民"。[58] 然而，勒·柯布西耶作为一个 20 世纪到法国工作的瑞士人，笔者并不认为在他身上会有类似情结，他移居法国的目的只是为了职业发展而已。他走上职业道路之后，才开始专注研究建筑学问题。尽管在经过学院派严格训练的画家当中，无人进入建筑学领域深造，但他们也早已在勒·柯布西耶之前就取得了许多创新性成就。这些艺术家都曾在"布扎艺术"（即巴黎美术学院体系）的严格制度下学习，或在大师工作室接受训练。尽管有许多关于勒·柯布西耶教育背景的介绍[59]，但显然在如何给予被引用者以声名这方面，他几乎没有受到任何熏陶。

　　笔者深信，勒·柯布西耶一定熟悉"拉胡石居"的住区情况，就像了解德拉克鲁瓦和他的"巴黎工作室"一样。但是，他本人在真诚和礼节方面的表现都是有前提条件的。他决不会对前辈给予赞誉，也从不向他人表达应有的感激之情，无论是教诲过他的人，或者他曾经崇拜过的人和其他艺术家。而且，对于那些用作品打动自己的艺术家，以及他曾借鉴其空间理念并整合形成自己建筑语言和形态特征的同行，他也极少给予应有的赞誉。因此，他首先应当建构自己的哲学观，然后再进行项目设计，这样才能通过借鉴历史悠久的经典案例和异域的原型进行理想创作。也许正是这些原因惹怒了奥赞方，他几乎要站出来进行公开表白。然而可能是出于宽容的品德，奥赞方仅向世人点到为止。笔者宁愿相信奥赞方言行的可靠性，并表明以上方面是本人在假想题研究过程中所引用的一些论据。

　　到此，让我们再把叙述内容退回到若干年之前。我们既然认同"拉胡石居"对勒·柯布西耶的艺术家住宅设计理念产生的重大影响，就应当承认同时期在美国也发生了类似重大的演变事件。艺术家住宅类型建筑，在大西洋两岸分别经历了独特的发展历程。这方面，"第十大街单间公寓大楼"的意义非凡，尽管其建设理念根植于 19 世纪法国的乌托邦思想，但它比专门为艺术家设计建造的公共住区以及"拉胡石居"的建设领先半个世纪。基于这类特殊项目的根基，"单间公寓"类型建筑才得以不断发展。我们将在下一章节针对这些重要发展方面加以论述，而且所有列举的项目，都旨在为艺术家提供居住环境和工作条件，并保证他们以"公寓居民"的身份享受舒适的城市生活。

B. 公寓居民

B.1 "工作室"公寓的演变

　　随着艺术事业在城市中的蓬勃发展，城市空间日趋紧张。许多艺术家不得不到公寓内居住，有些人甚至成为永久的公寓居民。例如，查尔斯·伦尼·麦金托什、保罗·克利（Paul Klee）、瓦西里·康定斯基（Wassily Kandinsky）、勒内·马格里特（Rene Magritte）、皮特·蒙德里安、保罗·艾吕雅（Paul Eluard）、乔治·布拉克、安德烈·布勒东，以及卡济米尔·马列维奇（Kazimir Malevich）和路易丝·奈维尔逊（Louise Nevelson）等著名艺术家，他们都曾有过公寓内居住生活的经历。

也有一些艺术家，例如毕加索、德·热里科、马克斯·厄恩斯特、乔治娅·奥基夫（Georgia O'Keeffe）等人，以及德拉克鲁瓦和库尔贝等早期艺术大师，也都有过阶段性公寓生活。但是，这些艺术家仍然梦想未来拥有自己的住宅，或者是城堡式建筑，再或是森林中的小木屋，而在经济条件允许的情况下，他们也有可能最终入住规模宏大的住宅。

绝大多数艺术家以绘制肖像和风景画谋生，也有人兼作艺术教师，他们逐渐成为公寓、特别是"单间公寓"的居住主体，使得入住这类建筑的人群数量不断增多。事实上，这种特殊的"单间公寓"住宅类型是应艺术家的需求而产生，最初出现在巴黎，然后是在纽约，在这两个国家，掀起了我们所谓20世纪初的"工作室"公寓建设风潮。

只令人遗憾的是，"公寓生活"的一大"副产品"，便是它对后辈的毫不留情。当艺术家过世后，公寓被后人变卖或者转租他人，或者为满足新住户的需求而被改造。如今，要了解当时艺术家生活的环境状况，只能凭借一些追溯性文献和艺术家本人的著作，以及艺术家亲朋好友提供的照片和他们的回忆。有时，我们能见到艺术家亲手绘制的公寓室内作品，但也都是抽象地表现了局部片段，缺乏整体性空间意象。布拉克的作品就是如此，他留下许多表现自己工作室的画作，遗憾的是，这些作品都没能将工作室空间的整体意象完整地展现出来。许多早期公寓建筑后来被拆除，通常都被高层建筑所取代，因为这才能为开发商带来更大的利益。

如今，研究艺术家公寓面临巨大困难，因为有些艺术家生前从未描绘过自己公寓空间的特征，甚至没有留下任何照片。伦尼·麦金托什曾经在位于格拉斯哥120号干道 [现为布莱茨伍德街（Blythwood Street）] 的公寓内居住，然而里面却没有留下任何他使用过的家具，室内环境也体现不出他生活和工作的迹象。

公寓空间或"公寓的活力"中存在某种契约秩序，租户们必须遵守内部既定的公共条款。同时，"公寓的活力"与外部环境因素相融与共，因此内部生活偶尔会遭到来自社会的辱骂，并产生各种恼人的问题。这种情况至少发生在艺术家寻找合适的公寓期间，也会在刚入住时经常发生类似的意外（如邻里关系、噪声污染问题，以及事先并未发现的隐患）。艺术家在公寓内生活的过程中，他们也可能一直梦想着搬迁，或者正处于对拙劣创造条件的容忍中。以麦金托什为例，据了解他不停地设计自己想象中的住宅，一个属于他和妻子玛格丽特·麦克唐纳的居所，并且希望能和同样是画家的妻子在住宅中分别享有几间大工作室，以适应他们独特的生活方式。[60]

公寓建筑 "无个性"（anonymity）和 "异化"（alienation）的外观特征，是公寓生活遭到最多 "讥讽" 的方面。这种现象往往出现在大城市中，在不同制度的国家都是如此。这种形态特征曾经被认为是 19 世纪维也纳劳动者阶层公寓建筑的典型标志，人们形象地冠以 "租赁营房"（rent-barracks）的标签。[61] 维也纳多层公寓形态的 "异化特征" 很快就遍及了城市外部区域，而随着预制幕墙的应用，这种风格很快也征服了全世界。

无论是过去或现在，公寓建筑外观整体的 "无个性" 特征都应当受到赞赏，尤其是总体布局和内部幽暗的双走廊流线空间设计。这方面的最佳实例当属 19 世纪的公寓和少数 20 世纪早期公寓建筑，那时由于没有电梯，反而为人们之间的见面交往提供了更多机会。当然，这种交通组织方式也给老年人和残疾者的行动造成了不便。建筑师们一直在关注来自社会的响应，也一直在思考解决问题的有效方法。在探索人性化公寓设计方面，"莱斯酒店"（Les Hotel）具有一定的代表性，它曾是巴黎一座庸俗的高层建筑，内部房间在 20 世纪初期被改建成公寓空间。类似的成功案例，还有维也纳城区的一些 "单间公寓" 建筑，包括维也纳环城大道旁的两座公寓建筑——"贵族宫殿"（aristocratic palace/Adelspalais）和 "租赁宫殿"（rent palace/Mietpalast）[62]，以及分散在世界其他地域的一些个别公寓案例。

巴黎和后来在纽约建造的 "单间公寓"，以及维也纳的公寓建筑，都旨在将人们的生活从劳动中分离出来。

从威廉·莫里斯开始，人们重新探索将生活和工作场所结合在一起，英格兰的 "红屋" 则是他个人实践的代表作。"住宅－工作室" 类型建筑成为解决荷兰 "工厂" 空间存在问题的一剂解药，从而使所有艺术家能够在一起协同工作。

一段时期内，在欧洲产生将艺术家聚集到一座建筑内的现象，尤其是法国 19 世纪的 "乌托邦" 建筑。[63] 梵·高也曾有过类似的愿景，只是他更青睐乡野中的艺术家住区。在 "乌托邦" 理念的影响下，"理想化" 住区得以持续发展，例如 "巴黎工作室" 和 "纽约单间公寓" 建筑。只是这种同为艺术家提供的工作室和居住区的类型建筑，采用了个人主义和种族隔离的建造理念，使艺术家的生活和其他人群完全隔离开来。

相对而言，维也纳 "环城大道公寓"（Viennese Ringstrasse Apartments）的理念更加先进。它们综合满足了都市人群多种居住和工作需求，不仅体现出充满智慧的规划和适宜的布局，而且房间竖向组织方面也表现出巧妙的设计手法。维也纳公寓的底层通常用作商业空间，宽敞的生活用房设置在二层和部分三层，

奥托·瓦格纳（Otto Wagner）设计的维也纳公寓住宅
（图片来源：维也纳国家图片档案馆）

其余高层部分则是小型公寓房间。多年之后，许多国家纷纷效仿维也纳建造公寓，但是在建筑品质和社会性的体现方面，则都不及世纪之交建造的这组"环城大道公寓"。[64] 所有后来的居住建筑类型，给人的印象都是"19世纪"城市生活的产物，仅仅满足了上层社会和贵族精英阶层对居住和工作空间的需求，其中包括商界、政界和职业人士。我们应当对维也纳公寓对社会人群糅合的做法予以认可。

只是建造和开发服务于艺术家的"城市艺术空间"以及其后来的演化，主要还应归功于巴黎，然后是纽约。建筑师理查德·莫里斯·亨特为美国引进了艺术家住宅建筑类型，他设计的单间公寓，为艺术家提供了可以同时生活和工作的廉价空间。[65] 这种公寓内较大工作室的窗子达到两层高度，醒目的外观成为新公寓类型建筑的标志形象。

B.2 纽约的"单间公寓"住宅——第十大街单间公寓大楼

"第十大街单间公寓大楼"（The Tenth Street Studio Building）位于纽约西第十大街45号，是美国专门为艺术家建造的第一座住宅，由理查德·莫里斯·亨特于1857年设计。[66] 这栋为艺术家服务的大楼，虽然在建筑史中居于重要地位，却不幸在1956年被拆除，当时历史建筑保护法规尚未出现。该建筑具有鲜明的公共特征，建设理念接近将艺术家聚集在一起的"乌托邦主义"思想，有别于开发商在新类型建筑中谋求利益的思路。从这个意义上，亨特设计的这个项目，可以视为多年之后影响布歇在巴黎建造"拉胡石居"的案例。我们对此进行专门研究，是因为到 19 世纪 70 年代，尽管美国在国际上尚处于游离状态，但是"第十大街单间公寓大楼"仍然体现出了自身的明确价值[67]——它显然是许多年后纽约"单间公寓"类型建筑的样板，而且这种类型建筑也在 20 世纪最初的 20 年间得以蓬勃发展。

"第十大街单间公寓大楼"是首个专门为满足艺术家需求而建造的多层公共建筑。[68] 更早的综合性空间案例，只有卢浮宫在 18 世纪为艺术家和工匠们改造的那些内部毫无卫生设施的房间，1810 年的罗马"圣伊西德罗修道院"（Sant' Isidro）廊道改造案例，以及德国慕尼黑和杜塞尔多夫地方学校周边的住宅建筑。[69]

在美国建筑师当中，亨特是在巴黎美术学院接受教育的第一人。他非常熟悉该学院核心建筑中尺度巨大的、内部陈列着许多雕塑作品的中庭空间。笔者相信，亨特在"第十大街单间公寓大楼"建筑的核心空间设计中，就得到了巴黎美术学院中庭空间的启发。不仅如此，亨特显然熟知艺术家的特殊需求，他还接受过先辈们"乌托邦"思想的熏陶，包括法国社会主义学者莫里斯·拉·沙特尔（Maurice La Chatre，1814-1890 年）的观点。莫里斯·拉·沙特尔于 1852 年在自己的地产内置办了一个社区，他还委托亨特规划一座小型工业化单间公寓建筑，这座公寓建筑直到 1872 年才开始建造，并于 1873 年建成。在接受该社区建筑项目的设计委托之前，亨特就早已经为艺术家罗西特（T. P. Rossiter）设计了一座工作室住宅。罗西特曾在欧洲生活并与法国艺术家交往密切，他在巴黎曾委托亨特借鉴法国建筑风格设计了一座艺术家住宅，并亲自绘制出一些草图，而亨特则对这些要求给予了积极配合。[70] 因此，当收藏家詹姆斯·B. 约翰逊（James B. Johnson）决定投资建造一座独特的工作室大楼时，亨特便已经成为设计这种类型项目建筑师中的佼佼者。

"第十大街单间公寓大楼"是一座 3 层综合体建筑，其平面可以形象地被比作一个"方形面包圈"。[71] 建筑核心是一个比例匀称的公共展览空间，上部设有采光天窗，四角设有光线良好的内天井，由一条走廊环绕展厅三面并联系四周 25 个公寓工作室房间，走廊通过天井采光。工作室和公共展厅的采光效果非常良好。公寓设有不同类型房间，基本都是以单间工作室类型为主，只有部分房间在夹层内额外设有单独的卧室。[72] 工作室大小也有区别，有些是 15 英尺开间和 20 英尺进深，其余的则是 20 英尺 ×30 英尺的大小。[73] 这个综合体建筑内并未设置厨房，仅有浴室和卫生间，其中一些服务用房直接连接公共走廊，供开放日或展览期间观众使用。由于公寓房间的大小不同，公共走廊并未完全贯通。一个玄关直通较大的公寓套房入口，内设小楼梯可直接进入上部的一个小型阳台，这部分通常用作卧室或储藏间。

"第十大街单间公寓大楼"整个平面布局充分考虑到了开放和公共性使用需

求，展览空间和私人工作室也是如此。在举行对外开放活动期间，建筑能够充分发挥出公共性能。此外，为了迎合对外开放时大量的人流，在设计时特意将展厅设置为可以使整个空间流线"完全闭合"的"第四面墙"。

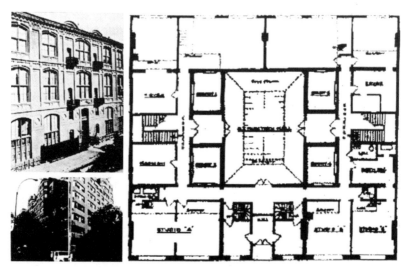

由理查德·莫里斯·亨特设计的"第十大街单间公寓大楼"，位于纽约西 45 街区第十大道。该建筑在艺术家住宅和"单间公寓"类型建筑演变历史中意义重大
左上：该建筑历史存档照片；右：由笔者根据安妮特·布莱格伦德（Annette Blaugrund）论文中的插图绘制成的平面图，此外还参考了哥伦比亚大学艾弗里图书馆（Avery Library）内的典藏书籍资料；左下：历史场地中重新建造的新综合体建筑
（图片由笔者提供）

　　每当举行公开活动期间，这座公寓内所有的单元都会对外开放，观众不仅可以欣赏公开展览，还能参观所有房间并体验内部活动。从这个意义上，亨特不仅尊重了艺术家宣传各自艺术作品的需求，同时还将艺术爱好者引入到实际创作场所当中，进入艺术家工作室内部身临其境。设计者并未关心材料的贵重与否，也未在意建筑形象是否"醒目"，而是关注使用者的需求以及建筑独特的服务功能。这些方面引起建筑评论家和首期住户的注意，其中一些住户不仅对该建筑的品质表示满意，而且在此留住的时间还长达 40 余年之久。[74]
　　显然，这座建筑的物质环境和公共属性不仅受到使用者的青睐，而且非常适合举行各种"活动"或"仪式"，此外，建筑空间自然地将艺术创作过程和艺术普及以及艺术传播等活动联系在一起。显然，艺术家关心艺术传播事业，项目投资者詹姆斯·布尔曼·约翰斯顿（James Boorman Johnston）也是如此，他也是一位艺术品收藏家。[75] 艺术前沿期刊《粉笔画》(Crayon)就曾对以上方面进行过专门报道:"这里的艺术家在待人接物方面明显地表现出高雅的风度和品味,作为从事培育优秀品德的专业人士,艺术家应当始终保持这方面的素养。此时的艺术家已经意识到,自己的房间才是展示作品的最佳场所,而这可能也是艺术家宣传并吸引买者的最佳方式。"[76] 当时,这座综合体建筑在纽约成为人们纷纷前往"探听了解"艺术家信息的"蜂巢"。[77] 而且,理查德·莫里斯·亨特本人在综合体内也拥有一个房间。温斯洛·霍默(Winslow Homer)很长一段时间都在此设有一间工作室,而租户中最多产的威廉·梅里特·蔡斯(William Merritt Chase)则保留了好几间工作室,他在一间工作室内创作他肖像画和世俗风格作品,两间用于男女生独立教室,第四间工作室则用于专门绘制他那些著名的探索性作品。[78] 两幅表现该公寓的绘画作品为我们展现了这座建筑内部良好的公共和私密性氛围[79],一幅是现存于纽约市博物馆创作于 1869 年的版画,还有一幅是威廉·蔡斯 1880 年创作的油画——《工作室内》(In The Studio)。

到了 20 世纪 30 年代,由于缺乏集中采暖设施,"第十大街单间公寓大楼"建筑成为贫困艺术家的聚集场所。雕塑家路易丝·奈维尔逊是综合体内租户中最后一位杰出艺术家,她从 1934 年 5 月到 1935 年 8 月在这里生活,她还向来访的朋友炫耀过自己工作室的三个房间,并介绍说:"原有的两个阁楼,一个比一个陈旧。"[80] 当时,这座早期前卫性建筑最吸引人的地方,是它每月 15 美元的低廉租金。

纽约的"单间公寓"建筑

由于城市的持续发展以及纽约艺术家群体人数的快速增长,条件适宜、经济合理的居住设施已经难以满足社会需求。而且,大量艺术家群体持续从"格林威治村"的"华盛顿广场"向城市北部迁移。由于纽约 67 大街中央公园西部的土地价格低廉,风景画家亨利·沃德·兰杰在此街区投资建造了许多建筑,包括专门为艺术家设计的高层公寓。其中三座大楼建在中央公园西侧与哥伦布大道之间,分别是建于 1901 年位于西 67 大街 27 号的"单间公寓楼"、建于 1902 年位于西 67 大街 33 号的"工作室公寓楼"(The Atlier Building),以及始建于 1906 年位于西 67 大街 15 号的"中央公园单间公寓楼"。三座大楼的外观并不突出,只是在主入口上方刻有大楼的名称,而且内部只为艺术家提供私人居住功能。从这方面看,这几座建筑的空间理念不如之前的"第十大街单间公寓大楼"那么丰富。然而,它们却称得上是成功的投资开发项目,不仅楼内生活的艺术家感到满意,而且其他艺术家也迫切希望能找到类似的居住设施。[81] 同一时期,纽约正在大量建设面向普通大众的公寓建筑。开发商纷纷寻找合适的投资模式,建筑师也在探索正确的设计方法,旨在城市高密度区域创造新的生活模式。世纪之交,是

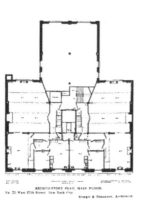

左和中：位于西 67 大街 25 号的"第 67 大街单间公寓"，由建筑师斯特吉斯和西蒙森建筑师工作室设计

右："中央公园单间公寓楼"的主入口

（图片由笔者提供）

纽约的公寓建设的英雄时代，威廉·沃尔多夫·阿斯特（William Waldorf Astor）在这一过程中扮演了主要角色，除他之外，还有一群折中主义（eclectic）建筑师以及亨特的追随者和弟子们，他们的内心深处早已接受古典主义和"布扎艺术"风格的影响。从开发商角度看，建筑平面形式和空间舒适感比外部形象更重要，毕竟，那个时期的建筑师都有能力处理好建筑的外观形象。这种大规模的建设活动产生一系列大型公寓综合体，例如"阿普索普大厦"（Apthorp）和"贝尔诺德大厦"（Belnord），它们都各占满城市的某一街区，两座建筑的中央都设有中心庭院，而由此，也产生了"中庭"式建筑类型。尽管这种类型建筑解决了公寓内部的采光问题，却没有实现投资者欲将田园环境引入城市的梦想。在这些建筑的中庭内部，除了表现巨大的空间尺度以及"布扎艺术"的庄重感和豪华家具的配置之外，并未营造出田园牧歌式环境。站在开发商的立场分析，这种类型的空间会造成巨大浪费，是不切实际的狂想闹剧。[82] 由此一些意识到半个世纪前建造的"第十大街单间公寓楼"成功的开发者，开始引导建筑师向那个方向努力，并找到了单间公寓类型建筑的这一剂解药，与其设置毫无用处而且投资巨大的室外空间，不如在房间内设置双层工作室，为未来住户提供更大的内部空间。伴随这种"单间公寓"类型建筑的应用推广，艺术家聚集区域也在同步转移，最终定位在曼哈顿中心 57 号地段，位于第六和第七大道（avenue）之间，并和位于西 57 大街 215 号的"纽约年轻艺术家联盟"大厦形成紧密联系。

　　建于 1901 年的"布赖恩特公园单间公寓"（Bryant Park Studios），是一座非常重要的多层"工作室"建筑，而且是由一位艺术家抱着为艺术家群体需求服务的理念而建造。该建筑的开发者是安德森，作为一位从巴黎返回纽约的画家，他自然而然地要求建筑师查尔斯·里奇（Charles Rich）的设计要与他曾在巴黎体验的建筑相类似。[83] 这座 10 层建筑的内部具有双层高的艺术家工作室，而且建筑的主要立面形象很好地表现出内部双层空间的特征。

纽约的"单间公寓"：从左至右："布赖恩特公园单间公寓""伦勃朗公寓""范·戴克公寓"和"盖恩斯伯勒单间公寓"
（照片由笔者提供）

"布赖恩特公园单间公寓"面向第 40 大街北立面的比例很完美，且安德森对内部空间的体验也给予了特殊关注。在空间内部，通过悬挂的彩锦引导，人们的视线从平面转移到高空，创造出一种强烈的动态体验感。这种引导人们整体感受的内部空间设计策略，首次在这座建筑中得到了运用，并在很久以后，由保罗·鲁道夫（Paul Rudolph）和约翰·波特曼（John Portman）进行了完善。

"布赖恩特公园单间公寓"的独特品质感染了许多艺术家和开发者。到了 20 世纪 20 年代，纽约被誉为了"单间公寓"的发祥地，而且居住人群中也同时包括了艺术家和普通大众。这些建筑与艺术有直接的关联，许多建筑以艺术家命名的情况可以证实这一点，类似的"伦勃朗公寓""范·戴克公寓"和"罗丹公寓"等等 [84]，还有位于西 59 大街 222 号面对中央公园的"盖恩斯伯勒单间公寓"（Gainsborough studios）[85]。上述所有"单间公寓"建筑的主立面都面朝北向，这样能使工作室获得理想的间接采光。而位于第 67 大街的几座"单间公寓"建筑则主要在这（采光）方面存在缺陷，这些建筑是由亨利·沃德·兰杰（Henry Ward Ranger）公司开发建设，虽然由当时最优秀的团队中的建筑师斯特吉斯和西蒙森进行设计，但他们的作品却还是没能很好地满足艺术家的使用需求。位于第 67 大街 27 号的公寓大楼除了门口上部的标识，再没有任何彰显艺术家工作室建筑的形象特征。

这栋单间公寓的东侧，也就是沿着公园边界的列克星敦大道那侧的"单间公寓"建筑类型得到了进一步的演化。[86] 因为对于普通大众来说，北向光线并不重要。这种建筑类型的大量涌现，不仅表现出多样的开发模式，更重要的是为市场提供了非常独特的多样空间类型。人们开始能够从不同的高度体验居住空间，而且双层高的空间为展示大尺度物品提供了可能，两层高墙面上可以悬挂织物，还可以布置巨幅绘画和雕塑作品。从这个意义上，"工作室"已经演变为"客厅"空间，也成为非艺术家的私人画廊，进一步提升了普通消费大众与艺术产品之间的关联度。这种"单间公寓"建筑逐渐受到广泛认可，尤其是年轻人和充满活力的人群，他们不仅能在其中展示自己积累的财富，同时在自己的这一年轻的生命阶段享受理想的复式空间。如果不是为艺术家的需求考虑，这种类型的空间绝不会出现在我们的生活当中。

B.3　纯粹的公寓居民

在若干世纪之前，只有那些极富裕人群和中产阶级中的上层人物，才能够享有类似专门为艺术家或者由艺术家亲自建造的住宅，尽管在每个时代的初期，欧洲那些激进的前卫艺术家们极大地推动了艺术的进步，但他们都经过很长一段的艰苦时期，才找到或者有能力享受舒适的公寓式居住环境。同时期还存在一种"怪象"，大多数欧洲包括美国的艺术家，都无法在早期享有专门为满足艺术家需求开发的豪华型"单间公寓"。而且，他们中的大多数不得不委身于昏暗且卫生条件极差的居住环境当中，里面的空间非常拥挤，工作室面积也极度紧张。事实证明，相对于大多数艺术家的居住条件，"单间公寓"类型空间具有超强的生命力。

这种公寓建筑类型留存至今，而且仍在与我们相生相伴，而那些曾在里面居住的艺术家，大多数已经被人遗忘或者知之甚少。而有些矛盾的是，在 20 世纪的艺术巨匠当中，也有许多人曾经在艰苦的公寓环境内生活，他们在里面勉强进行临时性创作，而且缺乏必要的保障。事实再一次证明：艺术才华与创作空间条件之间没有必然联系。

保罗·克利年幼时，他的家庭在伯尔尼拥有一个很大的住宅，他在二层的小房间内长大。保罗的父亲是位音乐家，他为了增加收入把住宅的部分房间对外出租，因此成年之后的保罗只能居住在外面的公寓，他利用临时的公寓内"房间"或者其他地方租赁的房间作为工作室。战前时期，他与妻子和孩子在慕尼黑一套三房公寓内生活，"房间位置在公寓大楼的第三层，下面是公寓的中庭，前面还有另一个大体量公寓建筑。"[87]

据保罗·克利的儿子费利克斯·克利（Felix Klee）回忆，他在房间内从未见过太阳，"房间内部总是昏沉沉的。"[88] 保罗·克利在日记中曾描述过他在慕尼黑居住的第一个公寓："……安米勒（Ainmillerstrasse）大街 32 号有一座别致的小公

保罗·克利出生地的校舍建筑
（图片来源：Rewald，1988 年）

寓，在二层右侧部位可以俯瞰花园景观。"[89] 在孩子眼里非常小且没有阳光的场所，在年轻的父亲心里却感觉大不相同，他认为："房间尽管有些阴暗，但还算得上舒适……"而且拥有"一个惬意、温暖的工作空间。"[90] 他的儿子多年后吐露实情，说公寓内他父亲的工作室简直就是一个厨房。借助费利克斯·克利的回忆，我们很容易重新模拟出这个公寓房间的平面布局，其中包括一个餐厅，一个起居室和一个共同生活空间。按照费利克斯·克利的介绍，厨房位置好像在大楼的另一侧，而不是在公寓单元内。或许他没有说清楚，厨房应该包含在三套间之内。无论怎样，这个厨房是公寓中唯一能够获得光线的房间，在这个空间内，同时还是优秀业余厨师的保罗·克利"边做饭边画画"。实际上，公寓中的每个空间都不止有一个功能。餐厅内有一架大钢琴，克利的妻子在那里给学生上钢琴课。而客厅则像是储物空间，里面"堆满笨重的深色家具"和另外一个钢琴，克利的妻子在这架钢琴上安装了一个"消音器"，她可以一直弹到深夜。公寓里最后的一个共同生活的房间，则成了他们夫妇和孩子的卧室，孩子在 11 岁时才到餐厅内母亲钢琴下面的床垫上睡觉。有意思的是，克利的家庭公寓房间的功能一直在变化，我们注意到钢琴下面的空间变成 11 岁孩子的睡眠角落，而具有双重功能的餐厅则时而转变为工作区域，厨房也作为工作室来使用。实际上，"功能揉捏"的手法是功能需求的结果，而且得到欧洲公寓居住者的即兴发挥，这种做法远远早于后现代主义的类似设计手法。

小小的厨房空间，不仅没有阻止保罗·克利多产的创作活动，也没有妨碍他和妻子之间的小提琴和钢琴二重奏，他们在里面得到了极大的快乐。至此，令我们联想起勒内·马格里特（Réne Magritte）的经历，他同样也曾在厨房或餐厅中绘画，而且为了腾出用餐空间，他常常需要移动画架和绘画工具。[91] 据了解，在所有著名画家当中，只有克利和马格里特两人持续把厨房或餐厅当作工作室使用，多数画家则在狭小的工作室空间内同时做饭用餐，这种工作室在蒙马特或其他地方数量很多。可以肯定，查尔斯·杜比尼（Charles Daubigny）在他塞纳河上作为工作室的小船上烹饪过鲱鱼，而布兰库西（Brancusi）不仅中晚餐习惯在工作室吃购买的牡蛎，他还睡在工作室内。还可以肯定，毕加索和马克斯·雅各布也曾在"洗濯船"里一起做过饭菜，而蒙德里安则在他巴黎工作室的开放布局内设置了厨房。此外，笔者曾亲眼看到，希腊画家杨尼斯·沙曼修在巴黎王妃大道上的小房间里烹煮西红柿。[92]心胸宽广、幽默大方的保罗·克利，也许不会介意他和马格里特一起被归入将"厨房当作工作室"的艺术家之列。

在保罗·克利生命中的特定阶段，他的"慕尼黑公寓"如同一个极乐世界。在此之前，保罗·克利体验过非常恶劣的居住环境，他曾在日记中记下了自己幼年时期的一段回忆，他称父母的公寓"类似一个营房"，而且祖母去世的房间给他留下了可怕的记忆，有一段时间他甚至害怕经过这个房间。[93]似乎所有儿童都会对家庭发生的死亡事件感到恐惧，而且，与私人住宅相比，在公寓遭遇的这种不幸经历会对人的心理产生更加严重的伤害。有些艺术家在童年时期就目睹过亲友死亡的场面，例如，热里科就曾悲痛无奈地参加他那还是婴儿的妹妹的葬礼，而马格里特在12岁的时候，就遭受了年轻的母亲溺死于桑布尔河（River Sambre）的打击。[94]路易丝·奈维尔逊人生的后半段，也曾有过类似不愉快的经历，她曾在自己隔壁房间里发现房东悬梁自尽的尸体。她当时立刻尖叫着跑开，并马上搬离了这座房子。[95]公寓生活中会频繁遭遇意外死亡的悲惨场面，这种现象在欧洲更加普遍。在美国，大部分人是在医院里去世，而在人口高密集的欧洲，却无法避免年轻人在公寓内意外目睹送别邻居"灵柩"的意外。如果远离战争和死亡的威胁，人间的一切将如同天堂。然而，保罗·克利却能够适应任何居住环境，无论是公寓房间还是旅馆客房，包括他朋友的公寓或是他包豪斯的宿舍。

在保罗·克利儿子的心目中，康定斯基的房间非常明快，他后来形容道："室内很典雅……表现出新艺术运动的风格，门被漆成了白色。"[96]康定斯基不愿意把自己的房间称为"公寓"，而简称为"GH"，即代表"花园式住宅"（Garden house）之意。[97]他始终偏爱田园环境，并一直在寻找用于度假的乡间住宅。康定斯基的公寓位于安米勒大街36-1号，其特色是有一个大阳台。康定斯基房间内的所有门都采用表现虚无的白色，这方面显然打动了一个儿童的心灵。在康定斯基的观念中，白色具有某种精神品质，他形容"……这种色彩具有无限的寂静感，能够震撼我们的灵魂。"[98]这两位邻里朋友之间显然不存在尊卑差异感，因为克利时常去康定斯基家中拜访，还经常把儿子托付给他们夫妇看管。

保罗·克利不仅幽默而且具有高尚的品德，只是这些特征并没有在照片中表现出来，他在所有照片中总是表情极其严肃。保罗·克利所参与的事务非常之多！

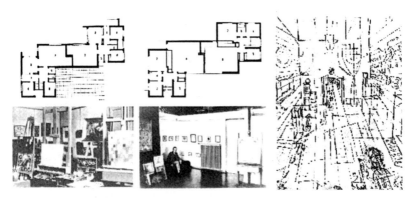

包豪斯教师公寓的典型平面图；保罗·克利的工作室；保罗·克利作品《房间》（*a room*）的构思草图，草图表现出他在线性空间秩序中对"自由度"的追求

[图片由包豪斯档案馆和费利克斯·克利提供资料。克利在包豪斯公寓的照片（下中）：由露西娅·莫霍伊－纳吉（Lucia Moholy-Nage）拍摄]

但是他的幸福感却从未受到生活品质方面的影响，而且他对公寓内居住条件也没有过任何抱怨。至少在他的全部日记中，我们并没有发现他对这方面有过什么任何抱怨迹象。恰恰相反，尽管条件有限，但他在自己的公寓中却过得相当惬意。例如一件刚刚买回的石膏模型台，也能让他表现出乐观心情（他在日记中写道："一个模型台，还是石膏做的。买就买了！！"[99]），而且他还把妻子祖母赠送的一个抽屉柜视为一份爱的纪念。他在日记中介绍，这个柜子有许多抽屉，足以分类装满所有工作用品。[100] 显然，保罗·克利关注的重点并不在于色彩，而是将个人对空间的要求放在首位，他从不试图对生活中的任何房间进行装饰，也不追求在空间内表现任何带有个人倾向的建筑理论概念，也不希望把空间作为招待朋友和展示自己作品的场所。保罗·克利的性情像一个快乐的儿童，只要触手可及，他会在任何物体上作画。但是在公众场合，他只一次表现出了极度兴奋的举动，那就是在突尼斯旅行期间，他心血来潮地在餐厅的抹灰墙壁上挥笔作画。[101]

康定斯基将房间视为精神场所加以精心设计，他是在与"通神论者"（Theosophists）密切接触的过程中形成了自己独特的色彩理念，"通神论"信奉色彩中的抽象性和精神力量，甚至认为白色和黑色也具有独特意义，即使许多人认为"白和黑"并不属于色彩范畴。[102]

对于保罗·克利来说，工作室只是一个实用性空间，几乎方英尺的具体空间足以满足他个人生活的基本需求，包括在里面进行绘画、拉琴娱乐，以及阅读书籍。这些行为在他的生命中同等重要，他也想方设法地在狭小空间内从事所有活动。战争期间，他作为空军新兵独自租住两个房间，一个用于作画另一个当作琴房。战后，保罗·克利在慕尼黑施瓦宾艺术家聚集区租下一套公寓，这套公寓可以视为是他第一个正式工作室。[103]

令人意外的是，除了克利曾经在几个小公寓的小房间内生活的事实，我们还在若干资料中了解到，他曾同时拥有过两处住宅和工作场所。这种情况发生在他第一次到魏玛包豪斯学院工作时期，他在魏玛生活的最初半年间，还同时保留着慕尼黑的公寓。他在这两个城市之间往返，每个月在两个城市各住 14 天。在魏玛，克利也是在一个房间内居住，那个房间位于一个 3 层建筑的第二层。从照片中可以看到，这个房间内部的光线很暗，而且堆满了古色古香的深色家具，令人感觉并不像是 20 世纪前卫画家的居住场所，而是收集各种古玩爱好者的房间。克利深爱自己的妻子和孩子，而且他充满个性和活力，还是一位优秀的小提琴手，但是在他所有居住场所的照片中都显示出非常"压抑"的氛围，丝毫没有体现出这位年轻画家活跃、随和、坚韧和好学的一面。笔者对保罗·克利房间的氛围十分好奇，其中似乎存在着漆器美学和新古典风格中"严谨"特征的影响因素，同时还流露出大钢琴和"弦乐器"（Strandivarious）的典雅品质，从而表现出一种古韵的空间情调，不过这并非出自他欲表现自己音乐家形象的虚荣心态。

在此，我们还要提醒大家注意，康定斯基也是位多才多艺的音乐家，他能演奏大提琴和钢琴。而且这两位画家的夫人也都是音乐家。克利的妻子教授钢琴，而康定斯基的第一任妻子加布里埃莱·蒙特（Gabriele Münter）则谱写歌曲音乐。克利和妻子时常一起表演二重奏，而康定斯基则经常对妻子的音乐创作提出建议，并亲自为伴侣改写某些旋律。[104] 毫不奇怪，康定斯基在德国和巴黎居住的房间并不像是视觉艺术家的住所，更像是一个音乐家的公寓。康定斯基公寓房间内那些厚重的窗帘、墙纸和古色家具，让人联想到南迪娅·布朗热（Nandia Boulanger）的传奇住宅。布朗热是一位颇有影响的钢琴教师和作曲家，在 20 世纪很长一段时间内，她的公寓一直是巴黎音乐家的聚会场所。[105] 保罗·克利和康定斯基这两位酷爱音乐的著名画家的公寓内的氛围，很有可能是受到了布朗热房间的影响。这种音乐性影响因素确实有存在的可能性，仅以格罗皮乌斯的第一任妻子阿尔玛·马勒为例，她曾把音乐带入包豪斯艺术家们的生活之中，而面对丈夫设计的那些承重墙体，她也许宁愿选择音乐家公寓室内的舒适氛围。阿尔玛·马勒和格罗皮乌斯，他们在美学的理解和交流方面存在着某种障碍。[106] 因此，克利和康定斯基两人的公寓之所以有类似音乐家公寓内的空间氛围，且有别于包豪斯的风格，也许就是因为受到各自音乐素养和他们音乐家妻子们的潜在影响。

当包豪斯校舍搬迁到德绍（Dessau）之后，克利别无选择地住到由格罗皮乌斯设计的教师公寓内。这些公寓建筑都留有完整的记录，而从建筑平面图和照片中显示，包豪斯公寓在舒适度方面比克利以往任何住所优越。

格罗皮乌斯设计的包豪斯教师公寓平面

包豪斯公寓注重为教师提供舒适的居住环境。公寓是一座摒弃形式"风格"和表面"装饰"的现代建筑，其中明确地表现出阿道夫·鲁斯从维也纳"分离派"时期开始倡导的设计思想。鲁斯主张建筑应当令人感到舒适，并强调建筑与艺术之间存在区别，他认为艺术作品要尽可能表现创造性，而住宅设计则应当注重"保守性"（conservative）。[107] 在这座公寓设计中，格罗皮乌斯将这些概念因素加以充分表现。公寓采用大窗口以获得良好的采光效果，内部空间比例适当且墙面很大，非常适合作为绘图和画画空间，此外，环境具有中性特征，也充分考虑到家具布置方式和特殊适应性功能。

对这些艺术家来说，艺术家租住房间的时代已经过去。对那些生活节俭而且个性明显的画家群体而言，格罗皮乌斯所为他们提供的住所，可以说是十分奢华的。露西娅·莫霍伊-纳吉拍摄的一张照片显示，保罗·克利正坐在德绍包豪斯学校工作室的一个角落，表现出一副不知所措的样子，就像一只受到惊吓的猫。也许那个空间大得超乎想象，令他暂时无法适应。[108]

在包豪斯工作几年之后，克利于 1931 年移居到杜塞尔多夫（Düseldorf），并在当地某个学校担任教授职位。实际上，这是他人生中第三次经历两个城市之间的通勤生活，他"14 天在德绍，14 天在杜塞尔多夫。"[109] 克利在杜塞尔多夫拥有一间大工作室，房间有三个窗子和两个炉具，他在工作室内亲自烹饪可口的饭菜。[110]

克利的最后一次搬迁是到了瑞士的伯尔尼（Bern），住在基斯特勒威格（Kistlerweg）大街 6 号某公寓的三个房间内，他和家人得以在那里暂时得到庇护，他仅用一辆面包车，就把家人、财物和画作从德国带到了瑞士的新居。[111]

公寓内生活以及频繁的搬迁经历，使保罗·克利学会过上了简约的生活，为了减轻负担，他尽量保持少量财物。同时，他的作品尺寸也很小。克利与贾科梅蒂以及年轻时的毕加索属于同类性格，他们都是在艰苦条件下创作小尺度作品。相反，大件艺术作品需要有固定的创作环境，亨利·穆尔和亚历山大·考尔德的情况就是如此。亨利·穆尔好像是出生在一个周边环境恶劣的煤矿小镇，他在那里度过自己的青少年时代。但在46岁的事业稳定阶段，他搬到霍奇兰（Hogelands）的房产内生活，此后他的作品尺度开始变得无比巨大，最终需要9间工作室用来保存所有的作品。类似情况也发生在拉里·里弗斯（Larry Rivers）身上，他曾经表示，如果没有找到"东14大街404号"那个面积近100平方英尺、顶棚高达16英尺的工作室，自己绝对不会想到要创作融合绘画和雕塑手法的巨幅作品——《俄罗斯革命》（The Russian Revolution）。[112] 联想过去那些在局促空间内生活的著名艺术家，他们若有机会得到宽敞而舒适的空间环境，又会创作出怎样的作品呢？这种假设非常有趣。如果是那样，诸如安迪·沃霍尔、罗森奎斯特（Rosenquist）、拉里·里弗斯、利希滕斯坦（Lichtenstein）、亨利·穆尔、亚历山大·考尔德等人或者保罗·克利和康定斯基的作品，是否也会表现出其他形式或者不同的内涵，或也将成为某种"流行艺术"？这个问题无法回答，我们只能认为，他们都在各自特殊的环境、包括一些艰苦的条件中愉快地进行了创作。

克利最后生活过的公寓其工作室房间外设有一个阳台。据他儿子介绍，该工作室面积不超过20平方米，建筑图板占据房间的大部分面积。由于当时克利的健康状态开始恶化，他已经不能在画架前站立作画，只能坐在凳子上伏案工作，他是在这张图板上绘制出的最后一件大幅作品。[113]

在居住公寓的艺术家当中，保罗·克利也许是代表人物之一，他毕生都是在公寓环境中生活。虽然勒·柯布西耶也是在公寓中度过一生，但他一直是在自己设计的空间内生活。[114] 相对而言，克利从未对自己的生活空间做过任何变动。因此，保罗·克利所代表的是那些学会按规则生活的人群，他们能适应任何可以工作的空间，在里面积蓄自身的创造性能量。克利拥有快乐而又儒雅的性格，他对"空间感"要求甚少，他不仅尊重他人的权利，而且严格遵守公寓内的公共契约。在他所有的日记中，没有一次被房东驱逐的记录，也没有因环境恶劣被迫搬迁的类似记载。保罗·克利是20世纪公寓栖居者中的精英，这类人群一定具有高尚的品德和修养，他们能够体面而融洽地与邻里共存于一个快乐平和的环境之中。

对于特立独行的栖居者来说，公寓内的限制近乎蛮横而专制，尤其是对音乐家而言，因为他们还需要遵守降低音量的额外规定。居住者的礼节风度、契约精神、自律约束、充满爱心等品德，也是欧洲公寓建筑向"艺术空间"演变的某种先决条件。

在以上所介绍过的栖居公寓的画家群体中，最著名的是康定斯基和蒙德里安，康定斯基曾经和保罗·克利在慕尼黑做过邻居。

我们将在"严谨秩序"一章中重点介绍蒙德里安，而在这里也有必要对他加以简要介绍。在 20 世纪艺术史学家心目当中，保罗·克利、彼特·蒙德里安和瓦西里·康定斯基（Wassily Kandinsky）三位画家的地位相同，评论界一致认为，他们在最终的艺术观点和影响力方面都非常相似。而笔者认为，这种将观点等同化的做法是极其错误的。许多艺术史学者之所以倾向于把克利和康定斯基归为一类，有时还加上蒙德里安，主要基于三位艺术家之间的友情因素、他们与包豪斯学校的关系原因、他们作品中所表现出的鲜活色彩，以及他们同属于"即兴"的创作表现类型。然而这种表面联系的观点，实则不能说明他们之间在深层次方面存在任何共同之处。

实际上，他们在品德和个性，以及生活态度方面存在很大差异。此外，他们对神秘主义的信仰程度也有巨大差别，因此"神秘论"对他们追求摆脱理论或精神框架的束缚，以及个性发展方面起到的作用也不尽相同。尽管有人研究过他们的个性特征，而且能够说明康定斯基和蒙德里安在以上方面的共同之处，但是，这些观点无一能够明确说明克利与康定斯基或蒙德里安在这方面的相似之处。尽管克利在所有公开照片中的表情都极其严肃，但据我们了解他其实是一个非常幽默的谦谦君子。保罗·克利并不是一个理论家，而且多年不从事写作，到了包豪斯学校之后，他才开始撰写"教学笔记"。[115] 与蒙德里安和康定斯基不同，保罗·克利显然不希望与任何神秘主义组织或"神秘论"扯上关系。[116] 事实上，克利的妻子深受鲁道夫·斯坦纳（Rudolf Steiner）的影响，但克利却没有。克利很了解自己的信仰在何处，他的信仰存在于自己的心中，而且他知道自己到底是谁。实际上，克利经常依仗年轻和自负而自称为"神"——一个"男神"，而且他的灵感总是有如神助，创作激情会"燃至迸发的临界点"。通过个人的求索和自律，克利扎实地进行着各种尝试，并通过自我完善的方式去"承担探索的使命"。[117] 他不仅具有哲理性思维，而且抱有强烈的自我批判意识。克利认为，死亡"不是毁灭，而是追求完美的奋斗过程"。他通过自省的过程，不断增强自信，而且逐步认清自己的能力。克利先把自己当作"神"，然后要求自己去寻找真正的"神"，那个位居众星之上的神。[118] 他总结说："我是一个画家，并与色彩融为一体。"[119] 克利在自己的艺术天地进行彻底的独立思考，这种自信的人不需要他人相助，除非他们与自己能力相当，或者有人具有类似音乐方面的专长，能够对自己产生影响。例如，克利在从军期间曾经阅读妻子寄去的鲁道夫·斯坦纳的著作，然而他却感到无法接受书中内容[120]，就像他不能忍受荷马（Homer）的著作一样，他曾用文字表白自己仅仅是为了消遣而阅读荷马。[121] 基于这种原因，克利仅仅停留在进入"神智学"的门前，尽管他非常了解自己的好友康定斯基已经身陷这一学说当中。克利在日记中写道："关于神智学，这种学说对色彩视觉感受的描述令我产生怀疑。

199

即使学说中不存在欺骗性，也是在自欺欺人。其中所涉及的色彩搭配规律差强人意，而且对色彩构成方面的论述非常幼稚。色彩中不可能存在数字逻辑，即使最简单的等式也具有许多内在含义。神智学有关教育心理学方面的观点也值得商榷。尽管是一种探讨性模式，但真理的发展需要经受考验。按照习惯，我只读完书中部分内容，因为很多方面我都无法接受。"[122]

克利凭借自己的努力，并通过日常阅历和生活方式，自然而然地逐步发现所有事物的本质，其中包括爱情和年轻时代的大量经历。而在探索过程中，他秉持海纳百川的理念，在应用实践方面始终保持严谨的态度。音乐、诗句和文学等方面，都成为克利包容性"调色板"上的组成要素，其中还包括他对自然的研究和旅行中的体验。所有这一切使克利对微小而普通的事物也产生了热爱，并热衷于研究这些事物的产生过程。例如，克利不喜欢圣彼得大教堂中米开朗琪罗的《哀悼基督》（Pieta）这件雕塑，他的注意力反而被教堂里的其他细节所吸引，他认为"所有风格天真的雕塑作品，它们的美源于自身强大的表现力。"[123] 克利后来从梵·高的生活经历、创造力、和进取精神方面得到启示。据克利自己介绍，他在创作的初始阶段过后，制作性工作强度会大大降低。[124] 他还用文字额外加以说明："创造性类似事物的本源，它存在于作品的视觉层面之下。所有智者只能通过真相发现作品的创作特征，而只有那些具备创新能力的人，才能事先认知创造性本源。"[125] 所有这一切，说明克利是在追求那种被苏格拉底称为"创造性浸渍"（creative impregnation）的周期，当他在作品后期完善阶段感到无聊时，这种状态会最终出现。上述观点可以在克利的日记中找到大量依据。克利以宽广的心智思索事物的本源，而康定斯基则是以非常实际的方式思考创作过程以及创造性本源并进而切中主题。正如有些人提出的观点，克利初期即兴创作的作品或那些广泛题材，都受到"分子"属性和出生前"胚胎"的特征影响。而对康定斯基而言，所有影响都直接来自"神秘学"方面，尤其是他深受"神智学者"的熏陶，不仅信奉宇宙起源学说，而且相信生命的进化与形式是单细胞（monad）形成原子核过程的结果，此外，还有遗传学理论。[126] 通过这些信仰的引导，使得艺术家能够把具有"类分子"结构形态的公寓空间作为工作和居住场所。事实上，蒙德里安使用公寓中最小的一个房间进行全面改造，而同时空间氛围也对他个性的转变相对地产生了巨大影响。笔者认为，通过蒙德里安居住的房间和内部紧凑的空间形态，我们可以清晰地理解人与空间的多重转换关系。此外，室内空间形成个人的宇宙环境，在塑造或改变使用者的个性方面产生反作用力。

这种小空间公寓，一般被称为"经济型公寓"或"起居"空间（英格兰术语），是由居住者创造出的属于自己的世界和秩序性环境。笔者认为，蒙德里安在巴黎以及纽约所居住的"类分子"（molecular）属性的公寓空间，对他本人产生了显著影响。空间的属性也浸入他的行为和艺术作品之中，紧凑的环境同时将他塑造成一个"自然人"和一位艺术家，正如他在紧凑且限定清晰的空间环境当中，画布成为他的表现空间，他在上面创造自己的理想世界。而且在意料之内的是，随着居住空间尺度的缩减，艺术家的个性也随之向着禁欲主义的方向发展。他们学会在极简和节俭中获得满足，而不是向生活索取更多条件。他们满足于充满智慧的空间，对财富和物质主义抱有鄙视态度。在他们的头脑中，最终充满自由和超脱的思想，并对有关人性的宏大主题以及无法看透的生死问题进行思考。因此毫不奇怪，20 世纪栖居公寓的艺术家，大都秉承着一种神圣的禁欲主义生活方式，其中有些人具有强烈的神学倾向，他们或者研究宗教和哲学著作，或者直接加入宗教团体并潜心研究传统宗教学说。皮特·蒙德里安于 1909 年加入神学教会"神智学组织"（Theosophical Society），并开始研究克里希那穆尔蒂（Krishnamurti）的思想。[127]康定斯基也曾深入研究过这些思想，而莉莉·克利一直对鲁道夫·斯坦纳的"神智学"理论及其著作抱有浓厚兴趣。其他艺术家也有类似情况，尤其是在音乐家当中，埃里克·萨蒂（Erik Satie）和纳迪亚·布朗热二人就是其中的代表。萨蒂一直是"玫瑰十字会"（Rosicrucian）的成员（该组织首先由路德信徒在德国发起，他们具有反 - 罗马天主教倾向);[128]而纳迪亚·布朗热则是一位颇具影响力的音乐家和教师，她终生都是一位虔诚的天主教徒。萨蒂和布朗热在各自领域内都称得上是禁欲主义者，这一点毫无疑义，且他们都曾在公寓内生活。萨蒂曾在荒凉的城市郊区一个公寓住宅的单间内居住长达27 年之久 [129]，该住宅坐落在巴黎阿尔克伊区柯西街 22 号，位于街角小酒店的上层，"四根烟囱"成为建筑的外观标志，房间位于二层且只有一个窗子；而纳迪亚·布朗热直到去世之前，都在巴黎巴利街一个极普通的公寓内居住并度过了 50 余年的时光。[130]这两位作曲家的公寓居住条件基本类似，区别主要在于使用效率方面，萨蒂一生中没有任何人到家中拜访，而布朗热的房间则"接待过来自世界各地的大量音乐家。"[131]

还有许多艺术家曾有过临时的公寓生活。例如毕加索和雷诺阿，他们都曾在巴黎的不同区域居住过多处豪华公寓，但他们显然从中并未获得过任何幸福感。而其他艺术家则都是虔诚的城市居民，他们不仅热爱自己的公寓，并对那里的邻里环境备加珍惜。

巴尼特·纽曼（Barnett Newman）、马克·罗斯科（Mark Rothco）和路易丝·奈维尔逊三人，他们在各自事业的起伏阶段，都曾在纽约一些著名的区域内享受过公寓生活。其他艺术家享有更多选择余地，例如那种平层布局的大套公寓，或者几层叠加的多套房间。希腊画家伊卡斯和古斯塔夫·莫罗相比，居住条件方面没什么区别，只是伊卡斯公寓的尺度要小很多。伊卡斯居住在雅典市中心的一座 5 层私人公寓内，他委托建筑师帕夫洛斯·米洛纳斯（Pavlos Mylonas）将第四层空

左：城市公寓演变成的故居博物馆。巴黎"古斯塔夫·莫罗博物馆"；
右：雅典"哈齐基里亚科斯·伊卡斯（Hatjikyriakos Ghikas / Νίκος Χατζηκυριάκος-Γκίκας）博物馆"
[照片由笔者提供。2014 年得到信息："伊卡斯公寓"最终馈赠给贝纳基（Benaki）博物馆]

间改造成私人作品博物馆并对外开放，而将第五层作为生活空间。[132] 而据了解，乔治·德·热里科在"西班牙广场"公寓内也拥有类似的两层空间。我们可以把他们这类画家视为公寓住户中的贵族。因此，德·热里科抨击其他享受在公寓内生活的人的这件事很令人费解，而他对安德烈·布勒东的攻击事件一度成为人们热议的话题。他强烈指责布勒东在巴黎方坦大道（Rue Fontain）的"豪华"公寓，那里曾经是人们的聚会中心 [133]，热里科本人也曾参加过两次。[134] 但是，如果联想到布勒东曾"指示"保罗·艾吕雅诋毁热里科在 1918 年之前的所有作品 [135]，也就不难理解热里科会"恶毒"攻击的理由。这种不世之仇，驱使热里科对布勒东进行了口诛笔伐。然而，我们却也因此有幸通过热里科的自传，窥视布勒东公寓的内部活力及其空间氛围，自传中介绍："住宅由一个面对克利希林荫大道（Boulevard de Clichy）的大工作室和若干房间组成，所有房间都达到了现代化的舒适程度。某些超现实主义者，一边宣传共产主义的纯粹理想并表明他们所抵制的方面，一边追求极其舒适的生活环境。他们不仅讲究穿戴，还要有美酒佳肴。这些人对穷人分毫不舍，对那些在物质或精神方面需要帮助的人，他们也从来不会伸出援助之手。他们会尽可能地减少工作时间，而实际上他们其实根本不工作。"热里科潮水般的指责，最终集中到公寓的场所氛围方面，而布勒东公寓内部环境又恰恰表现出超现实主义者极力发对的一些特征。这座公寓内设有很大的豪华沙发，热里科还向我们描述了布勒东的妻子和客人们坐在上面一起进入空想世界的场景。[136] 公寓墙面上的绘画作品烘托出室内整体氛围，其中有几件毕加索的立体主义作品，还有几幅德·热里科的抽象主义画作，"主人正准备介绍那些非洲面具，

202

以及几位超现实主义者中神秘人物的绘画和素描作品。"[137] 热里科从中联想起他大约十年前在阿波利奈尔（Apollinaire）公寓的感受，在他看来，这是一种"伪智主义的表现和荒谬的空想"。奥克塔维奥·帕斯（Octavio Paz）也曾参加过一次布勒东公寓内的聚会，当时，霍安·米罗也在现场。帕斯画了一幅别具特色的作品，非常真实地表现由主人营造出的室内个性氛围，他称布勒东"……具有远见卓识，并非是一个颓废之人。"[138] 但是，作为超自然主义者，德·热里科却无法接受他所看到的一切，他尤其不能忍受安德烈·布勒东在阅读时，偶尔起身在工作室内来回走动，高声朗读某些精彩段落，或者朗诵自己创作诗文的行为，热里科认为这些声音"非常恐怖"。

布勒东习惯在餐后邀请客人去他的工作室，围坐在半圆形桌前一起喝咖啡。[139] 德·热里科第二次到访布莱顿公寓时遇上了知识分子聚会，而且专门邀请一位具有特异功能的年轻人进行表演。[140] 直到目前，笔者尚未发现有关热里科第三次参加布勒东公寓内聚会的信息。因此，我们只能借助德·热里科这位布勒东的"故人"的日记内容，在脑海中获得这座公寓的空间氛围，并深入了解当时中产阶级的生活环境。笔者认为，乔治·德·热里科在这个案例中，即使他并非情愿，但对我们来说却真真是一位帮了大忙的朋友！

在布勒东和德·热里科之间的长期争斗过程中，保罗·艾吕雅扮演了一个特殊角色。热里科认为艾吕雅是整个事件的罪魁祸首，因为艾吕雅不仅参加了 1923 年的"罗马双年展"，而且购买了德·热里科 1918 年之前超自然主义时期的几幅绘画作品，于是他抓住这一机会抨击了德·热里科后来的所有作品。

回顾历史，对艺术家住宅或工作室进行指责或者持反对意见者当中，我们找不到任何一位曾如此毒舌方式之人。那些独立的私人住宅，不仅从外观上表现了居住者的观念，而且彰显着主人的个性。在大城市中很难找到类似住宅，因为所有生活单元被极普通、毫无个性的"面具"形象所遮挡，而使用者和使用空间的真实性也都隐藏在了建筑内部。尽管这种情况在所有建筑中都存在，但想要清晰地了解公寓栖居者的情况和他们的个性，依旧会因此面临重重困难。

保罗·艾吕雅也曾在公寓内生活，虽然他那座公寓建筑具有中产阶级情调的全部特征，但通过克劳德·罗伊（Claude Roy）感性的笔墨，其场所内卓越地表现出了质朴和真实性特征。接下来是对艾吕雅公寓的相关描述："他居住在夏贝尔大道 [rue de la Chapelle，现在是马克思 – 多莫伊 – 艾德大道（Rue Marx-Dormoy-Ed.）]，周围环境昏暗、嘈杂，但却非常朴实。在一个工薪阶层住宅内，楼梯踏步上没铺装红地毯，房间经过精心布置，室内所有摆设类似我们在精美图书、漂亮绘画以及艺术品画册中所见到的物品。公寓内有些前哥伦布时期的雕塑和一尊由某位狂人雕刻的、坐在宝座上的国王雕像，还有恰加尔、热里科、马森

（Masson）、毕加索、达利（Dalis）等艺术家的作品……所有作品都用尺度适当的蓝色油布作背景，类似我们牛乳咖啡杯具下面的垫布（下划线由笔者添加）。艾吕雅身上总是带有实用主义的权威性气质和表情，但他却经常到当地群众中走动，尤其是常和朋友往来。他相信友谊，而且把友谊当作生命中不可或缺的要素，如同空气、面包、书籍等等……他似乎仅凭博爱、冷水和诗歌就能生存，有时，只是少量威士忌就能令他满足……艾吕雅的诗句还造就了一男一女两个人，因为'艾吕雅'不仅仅代表保罗本人，也代表着努施·艾吕雅（Nusch Eluard），她一直温文尔雅地陪伴在保罗身边，她纤细苗条，而她那清澈自如的神态，是否可以比作保罗·艾吕雅的诗？"[141]

因此，有女人在里面生活的公寓，"就像是保罗·艾吕雅的诗"；而没有女人的空间，内部品质"就如同蒙德里安的绘画！"

以上是一些人与空间融为一体的实例，在这些案例中，某个人创造出属于自己的空间，同时这个空间也塑造了他本人。我们在此讨论了场所中的无形氛围，在这种环境当中，一个人的内在品质和他的作品融为一体，而场所也是他身体和灵魂向外延伸的部分。

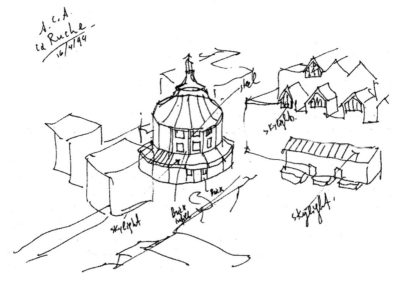

笔者绘制的"拉胡石居"核心建筑草图，1994 年 4 月 16 日于巴黎

注释／参考文献

1. 即，勒·柯布西耶曾被视为过去建筑的引导员（Ushers）之一，一个充满"……浮夸瑞士言辞"（turgid Helvetian rhetoric）的食古不化的人：见《建筑评论》（*Architectural Review*），卷 Lxxiv，第 443 号，"笼罩雅典卫城之光"（Light over the Acropolis），1933 年 10 月，139 页。

2. 见奥赞方（Ozenfant），1952 年，第 328 页。

3. 同上。

4. 另见 Wilensiki，1940 年；及奥赞方，1952 年，第 318-329 页。

5. 见普里多（Prideaux），1966 年，第 31 页。

6. 弗里德伦德（Friedlander），1970 年，第 93 页。

7. 关于席里柯（Gericault），同上，第 93 页，及汤姆·普里多（Tom Prideaux），1966 年，第 33 页。

8. 德拉克鲁瓦（Delacroix），1971 年，第 154 页，给查尔斯·苏利耶（Charles Soulier）的信，1829 年 1 月 28 日。

9. 有关雕刻见《插图》（*L'Illustration*），1852 年；另同上，第 130-131 页；另见米尔纳（Milner），1988 年，第 29 页，及佩皮亚特（Peppiatt），1982 年，第 64 页。

10. 德拉克鲁瓦，1971 年，第 173 页。

11. 德拉克鲁瓦，《德拉克鲁瓦日记》（*The Journal of Eugene Delacroix*），1824 年 3 月 30 日，沃尔特·帕赫（译），第 68 页。

12. 佩皮亚特，第 152 页。

13. 福什罗（Fauchereau），1987 年，第 6 页。

14. 关于光与热，见菲尔波特（Philpott），1983 年，第 72 页；另关于光与梵·高，见菲尔波特，1983 年，第 67 页。

15. 巴尔（Barr），1946 年，第三版，1980 年，第 22 页。

16. 见弗里德伦德尔（Friedlaender），第 99 页。

17. 佩皮亚特，第 154-155 页；另见海特（Haight），1991 年，第 17 页。

18. 关于布拉克（Braque）和他的工作方法，见佩皮亚特／贝洛尼（Bellony），1982 年，第 126 页。

19. 迪希廷（Düchting），1990 年，第 108 页。

20. 米尔纳，1988 年，第 237 页。

21. 见《建筑实录》（*Architectural Record*），"法国建筑学派对美国的影响"（Influence of the French School of Architecture in the United States），第四卷，纽约，1984 年，第 211 页。

22. 德拉克鲁瓦给查尔斯·苏利耶的来信，1829 年 1 月 28 日；另见德拉克鲁瓦，1971 年，第 154 页。

23. 同上，第 154 页。

24. 即奥赛博物馆（Musee d'Orsay）面向普通人群的迷你刊物，见 Lacambre，1991 年及 Lacambre，1987 年。

25. 米尔纳，引前，第 31 页。

26. 见菲尔波特，引前，第 45 页。

27. 同上。

28. 法菲尔德（Fifield），1976 年，第 159 页。

29. 法菲尔德所引 Sendrars，同上，第 141-142 页。关于"拉胡石居"（La Ruche）的更多信息，可参考夏加尔（Chagall）的回忆，当中为画家因物理缺陷和综合式住宅的噪声所经历的困苦时光提供了翔实的证据，见夏加尔，1989 年，第 103、107、108、113 页。

30. 关于"拉胡石居"的早期描述，见佩皮亚特，引前，第 128 页；另见法菲尔德，同上，第 159 页。

31. 来自笔者对一位身为保护"拉胡石居"艺术家委员会成员的访问，1994 年 4 月 16 日。

32. 米尔纳，引前，第 230 页。

33. 关于戴维（David）和布歇（Boucher）的所有相关信息，见布鲁克纳（Brookner），1980 年，第 40 页。

34. 贝津（Bazin），1964 年，第 197 页。

35. 见布鲁克纳，1987 年，第 14、15 页。

36. 布鲁克纳，1980 年，引前，第 17 页。

37. 同上，第 40 页。

38. 见戈德施奈德（Goldscheider），1962 年，第 28 页。

39. 同上，第 41 页。

40. 《美国建筑师》（*The American Architect*），1902 年 7 月 6 日，第 96 页。

41. 更多信息，见布莱格伦德（Blaugrund），1987 年。

42. 见布莱格伦德，1987 年，第 57 页。

43. 见《美国建筑师》（*The American Architect*），1902 年，第 14 页；另见霍斯，1993 年，第 167 页。

44. 更多描述，见《美国建筑师》，1902 年，第 14 页。

45. 即，见路易斯·保罗·罗萨先生（Mr. Louis Paul Dessar）的工作室，见章节"联合单间公寓大楼"（A Co-operative Studio Building），出自《建筑实录》，第 XIV 卷，1903 年 10 月刊，第 243 页。

46. 见伯西尔中的相关文件，1972 年，第 11-12 页，第 21 页及第 18 页。

47. 佩皮亚特，引前，第 127 页。

48. 引前，第 130 页。

49. 见笔者与"拉胡时居拯救委员会"（the committee for the salvation of La Ruche）成员的采访。

50. 帕泰（Patai），1961 年，第 148-149 页。

51. 同上。

52. 见伯西格尔（Boesiger），第 11 页。

53. 佩皮亚特，引前，第 130 页。

54. 伯西格尔，引前，第 11 页。

55. 见勒·柯布西耶（Le Corbusier），1960 年，第 44 页。

56. 同上，第 305 页。

57. 见班纳姆（Banham），1960 年，及斯坦尼斯劳斯·冯·莫斯（Stanislaus von Moos），1983 年。

58. 相关争议，见贝格尔（Berger），1989 年，第 15 页，及第 171-173 页。

59. 即见特纳（Turner），1977 年。

60. 同上，引自 Plate 21, 144（b）。

61. 朔尔斯克（Schorske），1979 年，第 47 页。

62. 同上，第 48 页。

63. 布莱格伦德，引前，第 13 页。

64. 更多关于该公寓的内容，见朔尔斯克，1981 年，第 47-55 页。

65. 布莱格伦德，1987 年。

66. 贝克（Baker）提供了该公寓的当下住址：51 West 10th Street；该公寓的住址本应是"15 West Tenth Street"，而布莱格伦德错误地提供为"14 West 10th Street"，因此也造成了一些混淆。格尔顺（Gershun）所提供的住址也是"51 West 10th Street"，即在该街北侧的那栋房子。布莱格伦德提供的"14 West 10th Street"，是马克·吐温（Mark Twain）在纽约时所柱脚的地方，也与我们所说的"the 10th Street"上的那栋房子没有任何关系。笔者于 1994 年的造访证实，位于"the 10th Street"上的那栋单间公寓实际上（在 1994 年）位于"45 West 10th Street"，一块原先由彼得·沃伦（Peter Warren）住宅所占据的地块上。

67. 布莱格伦德，1987 年，第 14 页。

68. 有关于该项目的细节，见安妮特·布莱格伦德于哥伦比亚大学（Columbia University）进行的一次感人至深的演讲，即见布莱格伦德，1987 年，卷 I 与卷 II，另见布莱格伦德，1982 年。

69. 布莱格伦德，1987 年，第 75 页。

70. 同上，第 57 页。

71. 最早关于该工作室建筑的相关描述，见《The Crayon》，卷 5，1858 年 1 月，第 55 页，重印于布莱格伦德，1982 年，第 64 页，后期相关描述，见贝克，1980 年，第 93-107 页，书目相关信息，见第 481-482 页，布莱格伦德于 1982 年引用于其引用目录，第 64 页，另引用于萨拉·布拉福德·兰多（Sarah Bradford Landau），1986 年，第 49-58 页；安妮特·布莱格伦德《1987 毕业论文》（The 1987 Dissertation），1987 年在哥伦比亚进行的学术演讲，完全是关于位于"第十大街"的这栋单间公寓建筑，当中提及了一幅相关的平面图图表，见布莱格伦德，1987 年。

72. 见萨维奇（Savage），1988 年，第 3 页，兰多（Landau）曾提及，当中一共有 12 间公寓拥有只有半层楼高的卧室，见兰多，1986 年，第 50 页，详细内容见布莱格伦德，1987 当中的平面图图表。

73. 贝克，1980 年，第 93 页。

74. 关于该建筑的早期关于其谦卑与成功的相关评论，及其对其租户的珍视，见斯凯勒（Schuyler），1895 年，第 99 页。

75. 见库尔申（Kurshan），1988 年，第 3 页。

77.1857-1895 年租户名册，见布莱格伦德，1982 年，第 67-71 页。

78. 布莱格伦德，1987 年，卷 II，第 307 页。

79. 上面提到的发表文件，见布莱格伦德，1982 年，第 65、67 页。

80. 利勒，1990 年，第 103、114 页，注释：利勒，没有将这栋建筑称呼为"第十大街单间公寓大楼"（the Tenth StreetStudio Building）的一位，并将奈维尔逊（Nelson）的工作室定位在了"51 West Tenth street"（与 Baker 所用的地址相同），在爱德华·拉姆森·亨利（Edward Lamson Henry）的画作中，在一个挂在工作室外一棵树上的金属牌子上如是写着，这幅画名《第十大街上的老旧标语》（*The old sign on Tenth street*），1977 年 2 月，现收藏于纽约的国家设计学院（the National Academy of Design），相关图片见布莱格伦德，1982 年，第 68 页；相信"51"的号牌一定持续使用至路易斯·奈维尔逊（Louise Nevelson）时，1994 年笔者造访时该号牌已不存在。曾经的"第十大街单间公寓大楼"最新的地址是 1994 年 8 月的"45West 10th Street"，另见上面的 71 号注释。

81. 见《建筑实录》卷 14："联合单间公寓大楼"（A co-operative studio building），1903 年 10 月，第 233-254 页。

82. 霍斯（Hawes），1993 年，第 165-167 页。

83. 同上，第 167 页。

84. 关于罗丹工作室（Rodin Studios），见萨维奇，1988 年。

85. 关于盖恩斯伯勒单间公寓（The Gainsborough Studios），见库尔申，1988 年。

86. 关于纽约市公寓类型演化的具体记录，见霍斯，1993 年。

87. 里瓦尔德（Rewald），1988 年，第 23 页。

88. 同上。

89. 见克利（Klee），1964 年，第 207-208 页。

90. 同上。

91. 见马贝恩（Maben）与莫里茨（Moritz）的视频作品《勒内·马格里特先生》（*Monsieur René Magritte*），亚历山德罗斯·约拉斯（Alexandros Iolas）曾说，马格里特曾在他妻子在厨房做饭的时候，在旁边工作，见斯塔索利（Stathouli），1994 年，第 83 页。

92. 相关信息出自多个传记，"布朗库西对牡蛎的喜爱"（Brancusi's love for oysters），引自：斯塔索利（Stathoulis）对约拉斯（Iolas）的引用，1994 年，第 87 页；关于知名希腊画家沙鲁修（Tsarouchis），见罗迪蒂（Roditi），1984 年，第 125-135 页，及萨巴库（Sabbakhw），1993 年。

93. 克利，1964 年，第 4 页。

94. 西尔维斯特（Sylvester），1969 年，第 7 页。

95. 利勒（Lisle），1990 年，第 64 页。

96. 里瓦尔德，第 29 页。

97. 那是见拥有花园的公寓，见康定斯基（Kandinsky）给阿诺尔德·舍恩伯格（Arnold Schoenberg）的信，1911 年 9 月 21 日，科克（Koch），1980 年，第 31 页。

98. 见康定斯基，《艺术精神》（*the Spiritual in Art*）希腊版，章节 "To pneumatikosthnTexnh"，第 110 页。

99. 见克利，1964 年，第 207-208 页，同上。

100. 保罗·克利（Paul Klee），《日记 1964》（*Diaries 1964*），日记Ⅲ，#926。

101. 同上，第 290 页。

102. 有关康定斯基对不同颜色的不同定义，见《艺术精神》希腊版，"To pneumatikosthnTexnh"章节，第 100-120 页。

103. 同上，第 33 页。

104. 见科克，1980 年，第 135 页。

105. 关于南迪娅·布朗热（Nandia Boulanger），见肯德尔（Kendall），1977 年。

106. 见希罗德（Giroud），1989 年，第 212 页。

107. 朔尔斯克，1979 年，第 339 页。

108. 同上，照片见第 48 页。

109. 同上，第 48 页。

110. 同上。

111. 里瓦尔德，引前，第 48 页。

112. 里弗斯（Rivers）/ 温斯坦（Weinsten），1992 年，第 447 页。

113. 里瓦尔德，引前，第 51 页。

114. 关于勒·柯布西耶的公寓，见桑德（Sand）关于其的早期文章，1935 年，第 73-76 页。

115. 见克利，1969 年，寄克利，1969 年（2）。

116. 另见坎贝尔（Campbell），1980 年，第 224 页。

117. 日记Ⅰ，克利，1964 年，第 52 页。

118. 日记，克利，1964 年，第 58 页。

119. 日记，entry # 9260，第 297 页。

120. 日记Ⅳ，1918 年，《保罗·克利日记》（*Paul Klee Diary*），1964 年，Entry 1087，第 378 页。

121. 日记Ⅳ，Entry 1079，第 372 页。

122. 日记Ⅳ，Entry 1088，第 378 页。

123. 日记，1902 年 5 月，第 67 页。

124. 保罗·克利，日记Ⅲ，"突尼斯之旅"（Trip to Tunisia），第 307 页。

125. 日记Ⅲ，第 308 页。

126. 即见皮尔逊（Pearson），1957 年，第 104-117 页。

127. 韦森比克（Wijsenbeek），1968 年，第 32 页。

128. 见迈尔斯（Myers），1948 年，第 21 页。

129. 见迈尔斯，1948 年，第 37 页，另见沃尔塔（Volta），1989 年，第 70 页。

130. 肯德尔，1977 年，第 1 页。

131. 同上。

132. 伊卡斯（Ghikas）于 1995 年 9 月 3 日去世，他曾在各种各样的家庭中居住，无论是在富丽堂皇的宫殿式住宅当中，还是在海德拉岛和科孚岛，抑或是在位于巴黎的小旅店房间和小工作室当中，他都能很好地进行创作。他的晚年是在位于雅典他家族的一栋分契式公寓当中度过的。关于伊卡斯的公寓，见伊卡斯，1991 年，第 22、23、61、62、64（关于他在海德拉岛的住宅于 1961 年烧毁的描述）66、89、95、97、99、88、89 页。关于对伊卡斯及其去世后私人工作室住宅的描述，见 "insert inKathimeriniEpiphilides"，1995 年 1 月 15 日，第 8-9 页。

133. 关于此类聚集的事例，以及空间所有者的性格是如何影响空间氛围的，见帕斯（Paz），1987 年，第 280 页，当中他特意写道："……正是布勒东（Breton）本人使得这狭小的居住空间变得敞开，并延申到另外一个不可估量的真是空间"。

134. 关于德·热里科的亲自许可，见德·热里科（De Chirico），第 115 页。

135. 德·热里科，第 115 页。

136. 同上，第 123 页。

137. 同上，另见："关于布勒东公寓物质与空间心理学元素的无偏见描述"（For an un-biased describtion of the physical and space psychological elements of the Breton apartment），见帕斯，引前，第 280-283 页。

138. 帕斯，1987 年，第 281 页。

139. 相关信息见帕斯，引前，第 282 页。

140. 同上，第 124 页。

141. 引自艾吕雅（Eluard）作品中由克劳德·罗伊（Claude Roy）撰写的序言，1975 年，第 9-10 页。

© 安东尼·C. 安东尼亚德斯（Anthony C. Antoniades）

7 艺术空间：
艺术和艺术家对建筑学的贡献

室内氛围：从"柔和"基调演变为"白色"

伊斯坦布尔进入"陋巷"商店的入口
（照片由笔者提供）

第7章　室内氛围：从"柔和"基调演变为"白色"氛围

从文艺复兴到法国新古典主义很长一段时期，许多画家都用绘画表现建筑的室内外空间，其中乔托的表现手法独具一格。他采用去掉室内某片墙体的方式，使内部空间产生类似建筑模型的效果，也很大程度上表现出他对古典风格的浪漫追思。

乔托的《受胎告知》(*The Annunitiation*)和他的学生内里·迪·比奇（Neri di Bicci）创作的
《天使报喜》(*Annuntiation*)
（图片来源：Eimerl，1967 年；Chastel，1988 年）

文艺复兴和巴洛克时期的画家对室内空间抱有极大兴趣，他们也创作出很多表现室内空间的绘画作品，只是随着照相机的问世便逐渐减少了。画家的想象力不仅能渗透到空间内部，而且他们能够掌控内部空间特征。而大多数 20 世纪的摄影师却很难获准进入室内进行拍摄，也很难能够描述内部发生的故事。通常，我们只能看到那些经过"特许"的摄影师用镜头表现的室内空间，他们偶尔还可能会臆造出某些虚构的场景（例如 D. D. 邓肯的摄影作品，以及某些毕加索工作室的照片）。

但是在巴洛克时期，建筑和绘画的表现主题不仅深入到内部空间，甚至延伸至天空当中。之后的许多画家作品中也表现出类似手法，其中的代表性人物有鲁本斯和伦勃朗，以及后来"新巴洛克"流派中的德拉克鲁瓦。这三位表现主义大师的作品色彩绚丽，且更注重表现空间的情感氛围，而不是单纯地描绘特定环境。德拉克鲁瓦常采用具有诗意的笔触表现令他痴迷的异国室内环境、大地景观，特别是摩洛哥的文化和空间。北非地域文化对其他著名画家也产生过特殊影响，尤其是保罗·克利，他对突尼斯街道景观和那里咖啡店的色彩产生了深刻印象，并从中找到了属于自己的色彩。在保罗·克利的日志中，有一段描写他在突尼斯旅行中的某一兴奋时刻："……我完全和色彩融为一体，并感到自己是一位画家！这正是此刻的意义。"[1]

历史上，佛兰芒画家曾两度将室内空间作为表现主题，一次是在 16 和 17 世纪，另一次则表现在以蒙德里安和范·杜斯堡为代表的 20 世纪"风格派"画家的作品中。事实上，从维米尔到蒙德里安的四百年期间，荷兰绘画艺术中存在一条强劲的联系链。事实上笔者认为，这种连续性和演变特征，类似蒙德里安几个工作室之间存在的差异和变化迹象，具体表现在他阿姆斯特丹的第一个工作室以及后来的巴黎和纽约工作室当中，尽管他本人对这方面提出过一些否定观点 [他曾批评荷兰的传统空间，认为室内家具布置过于随意，他提倡对空间进行"固定式"（fixed）布局]。

皮特·蒙德里安的巴黎工作室，由 Nancy J. Troy 根据现存照片复原
左：工作室内景之一，花瓶中是一枝手工制作的白色郁金香
中、右：工作室内景之二和工作室轴测图
（图片来源：Jeffe，《风格派艺术 1917-1931 年》）

如果将印象派想象为室外绘画群体，人们马上会联想到一位擅长表现室内空间的画家——约翰内斯·维米尔（Johannes Vermeer）。画家蒙德里安，则在作品中同时表现室内和室外空间（在早期自然主义创作阶段之后，他曾创作了一些表现纽约室内外景观的作品），他后来通过位于巴黎和纽约的个人工作室，将自己关于空间方面的理论性概念转化为实际。[2]

通过维米尔的作品，我们很容易将他视为擅长描绘室内细节的艺术家，他非常重视空间光效、肌理和材料特征，包括各种粗细界面的并置关系，以及空间内的整洁秩序、宁静氛围等方面的品质。通过这种表现方式，维米尔试图唤醒人们的空间情感，以及对舒适家庭环境中的安全感、宁静感和亲切感等方面的体验。简言之，维米尔以室内生活环境为背景，对建筑中的各种构成要素全部加以表现。

我们也可以把维米尔视为擅长"特写"的画家，他采用只有照相技术才能达到的精细效果进行绘画。维米尔通常在作品中表现室内一角，近距离描绘尺度相对较小的室内空间。在表现室内一角的画面上，他常常将一个转折面与观看的视线平行设置，再利用若干平行界面产生的层次感表现空间深度。有些界面置于前景，后部界面则融入画面背景当中，画面中间的负空间则成为人的活动区域。他还通过周围的光线区分各个界面，画面前部空间层次的光线通常较暗，中间"行为"区域的亮度则很高。在维米尔作品的画面上，主要人物的面部和衣服上的光感都非常强烈，而背景层次则通常都笼罩在自然光线之中，金灿灿的阳光透过窗户倾泻入室内，并在空间内部由左及右逐渐减弱。维米尔所有表现室内空间的作品都有一个突出特点，即光线都是由左向右进入室内，他多数作品中的窗户都位于画面左侧。显然，这位艺术家的多数作品是在工作室内创作的，而且画面的光线特征也许是他头部习惯性转动的结果，因为人的头部自然形成从右到左向心脏方向转动的趋势。

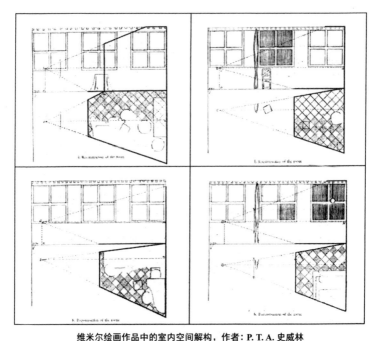

维米尔绘画作品中的室内空间解构，作者：P. T. A. 史威林

[图片来源：P. T. A. 史威林（P. T. A. Swillens），《代尔夫特画家：约翰内斯·维米尔 1632–1675 年》（*Johannes Vemeer: Painter of Delft 1632–1675*），UTA 建筑图书馆典藏书籍]

维米尔的室内绘画作品通常表现出垂直线型构图特征，而且矩形画面的比例分隔严谨，产生整体和谐的效果。据有关研究介绍，在维米尔身上表现出追求科学的倾向，且他在画面构图中能够精准地运用黄金分割法则。他经常利用某种带有逆向力的动感要素强化作品构图中的垂直线型主导秩序，例如由打开的窗帘、桌布、女士的裙子形成的某种角度，或者人物身体角度的特殊变化。在其他情况下，他通过表现地板铺装的角度来强化逆向作用。维米尔在室内绘画作品中遵循和谐的垂直线构图法则，不仅使画面获得动态均衡感，而且通过笛卡儿坐标系中的识别性和精准性特征，也使作品产生了宁静、安详的氛围。画面直角构图关系非常明确，没有其他任何角度。维米尔的作品，表现出非常基本的美学设计原则，他不仅运用光线、空间肌理、材料品质等要素丰富画面效果，而且精心选择逆向元素使作品产生动态张力。在建筑学范畴，在日本传统建筑和风格派建筑的构图语言中能够发现类似秩序，只是其中并未表现出逆向张力。笔者认为，维米尔在这一演变过程中作出了杰出贡献，或许可以将他视为日本民族与现代社会联系纽带上的关键人物。也可以进一步认为，维米尔对日本艺术在现代基础上的演变起到了关键性作用。关于将斜线引入笛卡儿坐标系的构思，蒙德里安和范·杜斯堡之间产生了不同观点。最终，范·杜斯堡认同维米尔在笛卡儿坐标系内引入张力的理念。所有方面也都说明，维米尔对建筑学的确作出了巨大贡献。

维米尔工作室

维米尔对建筑学的贡献，主要体现在他的绘画作品——《画家工作室》（*A Painter's Studio*）当中，一些学者认为，他还有20余幅作品描绘的是同一个空间细节。这是一个神秘的空间，因为画面表现的实际工作室至今尚未找到。有些学者试图从研究该工作室入手，揭示这位画家的神秘个性，他们将查找维米尔具体工作室作为一项关键性研究内容。而维米尔的个人生活方式和他所有奋斗经历，也对他工作室的演变产生了直接影响。

维米尔在反抗法兰西国王的战争中身亡，当时他年仅43岁，身后留下年轻的妻子和11个需要抚养的孩子。此后，维米尔的名字被那个时代的艺术史学家排除在研究者名单之外。而他的作品也在长达

约翰内斯·维米尔《画家工作室》

两个多世纪的时间里被完全忽视，直到 19 世纪才重新得到认可。维米尔创作的全部作品，以及他美学方面的整体思想和绘画构图语言，都表现出工作室这一核心主题。从 19 世纪末开始，涌现出大量关于"维米尔之谜"的传记著作，而且不断显露新的信息。[3] 在维米尔的研究者当中，菲利普·L. 黑尔（Philip L. Hale）取得了开拓性成果，他从代尔夫特"维米尔家族档案"获得基础性研究资料，并注重对这位艺术家工作室和绘画作品的研究。后来有一些学者还专门研究维米尔作品中的细节特征，在他们中间，史威林（Swillens）提出了一些有趣的假设，他认为维米尔的工作室本质上既像是一个系统，也类似一个室内空间。史威林认为，维米尔会根据预期构图效果任意移动室内家具，将它们按照画面需要的位置摆放。在整体构图方面，史威林强调："画面表现的空间效果比实际更清晰。类似情况确实有可能而且经常发生，某件物品尽管在实际空间处于合适位置，然而置于画面之后的整体效果却并非令人满意。而由于在画面上色彩之间鳞次栉比，不仅强化了画面的整体协调性，而且也产生了强烈的对比效果。因此，尽管空间内物品摆放位置从任何角度观察都很理想，也可能需要根据构图改变室内整体布局。"[4] 人们对这方面已达成共识，同时也说明为什么使用者一旦拥有某个空间，他可能马上就会开始进行改造，结果完全改变了那些遵循现代建筑原则设计的空间构成，或者打破了按照蒙德里安构图法则或参照笛卡儿坐标系形成的协调性平面布局。而阿尔瓦·阿尔托以及许多设计三维空间环境的艺术家，也摆脱了笛卡儿坐标系的制约，借助模型分析的方式或在实际空间内做出最终决策。这正是范·杜斯堡试图尝试的方法，也是他与蒙德里安进行关于角度介入争论中坚持的理念。维米尔并未实际表现出荷兰室内空间的具体特征，而且他认为有必要移动室内家具并重新进行布置，以获得理想的画面构图效果。然而令人产生疑问的是，他的绘画表现出某种无序的空间特征，且家具摆设也很随意，并没有体现出类似建筑师或艺术家的布局理念。

而维米尔对色彩的运用，则是另一个精彩绝伦的故事。虽然他的作品画面总是笼罩在自然光线之中，但背景墙面却成了室内外光线汇聚的部位，并形成了画面的高潮区域。有些时候，画面左侧的色调更为明亮，有种火焰般的张力和蓄势待发的阳刚之气，同时也能感觉祥和的室内氛围即将被左侧的光线所唤醒。某种程度上，画面背景墙成为室内外空间亲密联系的环境基础，同时缓解了房间平面存在的缺陷和矛盾。而且，维米尔也通过表现家庭生活和居住空间氛围，重新激发了生命中的喜悦之情。室内墙面对光线并不起反射作用，其中存在两种原因，一种是史威林的观点："墙面上的画作、地图、家具等物品"可以吸收部分光线[5]；还有一个是笔者的个人观点：即维米尔试图打破所有实际规则，并创造某种心理暗示，以产生笔者之前提出的那种室内外交织的氛围。史威林也曾提及维米尔作品中的"柔和"色调。[6] 然而，许多人都忽视了维米尔表现室内作品中充满活力的"黄色"基调，只有文森特·梵·高能够认可这种黄色氛围，且不仅给予了充分赞赏，并也从中受到人性化的影响。是否存在一种可能，维米尔绘画中的黄色基调，正是影响蒙德里安在作品中使用黄色的先例？当然，还要考虑另外的可能性，即"通神论"者对蒙德里安产生的影响。而面对维米尔赋予重要意义的黄色基调，蒙德里安或许也并不会无动于衷。

史威林认为，维米尔的绘画构图中具有自由性特征，并认为通过调整室内家具的摆放，可以使其在画面中处于适当的位置，从而增强画面构图的整体协调感。如果这种解释是正确的，那么尽管蒙德里安声称自己和那些荷兰传统艺术家有所区别，但他无疑也受到了维米尔构图语言的影响。同时，密斯·凡·德·罗以及现代笛卡儿主义运动中所有建筑师，由于他们后来都受到蒙德里安的影响，因此从逻辑上可以认为，现代建筑构图语言是在一位画家的构图手法基础上演变而来的。

"帷幕"（curtain）也是维米尔绘画作品中重要的空间元素之一。"帷幕"不仅是画面构图的需要，而且有可能对现代建筑空间氛围产生一定影响。我们再次通过蒙德里安的案例进行比较，他曾在阿姆斯特丹的第一个工作室，用悬挂于顶棚的幕布划分室内空间，这种手法明显具有荷兰绘画的特征，而且贯穿整个维米尔时代，成为笛卡儿主义者长时期使用的表现手法。维米尔把帷幕作为绘画中的功能性要素，用于控制室内光线。为实现这一目的，他在整个房间内设置了许多从天棚下垂的幕布，但所有幕布都不会与窗口平行设置。通过采用幕布划分空间的方式，维米尔对背景光线进行切分（他的工作室有三个窗子），而且室内所有百叶窗都可以关闭。通过这些做法，维米尔在室内营造出理想的光照环境，且进而创造出"空间中的空间"。利用幕布或界面，不仅可以避免在画面产生双重阴影，而且能使整个画面显得更为宁静。设置从地面到顶棚或接近顶棚高度的界面，成为现代建筑设计的常用手法，其目的是为了获得连续的三维空间，不仅能够明确空间边界，而且可以营造出特殊的环境氛围。阿尔多·范·艾克（Aldo Van Eyck）设计的"临时展廊"建筑，就是这种设计手法的杰出案例。展廊设计采用从顶棚垂吊黄色绘图纸形成一些弧形界面，将展览空间划分成若干区域。

通过各种探索，维米尔试图在一个较大范围内限定出某种"个性空间"。这种空间通常比画家在画面中表现的要大很多，而且它不是一个重新建造的房间，而是一个空间中的空间，是从较大空间中用幕布划分或围合出来的局部空间。而且，这种空间是画家按照创作室内作品的需要，尤其是光线和观察距离等方面的要求严格限定形成的。在此意义上，结合一些继承和发展"个性空间"的案例研究，可以认为维米尔是创造出了一种具有特殊功能的空间原型，并在许多年之后由建筑师进一步加以演变，并最终形成我们所说的"开放式布局"。可以认为，维米尔工作室是早期开放式空间的案例之一，并在经过20世纪荷兰画家、蒙德里安和风格派艺术家的不断完善后，"开放式空间"便最终成为密斯和勒·柯布西耶的核心建筑理念。

在此提出"开放布局"如何产生以及可能产生的原因：即在绘画艺术演变过程中，艺术家始终认为"室内"和"室外"存在某种辩证关系。最初，艺术家基本是在工坊内工作，尽管他们偶尔也会直接到室外进行短期写生或收集创作素材。然而，由于不利因素的限制，许多工作很难在室外进行。尤其遇到大风天气，在户外画图会非常困难。例如地中海岛屿上兵工厂的造船工程师们，为避免图纸被风刮走，他们往往直接在木板上绘图。即便那些著名的风景画艺术家和许多印象派画家，也只在户外绘制草图或准备前期工作，然后便回到工作室安静的环境中完成创作。[7]有些画家在工作室内仅需要一个光源，保证能看清画面并辨别色彩即可。以毕加索为代表的抽象主义画家，他们甚至不需要自然光线，仅凭自己的想象力便可以进行创作，对他们而言，灯光环境就足以满足创作要求。[8]与这两类画家不同，以维米尔为代表的创作静物题材或表现室内空间的画家，则至少需要两个以上的光源，来自窗口的光线用于照亮表现物体，另一个光源则用来保证创作画面的亮度。以维米尔为例，他在室内描绘家具等所有物品，包括各种作为画面构图要素的装饰品和道具的过程中，需要与表现对象之间保持足够距离，至少大于静物的摆放间距。正因如此，他的工作室空间大到三个开间，而且需要保证充足的光线。[9]维米尔的所有住宅内，都设有一个具有两到三个窗子的大房间。他的工作室成为解决这些特殊需求的场所，他不仅在室内研究解决所有绘画技术、光线条件以及布景等关键性问题，而且在创作生涯阶段也额外做出许多突出贡献。在此提醒大家注意，维米尔曾担任圣路加公会（Guild of St. Luke）领导人长达十年之久，期间他还肩负维护代尔夫特画家群体利益的神圣使命。

在艺术家当中，也许是维米尔最先在工作室采用的"带形窗"形式，他或许还是使用开放式布局的先驱。维米尔工作室兼备居住和工作的双重使用功能，此外，他还会在同一空间内划分出多种活动区域。

蒙德里安的阿姆斯特丹工作室，同样具有类似特殊功能，而当中也表现出荷兰艺术家工作室的典型特征。相反，鲁本斯等其他艺术家工作室的内部氛围，或多或少地都受到意大利文艺复兴时期空间塑造理念的影响。维米尔不仅能够控制空间的尺度，而且在内部重新组织各种界面，他对开放空间进行划分的同时，还限定出若干特殊活动区域。他的空间内部拥有许多绘画工具和调色器皿，例如专门用于调色的石桌。维米尔在创作时，调色工作通常是由他 11 个孩子中的某一个人来完成，或者让某个学徒充当自己的调色助手。[10]黑尔指出："石桌是大部分荷兰工作室的惯用工具。"[11]维米尔工作室的大空间内，至少有两人在同时工作，这个起居空间也许是住宅中的一个较大的房间，也可能将正面两个房间打通而形成的大房间。无论是哪种情况，这个起居室都拥有漂亮的窗户，而且空间布局都具有开放和灵活性特征。

这是一个完美的房间，拥有几个华丽的窗户，窗棂经过精心设计，尽显这位杰出艺术家工作室的个性特征。[12]

在维米尔的工作室中，可能有许多学徒在同时工作，甚至包括他的几个孩子。与那些相对富裕的艺术家住宅类似，维米尔住宅内或许也有许多房间。如先前所讨论的，伦勃朗住宅内拥有若干彼此独立的工作室，这些空间可以供学徒们同时使用。当然，维米尔收取的学费也是相当可观的。[13]

维米尔的子女很多，他们中有些人可能做过父亲的助手。有人猜测，维米尔《年轻女子肖像》（*Portrait of a young Woman*）的作品人物原型就是他的女儿[14]，而实际上也有这种可能。研究发现，丁托列托的儿子多梅尼科和女儿玛丽埃塔都曾经作过父亲的助手，他们后来也都成为画家。[15]埃尔·格列柯的儿子豪尔赫·曼努埃尔（Jorge Emanuel）不仅在多方面协助过父亲，他偶尔还会以儿童的形象出现在格列柯的作品之中 [例如《奥尔加斯伯爵的葬礼》（*the Burial of the Count of Orgarth*）中的儿童形象，此画现藏于托莱多圣托柯教堂（church Greco），参见后面介绍格列柯章节中的图片]。豪尔赫·曼努埃尔也曾以同样的方式协助母亲埃罗尼玛（Heronima）工作[16]，他还经常帮助父亲处理财务和生意上的一般性事务。维米尔子女们的经历也是如此，女孩可能负责工作室的清扫工作，她们将室内打扫得一尘不染。保持环境整洁是荷兰人，尤其是荷兰画家的共同特征。荷兰画家最忌室内存在灰尘，某些西方画家也是如此（例如乔治亚·欧姬芙和乔治·布拉克），但是这类具有洁癖的艺术家少之又少。荷兰画家的调色板始终保持一尘不染，而且他们的工作室通常处于洁净状态。当停止作画时，他们通常会用布把画面盖上，以防落上灰尘。[17]

因此，可以肯定，维米尔曾居住在一个很大的住宅当中，不仅能满足大家庭的居住需要，同时住宅内至少设有一间工作室，而且内部也具有前面介绍的"开放性"空间特征。另有一些案例，能证明艺术家享有豪华的居住环境，例如伦勃朗和鲁本斯的住宅，以及意大利文艺复兴时期某些画家的住宅。维米尔和蒙德里安城市住宅内的工作室，与历史上某些画家的奢华工作室之间存在巨大差别！有证据表明，在所有豪华型工作室当中，位于威尼斯的丁托列托的"住宅－工作室"当中拥有 24 个房间和一个大图书室，而且室内常常乐声缭绕，传闻中的"位于托莱多的埃尔·格列柯工作室"也基本如此。丁托列托常和家人一起演奏乐器，而格列柯在绘画时则经常聘请两个乐师在旁演奏音乐。[18]同样，维米尔工作室内部也具有类似氛围，此外内部还具有浓郁的生活气息，并充满着维米尔对子女们（实际是他的助手）的爱意。与上述案例相反，蒙德里安工作室却是一个与世隔绝的封闭空间，这位禁欲主义者身边没有任何人相助。

维米尔对提升日本文化影响力的贡献

可以明确地认为，在发展绘画构图语言、塑造空间形态以及营建室内氛围过程中，维米尔与日本文化产生了不解之缘。而且，通过维米尔及其崇拜者们的传播，日本文化后来对"欧洲艺术"和"现代主义运动"也产生了一定的影响。黑尔在对维米尔详细的研究过程中，顺带提出了自己的一种观点，他认为维米尔的绘画构图理念"深受日本绘画艺术的影响，别无其他可能。"[19]

在荷兰的杰出画家中，梵·高最崇拜的是维米尔，而且梵·高后来对日本绘画也产生了浓厚兴趣。事实上，梵·高是在安特卫普港接触到的日本绘画印刷品，当时，"从港口的小商品店到市中心的豪华画廊，都把日本绘画复制品作为大众艺术对外销售。"梵·高用买回的日本绘画印刷品装饰他那"凄凉的房间"，他还曾专程去伦敦观看日本画展，这足以说明他的痴迷程度，他也最终从日本绘画中得到了深刻的启迪。[20] 在阿尔勒小镇，田野里开满黄色和紫色的鲜花，使梵·高在脑海中产生在日本的"梦幻情景"。[21] 梵·高于 1888 年 6 月在阿尔勒（Arles）创作的名为《拉克罗：市场花园》（*La Crau: Market Gardens*）的绘画作品[22]，画面便充分地表达出他内心的日本情结。或许，维米尔也有可能在荷兰见过日本绘画作品，也同样受到感动。历史上，荷兰与日本两国之间很早就存在贸易往来，因此与其他国家相比，日本绘画作品和进口货物早已在荷兰家喻户晓。维米尔和梵·高这两位不同时代的艺术家，他们都很有可能被日本绘画的构图形式所吸引。还有另一种可能，那就是他们发现了日本艺术中的某种特殊品质，而类似品质在他们二人所处的环境之中早已存在，同时也是他们自己祖国遗产中的一部分，那就是蕴含在低地草原中的水平和竖向景观，那些具有笛卡儿坐标系特征的几何型田野和沟渠，以及那些鲜艳且纯粹的黄色、红色郁金香和翠绿色的大地景观。梵·高在后期绘画当中，把这些景观要素"奉若神明"［例如他最后一幅作品《杜比尼花园》（*The Daubigny's House*）中表现出的绿色情结］。众所周知，我们常常对角落周围的小众事物无动于衷，但是，如果变换观察位置则会欣然接受。也许，维米尔和梵·高的案例便是如此。从他们之后，各种事物开始愈发容易被人们所接受。例如蒙德里安和特奥·范·杜斯堡，便很自然地遵从了笛卡儿参照系法则，并传承使用黄色系以及其他原色。[23]

维米尔作品中的空间形态，与乔托描绘的"隔间"类型截然不同，且与安托内洛·达·梅西纳（Antonello Da Messina）创作的《书房里的圣杰罗姆》（*St. Jerome in his Study*）的画面空间形成鲜明对比。维米尔表现的空间形态，是在大范围内用边界限定形成的，并非是在某个大体量内产生新的三维空间。这种类型的空间明显具有现代意义，类似密斯·凡·德·罗设计的"巴塞罗那展馆"空间。维米尔表现的内部空间，似乎具有某些类似蒙德里安作品中的构图元素。但是，对维米尔作品中的开放式布局特征和整体氛围的认识，需要观察者具有重构性想象力。史威林分析认为维米尔工作室内具有多个光源和窗口，尽管他的观点容易理解，但是笔者却很难接受他对维米尔许多绘画中关于房间特征的重构解析。[24] 史威林是根据作品阴影的观察分析得出结论，而且基于假定的透视法则，他认为不规则的房间与画面整体构图没有联系，并与平面中蕴含的笛卡儿坐标系法则也毫无关系。如果房间平面特征与史威林设想的一样，那么维米尔绘画中的直线型构图将会产生严重变形，而且画家在作品中设计的最基本构图理念也将会消失殆尽。笔者认为，维米尔的空间具有某种启迪性意义，尽管笔者也承认他可能会采取重新布置室内家具的方式获得理想的笛卡儿几何构图形式，但他的工作室内部绝不可能处于临时和无序状态。

所有上述因素，综合形成艺术对建筑学产生贡献的联系链，从维米尔开始，经由风格派画家和蒙德里安发挥的作用，这种连续性因素一直影响到现代主义建筑。然而，在这一具有历史渊源的传承链上，建筑师们接收跨界影响的行动却非常迟缓，他们更乐于关起门来和同行之间进行交流。只有密斯·凡·德·罗在包豪斯工作期间，在"业内同行"之间广泛传播蒙德里安和风格派画家的相关信息。那些从事室内空间设计的建筑师，能够欣然接受表现"室内氛围"的范例影响，而从事单元空间设计的建筑师，却只满足于从密斯那里获得符合笛卡儿参照系法则的二维空间语汇。

可以肯定，勒·柯布西耶也曾受到维米尔的影响，他将维米尔绘画构图语言与表现室内氛围的卓越手法结合在一起，并且完美地运用到了拉图雷特教堂（La Tourette）和朗香教堂（Ronchamp）的设计之中，堪称是维米尔的杰出弟子。当然，出于他的一贯性格，勒·柯布西耶并没有对这位画家表示适当的谢意与认可。

在 20 世纪，率先将笛卡儿参照系法则和纯净的原色应用到建筑当中，的开拓者并不是建筑师密斯·凡·德·罗或者是勒·柯布西耶，而是艺术家蒙德里安。

通过色彩的运用，能够在建筑空间内部创造丰富的色彩氛围，且不仅仅表现材料本身的色彩肌理。路易斯·巴拉甘和里卡多·莱雷塔在这方面取得了非凡成就，他们不仅在建筑中运用了净的原色，而且还借鉴使用了诸如墨西哥、埃及、南美洲等地传统的，以及希腊岛屿上淳朴的民间色彩。在路易斯·巴拉甘之前，无人尝试将蒙德里安作品中的几何特征与建筑色彩结合在一起。由路易斯·巴拉甘设计的墨西哥城吉拉尔迪将军府（house for general Giraldi），内部空间就是体现这种手法的完美案例。里卡多·莱戈雷塔对这种设计语言进行了更深入的研究，而且转化运用到前所未有的大尺度综合性建筑当中。莱戈雷塔设计的一些内部空间，令人联想到维米尔作品中的室内氛围。而在旅馆、商业设施以及私人住宅等其他项目中，莱戈雷塔使用的红色和蓝色令人感到震惊，所有建筑都笼罩在人们从未体验过的色彩氛围之中，并创造出充满情感、宁静而又灵动的空间环境。

如果没有维米尔和由他形成的影响链，也许不可能产生上述建筑。莱戈雷塔从不掩饰对维米尔的敬意，他经常向笔者坦诚诉说维米尔对自己配色风格的影响。在这种影响下，莱戈雷塔创造出许多蓝色和红色的感性空间，而且所有建筑仿佛笼罩在来自天堂的光环之中，令人感到无比惊喜。他的建筑是一部色彩交响乐，只是其中唯独没有白色……由此，我们联想到另一种室内基调，即应用广泛而且发展迅速的"白色"氛围。

莱戈雷塔的建筑色彩，得克萨斯州南湖喜来登大酒店

（照片由笔者提供，更多相关内容见笔者发表于《A+U》《A+T》杂志，以及《建筑的世界》杂志中关于巴拉甘和莱戈雷塔的内容）

白色氛围

白色能使室内产生完全不同的独特氛围。白色会给人以轻盈和失重感，同时还具有"超越"和"飘逸"与"无限"的情感特征，并表现出纯粹、宁静、中性等方面的品质……有时，白色似乎令人感到包罗万象，而有时又使人感到空无一物，其中蕴含着人类在"宇宙（普适）空间"生存所需要的所有人性化特征。我们即将探讨"20世纪末画廊"空间的白色基调，这种氛围是通过其他艺术引入建筑学领域中的，尤其是画家和摄影师对此作出巨大贡献。

瓦西里·康定斯基、卡济米尔·马列维奇（Kazimir Malevich）、拉斯洛·莫霍伊－纳吉（Laszlo Moholy-Nagy）等艺术家，他们皆为研究白色的先驱。这些艺术家献身于极简主义的理想并进入艺术的精神境界，他们关注空间的抽象性本质，而且在作品中表现黑白分明的艺术效果。在他们中间，很难证明谁被谁影响，或者谁率先获得了成功。在康定斯基和马列维奇之间，由于涉及各自所在地理位置以及所处时代方面的因素，很难证明谁率先在这方面做出了贡献。而在上述艺术家当中，却不难看出康定斯基对拉斯洛·莫霍伊－纳吉产生的影响。1910年，康定斯基撰写出《论艺术的精神》（*Concerning the Spiritual in Art*）一书，并于1912年在德国首次出版，他从精神和神秘性这两个维度论述了自己对绘画本质的思考。在著作中，他阐明了白色中存在的张力和意义，并强调了白色作为"伟大的寂静”与“本初的存在”的媒介而可以对人类灵魂所产生的影响：“从白色中能想象出宇宙冰河时期的地球状况。”[25]

在上述艺术家当中，只有卡济米尔·马列维奇，对表现白色或“白上白”（white on white）的可能性进行了探索。后来，拉斯洛·莫霍伊 – 纳吉这位在包豪斯极具影响力的教师也受到马列维奇和康定斯基的影响，并对这方面进行了探索。正如博蒙特·纽霍尔（Beaumont Newhall）对纳吉摄影作品的评论所言：“这些作品对于这位摄影师来讲，如同‘白上白’在画家马列维奇心目中的意义。”[26] 纳吉是蒙德里安的朋友，而且两人曾长期保持书信往来。[27] 在包豪斯期间，纳吉通过自己的实验性摄影作品以及画面结构形式，向建筑师们传播经验性空间概念。然而，在纳吉的这一举动之前，马列维奇和蒙德里安等艺术家，以及摄影家阿尔弗雷德·施蒂格利茨（Alfred Stieglitz）和乔治娅·奥基夫（Georgia O'keeffe）等人，早已将“白上白”氛围的理念成功地运用到了实际作品以及现实空间当中。如果，将康定斯基明确视为“白上白”氛围的理论奠基者，那么马列维奇则无疑是创作“白上白”作品的实际主角。

马列维奇的“白色”

相对而言，马列维奇将黑白两色给予了同等的对待。通过“黑白”两种色彩的研究，马列维奇获得探索自己关于“宇宙（普适）状态”理念的机遇，这一理念超越作品色彩和形象方面的特殊意义，以及观察者的认知模式。正如萨拉比亚诺夫（D. V. Sarabyanov）在评论作品《黑色方块》（Black Square）时所指出的那样，马列维奇试图创造某种“使人面对虚无却又包罗万象”的状态[28]，或者像马列维奇本人表述的那样，他试图“将一切都减少至完全虚无”。[29]

卡济米尔·马列维奇的“白上白”系列作品
左：《至上主义绘画》（1921-1927 年？）；中：《黑色方块》（1929 年）
右：“两座建筑”——建筑的抽象性
（图片来源：卡济米尔·马列维奇，阿姆斯特丹市立博物馆内藏书和幻灯片）

　　显然，马列维奇表现出对功能性的蔑视，他对那个时代的功能主义建筑也缺乏尊重，在个人著作中，他也仅仅提及了少数自己认可的建筑师 [例如特奥·范·杜斯堡、勒·柯布西耶、赫里特·里特韦尔（Gerrit Rietveld）、沃尔特·格罗皮乌斯和阿瑟·科恩（Arthur Korn）等人[30]]。在他看来，这些建筑师都把建筑视为超越功能本身的实体艺术，认为他们的作品有别于那些由构成主义建筑师（constructivist）设计的建筑，而构成主义建筑过于关注内部功能。马列维奇将自己的绘画演变为"至上主义"（suprematism），且用一系列作品验证了"至上主义"理念。沿着这一思路，他提出有关建筑学的理论性观点，并通过模型和图纸，尝试表现了三维和抽象的"至上主义"建筑形态。在马列维奇的定义之外，对"至上主义"更准确理解或许是"艺术至上"理念，即艺术是人性的永恒，且应当被"视为生命的全部内涵，只有如此，人生才会美丽"。[31] 至于在建筑学领域，艺术普遍被忽视，而这其中的原因，马列维奇归咎于工程师、军事家、经济学家和政治家，因为他们从来不追求艺术。[32] 在各种场合，马列维奇对投机者和"懦弱的建筑师"加以指责[33]，他还指出了引领艺术逃脱投机者魔掌的道路方向，甚至还进一步阐明了艺术超越建筑学的至上地位。[34] 身为职业画家，马列维奇长期关注教育事业，他在俄国革命时期主持莫斯科苏维埃艺术管理部门的工作，而且作为著名艺术家，他身兼数个行政职务，并担任美术学院的教授。[35] 马列维奇把理论与应用结合在一起，只是他的应用性实践都集中在艺术范畴，并未涉及建筑学领域。严格意义上，马列维奇的空间概念始终通过画面产生，虽然像所有画家一样，他从绘画上得到抽象性和自由的空间，但他始终未能将这些概念应用到实际建筑环境之中。许多年之后，马列维奇用言语和文字描述的空间理念通过他人之手被化为现实。

　　"蓝玫瑰展"（"Blue Rose" Exhibition）是马列维奇一生当中的重要经历，这次展览不仅对这位艺术家自身的蜕变具有重大意义，而且也是室内空间氛围后续演变的标志性事件。这次展会预示出马列维奇未来的表现，且展览空间初步形成了后来实现体验的内部氛围特征。这方面，马列维奇在他的自传中曾加以特殊详述。"蓝玫瑰展"由俄罗斯某一前卫艺术流派发起，在 1907-1924 年间持续举办，马列维奇把这段时期称为"绘画的黄金时代"。[36] 这一流派中的画家被要求"具有进入高水平抽象主义画家行列的资格，这些大师们对高品质花香具有敏锐的嗅觉，他们在画面上力求使人感觉到类似蓝色玫瑰所散发的芳香气味……"[37] 马列维奇对该展览空间进行过全面描述："展区的顶棚、墙面和地板表面用某种特殊的材料加以覆盖，所有一切都令人感到轻松、和谐，环境中处处弥漫着蓝色的味道。展览期间，空间中乐声似水，所有的一切共同营造出整个展览的和谐氛围。在绘画作品和音乐的配合下，'蓝玫瑰'争相绽放。"[38]1924 年，马列维奇在一篇有关建筑学方面的笔记中，再次回忆了"蓝玫瑰展"的情况。这次展会成为马列维奇心目中永久的记忆，而在介绍"这场庄重的展览"时，他进一步说明："除了这种感性的'潜意识'感受之外，没有任何事物可以被称为是美学"，因为展会中，本没有任何直接表现"蓝玫瑰"的作品。然而，所有参展作品画面的斑斑色彩，都散发出各自的"芳香"，人们在潜意识中会感觉到玫瑰的存在。[39] 当然，马列维奇也曾诉说过其他一些经历，但"蓝玫瑰展"不仅是他首次体验自己蛰伏的潜意识，也对他后来的探索过程，产生了根本性影响。

如此，马列维奇系统地向"无重力"方向努力，他欲"克服地面引力"，创造没有"上与下"区分的艺术作品。

曾有一张马列维奇正在休息的照片，照片中他斜躺在工作室中央的白色基座上，身穿并覆盖着白色衣物，周围是他创作的一些作品。这张照片没有表层和底色之分，只有"白色上的白色"。照片中，艺术家自身形态转化为终极"至上主义"艺术品，并处于某种"寻找上帝的状态"当中，正如他生前曾经宣称自己是"世界的主宰"。[40]

马列维奇在对同时期各种艺术运动和"风格"加以研究和实验性探索之后，终于达到了自己理想的"至上主义"普适性状态。他开始从印象主义入手，一直研究到立体主义的绘画"风格"，过程中他还涉猎"原始主义"创作手法和俄罗斯民族艺术风格，也对 20 世纪各种前卫艺术形式进行了全面思考。尽管马列维奇从未受过严格、系统的教育，但他能够通过观察人类现实世界来探寻身边的所有真相。他所关注的问题基于自己民族的艺术形式，且延伸到欧洲其他国家"正在涌现的艺术风格"。他的"艺术"是通过思考和冥想产生的结果，而且与他同时期所有理论方面的动态都保持同步发展。[41] 他在著作和语言表述中，对自己的思想都做出了明确、清晰的表达，但只有在声明个人立场的情况时，他才明确"至上主义"对自己的影响。这方面，马列维奇表现出某种"非逻辑性"（alogism）思维，更确切地说是缺乏逻辑。在表现创造性的自由框架内，"非逻辑性"为荒诞主义提供了施展空间，从而产生与"实用主义和常识性"完全对立的作品。马列维奇信奉"非逻辑性"思维，并转而创作了"全黑"或"全白"的作品。而在此之前，马列维奇才刚刚完成一些具有毕加索和布拉克作品风格的立体主义绘画，他还在 1911 年"莫斯科沙龙"画展中展出过几幅黄色、白色和红色题材的作品。

在马列维奇"至上主义"的风格形成过程中，还经历了从"黑色"向红色和白色作品的过渡阶段，《黑色方块》是他完美地表现"至上主义"的第一幅绘画作品。

如他所言："根据黑色、红色和白色方块的数量，至上主义可划分为三个阶段，即黑色时期、彩色时期和白色时期。最后一种形式意味着白色的形态就应当被画成白色。这三个阶段形成于 1913 年至 1918 年之间。三个阶段的框架是基于一个纯粹平面的发展要求，而且主要以效益原则为基础——即如何通过某个平面，将

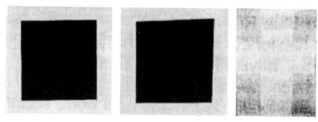

卡济米尔·马列维奇的作品。左：《至上主义黑色方块》（1914年）；中：《红色方块》，采用色彩表现二维空间中农妇现实生活；右："至上主义"（1921-1927年）

静态张力或者明显处于休眠状态的动感表现出来。"[42] 马列维奇试图通过极少的方式实现极多的效果，从而产生极致的"普适性"，并利用一个单纯的平面以及方形、圆形和十字形，去捕捉"蓝玫瑰"展览中的"潜意识"知觉形态，他所选择的形态具有明确的普适性特征，其中也充满着神圣和象征性意义。马列维奇于1915年在俄罗斯展出了第一批"至上主义"作品，然而许多观点认为，这些作品的创作时间是在其首次亮相的若干年之前。

通过去物质化的方式以及采用极简主义手法，马列维奇成功地创造出具有"普适性"意义的空间氛围。如前所述，艺术家静静地躺在工作室之中，并通过身体的全白色装扮，最终将这种氛围以极具动感的方式表现出来。

这位艺术家自身便成为普遍性的象征。他去世后葬在莫斯科的一处墓地当中，埋葬的位置上立有一个带有黑色和白色方形块面的立方体。[43]

马列维奇曾经自称为"空间的主宰"。遗憾的是，所有展览马列维奇作品的照片都显示，布展者忽视了他的空间概念。在展示这些作品的实际空间中，明显存在与画作内涵相抵触的诸多因素。多数情况下，由于布置的作品太多，造成展览空间显得非常拥挤。而且，展厅内的照明条件很差，墙壁也处于受潮和开裂状态。在1915年彼得格勒和1919年12月莫斯科的布展照片中，都有类似问题。这两次展览中的许多画作，都被精选列入1989年阿姆斯特丹"马列维奇纪念展"作品目录之中。[44]

某次马列维奇的作品展，为了避开墙面发潮部位，所有绘画作品都只能按不规则的形式布置，使展览空间变得非常拥挤、混乱。这种情况在1923年5月彼得格勒的展览中则显得更加严重。

甚至在1989年阿姆斯特丹的展览照片中，笔者发现不同尺寸的作品非常局促地吊挂在一起。作品画面中所蕴含的宁静感消失殆尽，展出效果非常混乱。而类似的混乱状态，在这位艺术家的公寓房间内也十分明显。

后来，1927年"柏林展"的空间环境率先营造出了具有"至上主义"内涵

马列维奇作品展览空间的演变：从"混乱到纯净，并形成公共空间"
从左上至右，未来主义作品最后展览地：彼得格勒（1915年）、莫斯科（1919年）、柏林（1927年）、
汉诺威（1928年）、阿姆斯特丹（1958年）
（照片来源：阿姆斯特丹市立博物馆马列维奇展厅，5.III 1989-29.V.1989）

的展出氛围，而类似氛围后来在 1958 年的"阿姆斯特丹展"中再度呈现。1927 年的"柏林展"，以"大柏林艺术展"而著称，由德国建筑师胡戈·哈林（Hugo Haring）担任展览策划团队负责人，成员包括格罗皮乌斯、密斯·凡·德·罗，以及布鲁诺·陶特（Bruno Taut）和埃里希·门德尔松（Erich Mendelsohn）。这次展览，是马列维奇绘画作品首次在与作品内涵一致的环境中展出。实际上，马列维奇的作品就是在黑白两色结合的空间内展出。展厅顶棚是白色，展墙在接近地板和顶棚的部位形成两条黑色水平带，限定出通长的白色布展界面。尽管此次展出的作品数量依然很多，但作品之间还是留出了一定的"间隔"。此外，白色顶棚强化了空间的秩序感，并营造出宁静的空间氛围。我们无法断定，马列维奇是否参与了这次展览空间的设计和布展工作，但可以猜测他有可能提出过一些建议。我们了解到，尽管他不会讲德语，但他直到 1927 年 6 月 5 日才离开柏林，大约是在这次重要展览开幕的一个月之后。在展览期间，马列维奇并未发表任何言论。由此可以断定，他之前的有关说明早已切中要害，而且负责组织这次展会事务的建筑师胡戈·哈林，包括所有参与展会组织工作的包豪斯建筑师，以及其他前卫艺术流派中的成员，都对这位俄罗斯嘉宾的极简主义绘画内涵的理解非常透彻。展览中，马列维奇的至上主义画作漂浮在白色环境当中，如同他创作的十字形、方形和矩形，漂浮在它们所在的类似白色宇宙的画面之上那样。也许，"柏林展"为建筑空间开辟出一条向"简约"方向发展的新路径，这次展览环境特征在次年的"汉诺威展"中却没有得到延续。从"汉诺威展"的照片中可以看到，整个展览空间全部采用一种竖向密纹装饰板，符合蒙德里安参展作品的内涵特

征。[45] 马列维奇最后一次极简主义绘画展览，于 1958 年在阿姆斯特丹市立博物馆举办。马列维奇的作品也许是首次真正找到适宜的展示氛围，这次展览是绘画作品与空间环境和谐共处的特殊案例。[46] 至此，我们可以认为马列维奇表现的极简主义宇宙空间氛围，在经历了几十年的时间之后才找到适宜的接纳空间。举办 1958 年马列维奇展览的阿姆斯特丹市立博物馆，内部空间是完全的白色，而在后来的若干年间，该博物馆空间也成为营造艺术展览氛围的典范。在 20 世纪 60 年代末和 70 年代初，"纽约五人组"建筑师们将建筑内部全部设计成白色 [迈耶（Meier）、海扎克（Hejduk）、格雷夫斯（Graves）、埃森曼（Eisenman）、格瓦斯梅（Gwathmey）五位建筑师，继承发展了勒·柯布西耶的早期建筑风格]，这种风格一直延续到 20 世纪 90 年代末 [代表人物是格鲁克曼（Gluckman）、彼得·马里诺（Peter Marino）和波森（Pawson），以及其他建筑师]。

　　然而，也许上述方面无一能够作为演变过程的真正结果。尽管我们不能否认马列维奇通过"非理性"和"至上主义"绘画创立了极简主义，也不能不再次强调"蓝玫瑰展"的重要意义，即这个展览不仅是马列维奇艺术演变的基础，也是他后来"感性和经验主义"建筑理念形成的根基；但是，我们还应当指出并讨论另外一种案例，即白色对形成独特建筑内部空间氛围的驱动性作用。阿尔弗雷德·施蒂格利茨的"美国场所"画廊，就是这种白色空间氛围的典型案例，该画廊室内空间由乔治娅·奥基夫设计。

从"鹅黄"到全白——

詹姆斯·惠斯勒、阿尔弗雷德·施蒂格利茨和乔治娅·奥基夫的困境

　　早期展览建筑和画廊的内部空间品质通常都不是很高。艺术家们也曾对此提出了强烈批判，他们经常抱怨墙上扭曲的布置，低劣的画框质量与装帧，以及整个内部空间压抑的色彩和"装饰"效果。有些艺术家试图在展览空间氛围的营

造方面有所作为，其中一些对法国沙龙和伦敦皇家美术学院的展厅提出建设性意见，这两个知名的官方组织一直主导 18 世纪和 19 世纪的重大展事，但展览条件却一直不尽人意。这些艺术家当中，有些印象派画家曾率先尝试改善个人的展示环境，但他们都非常谨慎。例如，毕沙罗就曾写信告诉儿子吕西安（Lucien），自己事先在一个房间进行了这方面的实验，他先在墙面上涂上"丁香紫，随后用鹅黄收边"，以观察空间内的色彩效果。同时，他坦率地承认自己是一个穷画家，和画家群体一样，没有实力实现自己的室内装饰理念。[47] 在伦敦，只有惠斯勒敢于向早期的展览模式发起挑战，而且他非常在意陈列自己作品的环境。毕沙罗之子吕西安·毕沙罗便是受到惠斯勒的作品陈列空间的影响，而形成了他对伦敦的最初印象，他当时到伦敦学语言，并从那时起走上了木雕师和出版商的职业之路。吕西安·毕沙罗在写给父亲的信中，诉说了自己观看惠斯勒作品陈列时的感受，他形容："他完全颠覆了我们关于房间色彩的概念，墙面全部采用白色，并用柠黄色线条收边。"[48] 惠斯勒这位旅居巴黎的美国人，反对"拉斐尔前派"画家泥土般的色调，并主张用白色基挑战"拉斐尔前派"调色板上的全部色彩。这方面，惠斯勒主要受到两位挚友的影响，分别是戈德温和奥斯卡·王尔德这两位建筑师。在惠斯勒和戈德温、王尔德三人身上，存在某种包容性审美取向，他们试图在"后－维多利亚时代"寻找预期的美学原理。而且，他们的情趣摇摆不定，既钟情于古希腊艺术和希腊理石的白色，也热爱舶来的日本情调。[49] 在戈德温的家庭环境中，明显体现出希腊和日本文化亲密融合的氛围，他的太太艾伦·泰瑞（Ellen Terry）在家中经常交替穿着希腊长袍和日本和服。[50] 在惠斯勒那座著名的"白屋"内，所有白色大理石都是由他从希腊购进的。在某种意义上，可以说是惠斯勒率先在画廊空间内引入了白色基调，甚至还是跨越国界的。惠斯勒的空间内还具有黄色基调，而这种色调是受到日本艺术的影响。惠斯勒和戈德温都非常推崇日本艺术，并以极大的热情向西方宣传日本的作品。因此，惠斯勒创造的内部空间并非全然是白色，而是有选择的组合，这是个人情趣高度升华的结果，而当中也表现出他欲改变过去的自己并探索新的创作出路的动因。虽然惠斯勒的举动遭到建筑许可部门和保守官僚势力的反对，但他却得到了青年和"前卫"艺术家的大力支持。吕西安·毕沙罗曾在 1883 年 2 月去观摩惠斯勒举办的作品展览，据他介绍：展览空间悬挂着边角绣有蝴蝶图案的黄色丝绒，黄色的椅子带有白色纹理，"地面上摆放着黄色印度坐垫，还有黄土烧制的黄白色相间的花瓶。"[51] 实际上，年轻的吕西安·毕沙罗误把明显的日本坐垫当成了印度产品。有丰富的史料和记载能够证实惠斯勒受到日本艺术的极大影响。[52] 因此，可以说惠斯勒结合自己所钟情的白色，将极简主义理念引入 20 世纪的画廊空间。在惠斯勒之后，通过阿尔弗雷德·施蒂格利茨和乔治娅·奥基夫的努力，白色空间氛围最终也得以传入美国。

然而，这种现象的发生，施蒂格利茨的精神作用不可或缺。

在美国的艺术史中，阿尔弗雷德·施蒂格利茨的地位不可小觑。作为20世纪的先锋艺术家和世界顶级摄影师，施蒂格利茨率先将欧洲艺术输入到美国。

由施蒂格利茨创办的顶尖摄影杂志——《摄影作品》（Camera work），被评论家称为有史以来最好的艺术类期刊，他还利用一生创办了三个画廊作为"窗口"，并以无拘无束的个性和独特的美学精神，大力推广美国本土艺术风格。施蒂格利茨不仅积极推动艺术事业的发展，而且注重美国本土艺术人才的培养，乔治娅·奥基夫就是其中最杰出的一位。然而，我们之所以研究施蒂格利茨的重要性，是因为他所创办的三个画廊，以及画廊内部所表现出的特殊空间氛围。甚至可以认为，这三个画廊具有历史性意义，其中体现出室内空间氛围的发展状况，以及所有白色空间的演变过程。若干年之后，白色氛围成为建筑空间的流行基调，并一直延续到20世纪的最后25年期间。而且在20世纪末期，任何场所便都能被艺术家用于举办展览或进行展出活动（如对旧建筑和旧军营，以及废弃学校或屠宰场的再利用）。施蒂格利茨是这种场所精神的创立者，而乔治娅·奥基夫本性当中的"白色"，却为这种画廊内部空间氛围的创造，添加上了画龙点睛的一笔。在乔治娅·奥基夫的纯粹性艺术风格影响因素当中，"白色"的作用至高无上，在"大都会艺术博物馆"1985年展会手册中的权威评价指出，这种白色氛围对"实用设计甚至建筑学等领域"都产生了重要影响。[53]

关于形成"美术馆白色空间氛围"的根基，笔者将尝试通过实际空间案例进行论证。正如笔者在文章中所指出的那样：在建筑师创造"美国和世界建筑"中极简主义的美学特征之前，这种情感氛围的实例便早已存在。

所有的一切都始于施蒂格利茨的理念精神，以及他第一个画廊空间的成功效应。这座位于第五大道291号著名的"291号画廊"早已被拆除，其使用周期仅在1905-1917年间。该画廊由若干分散的小房间组合而成，最初是斯泰肯（Steichen）的私人工作室。施蒂格利茨曾与斯泰肯进行合作，并在合作期间完成了他的大部分成果。"291号画廊"类似一个"蜂巢"，是艺术家、文学名流和诗人的聚集场所，也是他们开展美学辩论和进行思考的理想环境。

施蒂格利茨的孙侄女休·戴维森·洛（Sue Davidson Lowe）是一位传记作家，她曾用文字描述了"291号画廊"的特征。从功能性角度出发，戴维森·洛形容这座画廊类似一个"艺术家实验室"，而从比喻的角度她认为该画廊："或许可以被视为一个诊疗设施，为某种非正式团体的成员治疗心理疾病。"[54] 施蒂格利茨磁性般的影响力、场所的整体精神、坦诚的争论以及对艺术与艺术和艺术家的利益最真挚的关切，都因这神圣场所当中的"寂静"而达到了极点。在这15英尺见方的小房间中，艺术品得到了最真实的展示。在经验丰富的阿尔弗雷德·施蒂格利茨的监督下，所有陈列作品都在经过千挑万选后，被小心翼翼地挂到展墙上。

现存的几张"291 号画廊"的照片，记录的是它所举办的最后一次展览，是专门介绍乔治娅·奥基夫的作品展。从照片中可以看出，房间展墙表面显然不是白色，而是由深色涂料所覆盖，通过与两面展墙上展出的两幅奥基夫的白色背景作品加以对比便可以看出。这几张照片还显示，距离墙脚 2 英尺宽的地面被抬高了约 3 英寸，显然是为了使观看者与展品之间保持必要的距离，同时也可以作为摆放雕塑的基座。在其中一张照片里，确实也发现有一件雕塑作品被置于这片高于地面的基座之上。[55] 然而，从戴维森的介绍中却可以获得另一种印象，那便是这座画廊整体上表现出 19 世纪的内部空间氛围，与其说像是一个印象派画家的画廊，不如说更像是一个法式沙龙，感觉更像是 20 世纪的建筑空间。而事实上，评论家哈钦斯·哈普古德（Hutchins Hapgood）也曾把这个画廊称为"一个沙龙"。[56] 也许他的观点主要基于室内设计、墙面肌理、家具和设施配置等方面特征（如炉灶、大柜台，以及其他设施……[57]），而不是基于内部功能性方面的印象。该画廊由若干小房间分散组合而成，如果缺少施蒂格利茨类似保护伞一样的协同精神，所有的一切都将是徒劳，因为各种因素都无法凝聚在一起。这座建筑在 1919 年被拆除，"291 号画廊"也随之消失。

伴随着施蒂格利茨画廊空间氛围的演变，他的生活状况也发生变化，他和奥基夫之间的关系，以及他在 1925 年于第 59 大街公园大道 489 号创办的"亲密画廊"（Intimate Gallery）。

在"亲密画廊"的内部装修过程中，最初在"大约 12 英尺 × 20 英尺房间内，四周墙壁饰有深黑色丝绒"。这一方案立刻便受到奥基夫的反对，她"立即在挂画线到墙裙之间的墙面上，动手粘贴了粗棉壁布"，同时还用固定装置加固了顶棚上的照明装置，以提高房间和展示区域的亮度[58]，并在地板上铺设黑色地毯，便于摆放那些无法悬挂的作品。这座画廊，成为奥基夫进入室内设计领域的关键性项目。她在室内设计方面的成就，充分体现在施蒂格利茨的最后一个画廊空间当中。而且，在她位于阿比丘（Abiquiu）的土坯住宅中，奥基夫将全白色的室内氛围表现得淋漓尽致。

在"美国场所"（the American Place）画廊内，奥基夫不仅仅是施蒂格利茨的"女神"，他的生命、精力和灵感的源泉。同时，也是他一直以来珍视并比喻为"白色事物"的活生生的实体展现。关于乔治娅·奥基夫，施蒂格利茨曾引用塞利格曼（Seligmann）的描述，将她称为"白色之源"。相对于她的"白色气质"，施蒂格利茨认为自己是"灰色"的，且"对他来说，白色只属于奥基夫。"[59] 在波利策（Pollitzer）的一本著作中，附有一张"美国场所"画廊的图片[60]，除显露出小面积划痕的水泥地面是明度很高的灰色之外，剩余所有的一切，包括墙面、过梁、顶棚，以及顶棚的固定装置，全部是白色。从顶棚平

左、中：位于第五大道的阿尔弗雷德·施蒂格利茨"291 号画廊"，摄于 1906 年和 1914 年，乔治娅·奥基夫改造之前的室内环境。右："美国场所"画廊，奥基夫为举办自己 1932 年作品展简化处理后的空间
（左、中：由施蒂格利茨拍摄。照片来源：波利策，1988 年及文学协会 1934 年版《阿尔弗雷德·施蒂格利茨与美国》中的插图。右：《阿尔弗雷德·施蒂格利茨与美国》，摄影者不详）

面中能反映出室内设计的精致程度，虽然房间形态并不规则，但是条形布置的组合照明设施强化了室内的整体协调性，室内的线性排列方式和视线"通透性"也经过仔细推敲。为了调节午后的光线，奥基夫还在空间顶部设置了白色卷帘。"当卷帘在顶部完全打开时，银白色天光便洒满整个天棚。"[61] 奥基夫在画廊的后续使用过程中，对室内纯白色基调进一步加以调整，她亲自调试理想的白色，避免在午后产生眩光。在那个时代，该画廊的空间氛围曾产生了轰动的影响。戴维森转述了人们对该画廊的形容："它具有类似教堂的品质，同时，室内墙面给人以类似实验室、医院或者模型制作室的感觉"；据施蒂格利茨本人形容："这里存在某种简朴和洁净感，当室内空无一物，而地板、顶棚和墙壁也都被粉饰一新时，这种印象便会被展现得淋漓尽致，像极了每年的秋色。"[62] 这间画廊后来被称为"那场所"（The Place），即"美国场所"画廊的简称。也许，奥基夫身上白色属性的演变，是她对过去画廊环境和以往艺术空间抵触心态的结果。值得注意的是，在她 17 岁于"芝加哥艺术学院"学习期间，那里的空间给她留下了并不美好的记忆。学校所有房间都是深橄榄绿色，而她则也表示对此一直无法理解。[63] 奥基夫总能在沙漠环境或荒芜的场所中获得在家的感觉。尽管那里近乎寂静无垠，不仅有潜在狂风的威胁，还要承受得克萨斯的风暴和新墨西哥的干旱气候。

奥基夫曾经表示，自己很适合得克萨斯州的生活。在阿马里洛（Amarillo）进行学术研究期间，她形容那里"有恐怖的狂风和令我感到惬意的完美空灵"，她认为那里是国内最适合自己的地方，感觉自己脚踏的土地有如辽阔的海洋。[64] 生命和死亡和携手与共的主题，与她所营造的宁静画廊氛围，与由她的绘画所带来的智慧和视觉风暴交织在一起，相生相伴。这或许是卓越的极致感观，仿佛置身于太平洋平静海面上的一艘小船，思索着船身到海底无限距离之间的关联性。这显然，是奥基夫多年在心中酝酿的本因，并最终产生了她的"白色"意向，以

及对极简主义的声明，也从而通向了她崇高美学感观的创作手法。

"那场所"这一具体画廊的替代术语，具有某种指向性意义。后来，这一缩写词汇被广泛运用到世界各地的艺术文化设施和机构名称上。例如，伦敦的"场所"，特指 20 世纪 60 年代晚期的某个现代舞蹈中心。[65] 对这种现象，戴维森给予了非常恰当的评价："这些'场所'……内部空间宽敞、结构坚固，虽然类似教堂或实验室，却是隐藏称谓的艺术设施"。她所见过的类似场所，都具有一种近似的空间理念，就是内部作品不允许有任何遮挡。[66]

施蒂格利茨和戴维森两人，都曾对"美国场所"画廊的功能性方面作出评价。施蒂格利茨称赞画廊所具有的质朴和洁净感；而戴维森却指出，该画廊空间对艺术家过于残酷，因为作品在这样的空间内无处遁形。然而，我们更应理解空间的本质，特别在秋季，室内白色的纯净氛围使画廊内部显得空无一物。这是一个纯净的空间，类似于施蒂格利茨在其创造者身上体验到的"白色品质"。该画廊空间散发出的气息，能令人联想到那些由身穿黑裙的女性清洗后的白色房屋。而作为女性，奥基夫则通过一种持续的创造性行动和涅槃重生过程，使自己与物质世界保持联系。这种"纯净"的诞生，为灵魂带来愉悦，为视觉带来欣喜，也为人生的戏剧和演绎，带来了最好的舞台。

施蒂格利茨的"219 号画廊"和"亲密画廊"的 303 房间，以及他最后的"美国场所"画廊，都为我们展现建筑学方面的成功。在施蒂格利茨的第一个画廊场所，我们感受到内部散发出某种个性魅力和自由论争的气息，以及通过个性魅力而形成的激励氛围。这些独特品质是场所获得成功的先决条件，对形成不受外界约束的环境具有保障性作用。而在"亲密画廊"中，除上述特征之外，我们还看到了良好的物质环境，这方面对塑造空间形态具有强大作用。最后，在"美国场所"画廊中，我们不仅感受到了上述所有特征，此外，还感到精致和完美的纯粹如滔滔江水源源不断。在这个"白色"空间的案例中，人间秩序升华至无上的境界。

在施蒂格利茨葬礼的前夜，乔治娅·奥基夫用整夜时间缝合了一块白色亚麻布，用来替换棺木内"令人讨厌的粉色绸缎衬里"[67]，她还在棺木外侧覆盖了一层黑色薄纱。

马列维奇和施蒂格利茨葬礼的感观和体现极简主义精神的庄严仪式，或许达到马列维奇奋斗理性的终极目标。而这一理想，或许也只有奥基夫才能够清晰地将之表达，她为此倾注了自己的情感，以及她对施蒂格利茨的爱。艺术家在通往永恒之路的告别瞬间，表现出人类的终极情感和人生的普遍性意义。也许，很少有人能像这两艺术家一样，在自己极简主义理念影响下形成的空间氛围内经历这一过程。我们应当向马列维奇和乔治娅·奥基夫致以永恒的敬意，他们用纯粹的潜意识氛围感动了我们所有人……他们的理念，最终传承到建筑学领域。而在笔

者心目中，理查德·格鲁克曼（Richard Gluckman）的"艺术空间"，则是对此最佳的应用案例……[68]

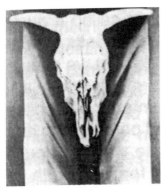

圣菲"乔治娅·奥基夫博物馆"的中央展厅，顶光带设计受到这位画家对新墨西哥辽阔天空的喜爱的启迪.

注释 / 参考文献

1. 见《保罗·克利日记》（Paul Klee Diary），1954 年，#9260，第 297 页。

2. 如今这两座工作室都不复存在了。扬·波茨马（Jan Potsma）建造了一座 1：1 尺寸的蒙德里安巴黎工作室复制品，他是一个模型制作师和技术大学的讲师，1995 年 1 月 1 日到 2 月 5 日期间可在阿姆斯特丹旧证券交易所（Amsterdam stock exchange），现"贝尔拉赫展览馆"（Beurs van Berlage）见到他；见康韦（Conway），1994 年，第 9 页。

3. 关于他早期作品和家庭细节早期证明，见黑尔（Hale），1937 年：有关维米尔（Vermeer）的学术调研总结、关于他作品的详细分析，及艺术史学家的进一步研究理论，见雅布（Jacob），1967 年，第 82-102 页。

4. 史威林（Swillens），第 119 页。

5. 同上。

6. 同上，第 118 页。

7. 关于所有相关于此的信息，见康斯太布尔（Constable），1954 年，第 21 页。

8. 佩皮亚特（Peppiatt），1982 年，第 152 页。

9. 史威林，引前，第 114-115 页。

10. 家庭和学徒的相关信息，见黑尔，1937 年，此文献中提及了在代尔夫特档案中关于维米尔家庭状况的内容，画家的妻子带着 11 个孩子离开了家：见黑尔，1937 年，第 40 页；1913 年，第 81、83 页；另见康斯太布尔，第 9、15 页。

11. 黑尔，同上，第 81 页。

12. 同上，第 35 页。

13. 同上，第 79 页。

14. 弗拉克（Flack），1986 年，第 58 页。

15. 里多尔菲（Ridolfi），1984 年，第 87-94 页和第 97-99 页。

16. 见米奇（Μάτσαζ），1990 年，第 114 页，126 页，同时见斯皮特里斯（Σπητερηξ）所著，1989 年，第 30 页

17. 黑尔，引前，第 82 页。

18. 米奇，1990 年，第 153 页。

19. 黑尔，1913 年，第 73 页。

20. 关于日本文化对梵高的影响，见斯威特曼（Sweetman），1990 年，第 198-199 页。

21. 菲尔波特（Philpott），1983 年，第 69 页。

22. 关于这幅画的更多信息，见卡巴纳（Cabanne），1963 年，第 92 页。

23. 日本的影响在荷兰获得更广泛的和象征性认可，历经了几个世纪的时间。而位于阿姆斯特丹的梵高博物馆的扩建就是一个最好的证明，1991 年，日本建筑师黑川纪章在最初的建筑的基础上，增添了石材、钛、铝和玻璃混合材质的椭圆形"胶囊"，以及配套的景观，1964 年荷兰建筑师赫里特·里特韦尔（Gerritt Rietveld）为其设计了"小隔间"，并于 1973 年落成。更多信息，见格劳曼（Grauman），1999 年，第 13 页。

24. 见史威林，MDCCCCL，独立插图页，第 43-53 页。

25. 由笔者翻译，康定斯基（Kandinsky），1981 年，第 100 页。

26. 见纽霍尔（Newhall），1948 年，引于纳吉（Nagy），1970 年，第 71 页 [注：纽霍尔在引用马列维奇（Malevich）时，在他的名字当中多写了一个"t"，即"Malevitch"，本书的引用保留了误写姓名的版本]。

27. 即，见，蒙德里安（Mondrian）给纳吉（Nagy）的信，1970 年，第 176-177 页。

28. 萨拉比亚诺夫（Sarabyanov），1989，第 70-71 页。

29. 见科夫塔恩（Kovtoen），1989 年，第 157 页。

30. 见马列维奇，1989 年，第 131 页。

31. 同上。

32. 同上。

33. 同上，第 130 页。

34. 同上，第 131 页。

35. 见科夫通，引前，第 160 页。

36. 马列维奇，1989 年，第 113 页。

37. 同上。

38. 同上。

39. 同上，第 118 页。

40. 见萨拉比亚诺夫，1989 年，第 71 页。

41. 萨拉比亚诺夫，1989 年，第 69 页。

42. 马列维奇，1989 年，第 69-70 页。

43. 由苏埃京（Suetin）设计完成，见约斯滕（Joosten），M. 约普（Joop, M.），1989 年，第 84 页。

44. 见 Joosten，同上，第 79 页。

45. 见 Joosten，1889 年，图 8- 图 9，第 49 页。

46. 同上，第 53 页。

47. 见毕沙罗（Pissaro），写给儿子吕西安（Lucien）的信，1883 年 2 月 28 日，引于毕沙罗，1981 年，第 5 页。

48. 见吕西安·毕沙罗写给父亲的信，1883 年 2 月 26 日。

49. 见詹金斯（Jenkyns），1980 年，第 301 页。

50. 同上。

51. 吕西安·毕沙罗，同上面提到的一封信，第 5 页。

52. 即，希区柯克（Hitchcock），1968 年，第 286 页。

53. 弗雷泽（Frazier），1990 年，第 7 页。

54. 戴维森（Davidson），1983 年，第 157，页。

55. 相关照片，见波利策（Pollitzer），1988 年，第 136-137 页。

56. 戴维森，引前。

57. 同上，第 159-161 页。

58. 见戴维森，1983 年，第 278 页。

59. 同上，第 280 页。

60. 波利策，第 257 页。

61. 引前，第 302 页。

62. 同上。

63. 弗雷泽，1990 年，第 15 页。

64. 同上，第 18 页。

65. 此文作者与舞蹈家和编舞者建立了紧密的友谊，这些人也会不时提出自己的看法和建议。

66. 戴维森，引前，第 302 页。

67. 同上，第 377 页。

68. 在下列希腊出版物中可以看到笔者的个人信念（conviction）：安东尼·C. 安东尼亚德斯，"理查德·格鲁克曼的艺术空间"（The Art-Space of Richard Gluckman），《建筑的世界》（The World of Buildings）杂志，17 期，雅典 - 希腊，第 78-90 页 [此文中的所有的图片，包括当中来自位于圣菲的乔治娅·奥基夫（Georgia O'Keeffe）博物馆的档案文件，均出自理查德·格鲁克曼]。

© 安东尼·C. 安东尼亚德斯（Anthony C. Antoniades）

8 | 艺术空间：
艺术和艺术家对建筑学的贡献

艺术家类型的建筑师

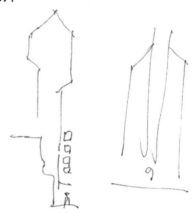

下方为笔者创作的《纽约》作品局部（圣菲双年展入口 197 号展位），上方草图由笔者绘制

第8章　艺术家类型的建筑师

几乎所有建筑师都有一种随身携带铅笔和速写板的习惯，以便随时将头脑中产生的意象记录下来。自有建筑学专业以来，建筑师就习惯用素描表现建筑和景观。这种素描在18和19世纪非常流行，当时的"布扎艺术"大师以及英、法、德等国家的建筑师们经常到世界各地描绘古迹，然后出版精致的作品集。尤其是建筑师们，他们如饥似渴地用速写记录所见所闻，复苏了希腊、埃及以及其他遥远国度的古迹，进而，带来了对过去的喜爱与复兴。[1]

还有很多著名建筑师热衷于收集建筑构件，以及古建筑石膏样品和模型。他们利用这些收藏品以及无数的草图和测绘图纸，向无法亲临古迹或建筑遗址的学生们讲解历史建筑风格。罗伯特·亚当（Robert Adam）早在1758年开始就采用这种教学方法，并由许多不知名的建筑师继承发展，而建筑师约翰·索恩（John Soane）爵士的做法更是空前绝后。约翰·索恩是英格兰银行大厦的设计者，他在自己独特的"皮特香格府邸"（Pitzhanger Manor）中扩建了一个"建筑石膏样品和模型展厅"[2]，除了作为自己进行研究和创作的场所，他还把展厅当作"理想的课堂"，希望培养长子成为一名建筑师（最终却未能如愿）。这座府邸成为索恩在伦敦市中心设计的一座标志性建筑，后来成为世界上首座建筑博物馆，并以他的名字命名。[3] 从建成到现在，"索恩博物馆"（Soane Museum）一直体现着索恩将各种艺术进行整合的理念，即："……整合绘画、雕塑、建筑、音乐以及诗歌等艺术，并在它们之间建立紧密联系……"[4] 此外，索恩对绘画和素描还具有独特见解，并把建筑形象理解为"建筑诗学"。[5]

也有一些建筑师，例如莱奥·冯·克伦泽（Leo Von Klenze）、维奥莱－勒－迪克、卡尔·弗里德里希·申克尔（Karl Friedrich Schinkel）以及伊利尔·沙里宁等，他们不仅具有扎实的素描功底，而且能绘制精美的水彩和油画作品，在艺术方面的造诣几乎达到画家水准。在这一悠久的传统中，有些建筑师演变为了场景设计师，还有些，则在后来成为摄影师或电影导演。例如，卡尔·弗里德里希·申克尔就是这一传统缔造的杰出建筑师，他曾在19世纪初负责设计柏林城市形象，而他为歌剧《魔笛》（The Magic Flutes）所做的那些舞台设计，至今仍被认为颇具影响力。[6]

到了20世纪，过去建筑师旅途绘画作品中所表现出的那种细腻技法发生了显著变化，画面不再单纯地渲染意境也不追求艺术上的完美，而是倾向于表达设计构思和建筑学理念。

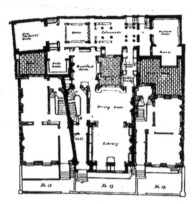

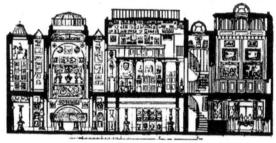

位于伦敦法学院区的约翰·索恩爵士住宅（Sir John Soanne Residevce，1813-1837 年），现在是"约翰·索恩爵士博物馆"，也是世界上第一个建筑博物馆

[照片由季米特里斯·维拉耶蒂斯（Dimitris Vilaetis）拍摄，图纸由斯特劳德·多萝西（Stroud Dorothy）于 1961 年绘制]

　　勒·柯布西耶率先在旅行中采用了这种全新的建筑草图风格。他的草图具有纪实性特点：即可以快速地表现建筑的形态、细节以及环境景观和人物形态，甚至在平、立、剖面图中也采用易于理解的三维表现形式，并加以适当的注解。他还在画面通过文字和偶尔添加的诗句，表现建筑的主题和个人的瞬间感受。

　　除勒·柯布西耶之外，伊利尔·沙里宁、贡纳尔·阿斯普隆德（Gunnar Asplund）和阿尔瓦·阿尔托（Alvar Aalto）这三位 20 世纪最伟大的斯堪的纳维亚建筑师，也会在他们的旅行中时常动笔速写并加上文字注解。这几位建筑师在芬兰、意大利和地中海地区所绘制的大量草图，对他们日后的建筑创作产生了巨大影响。

　　在后来的建筑师当中，迈克尔·格雷夫斯成功地继承并发扬了上述前辈的草图风格，他在申克尔草图风格的基础上，吸收了勒·柯布西耶的表现手法。在摄

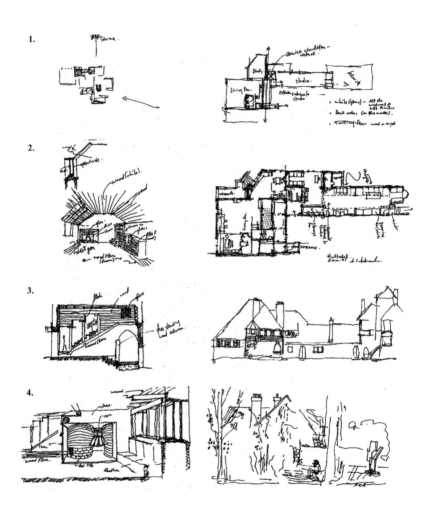

维特莱斯克居住区（Hvitrask）中的伊利尔·沙里宁住宅－工作室，草图由笔者现场绘制
1：住宅总平面图和平面分析图；
2：带有壁炉的起居室透视和详细平面图；
3：起居室中具有仪式感的楼梯，入口立面和剖面图；
4：壁炉细节和玻璃窗构造节点，住宅外部环境

影技术非常先进的条件下，许多优
秀建筑师依然坚持画草图的习惯，
建筑学专业的学生也尤其如是。然
而，有些非常成功的建筑师竟然不
会画草图，这种令人耻笑的例子确
实存在，他们甚至无法画直一根线
条。有些建筑师曾公开承认自己欠
缺这方面能力，其中最著名的是菲
利普·约翰逊（Philip Johnson）。[7]
在此，我们不必评论这种个别现象，
也不深入探讨建筑草图的绘制规律，

维特莱斯克居住区
（照片由笔者提供）

因为这个主题本身的意义非常宽泛。但是，如果将绘制草图能力视为建筑师的基
本素养，那么绘画和雕塑方面则是他们更高层次的修养。建筑师普遍了解绘画和
雕塑艺术，他们一旦有展示自己艺术作品的机会，多数人都会表明自己是"艺术
家"。这种情况在建筑学发展的各个历史阶段普遍存在。那些伟大的建筑师 [如伯
鲁乃列斯基（Brunelleschi）、伯拉孟特、克伦泽、申克尔、维奥莱－勒－迪克等]
同时也是杰出的画家。这两种职业之间偶尔也会产生矛盾和冲突，由于在建筑师
身上表现出一定的"画家"特征，因此他们普遍认为自己的地位高于画家，而且
经常用艺术眼光看待建筑创作，也因此对建筑的功能缺乏足够的重视，而对艺术
家需求方面的认识也不够充分。同时，许多艺术家对某些建筑师都抱有抵制态度，
并把他们拒之于画家群体之外。也许，在诸多雷诺阿对维奥莱－勒－迪克不满的
理由当中，其中一个确切的原因，就是由于这位建筑师同时是一个虔诚的风景画
家，而且作为狂热的登山爱好者，他经常从难以到达的山顶取景，而不是到巴黎
市区很容易进入的花园内作画。[8]

　　20 世纪，具有"建筑师和艺术家"双重身份的人物再次涌现，其中多数为建
筑师兼画家，也有少数集建筑师、画家和雕塑家于一身（例如勒·柯布西耶）。这
种双重职业属性，在一些伟大的建筑师身上表现得尤为突出。如勒·柯布西耶，
他的成就早已誉满全球，在他身后又有阿尔瓦·阿尔托这位建筑学巨匠，以及大
量具有艺术家素养的不知名建筑师，他们普遍都会将自己幻想为一位画家，而不
是单纯的建筑师。大多数建筑师把绘画当作业余爱好，作为闲暇时间和业务休眠
期内的一种放松方式，或者度假期间的消遣行为。然而还有一些特殊人物，他们
将绘画实践和建筑创作同时作为日常惯例，并把两者视为进行某种"探索"的过程，
或者是磨炼技能、放松心态，以及开发智力的必要方式（例如勒·柯布西耶就曾
称自己的住宅为"提升耐力的工作室"）。[9]事实上，勒·柯布西耶习惯从下午 5 点
开始提笔作画，且天天如此，画画成为他个人生活中的神秘活动，也因此他非常

重视住宅的私密性。勒·柯布西耶曾在自己的速写簿中写道："绘画是一种痛苦的挑战，画面令人感到敬畏，上面却形影无踪。绘画也是艺术家与自己进行的一场决斗。这场争斗渗透到人的内心深处，并隐藏在画面之下。艺术家一旦表白这一切，那么他便是在出卖自己……"[10]

在创作的时间方面，绘画与建筑设计截然不同。这种时间性差异，能保证艺术家类型的建筑师有机会及时审视或评价自己的美学观念，并进行探索性思考。而且，建筑学作为专业性事务，设计过程需要时间和外部资金作保障。此外，正如阿尔瓦·阿尔托曾经说过的那样："绘画艺术的试验性特征和内在的主观因素，决定了绘画在表现新理念方面的显著优势，而建筑学对各种运动的反应总体上显得非常迟缓。"[11] 约兰·希尔特曾经指出：阿尔托坚信"一切都从绘画开始"。阿尔托所说的"一切"，不仅存在于现代艺术演变的整体过程当中，而且包括文学、音乐、美术和建筑学等领域。综上所述，某些建筑师之所以从建筑学转向绘画领域的原因，在很大程度上是由个人职业发展因素所决定，还有可能是由于受到某种因素的影响，例如响应了绘画或其他艺术形式的感召。

墨西哥建筑师、画家和壁画家胡安·奥戈尔曼，是具有多重职业身份艺术家中的杰出代表。人们熟知奥戈尔曼是一位壁画家和画家，却很少有人了解他还是一位建筑师。阿尔瓦·阿尔托也一生都在绘画，他通过每天画速写的方式不断完善自己的创作理念，伊利尔·沙里宁和希腊建筑师季米特里奥斯·皮奇欧尼斯（Demetrios Pikionis）也是如此。沙里宁和皮奇欧尼斯最初都是受到了绘画艺术的感召，并在一段时期中不间断地作画，但最终也都因专业因素而转变为建筑师。在这类建筑师当中，重要的人物包括安东宁·雷蒙德（Antonin Raymond）和迈克尔·格雷夫斯。雷蒙德是弗兰克·劳埃德·赖特的学生，曾担任赖特设计的东京帝国饭店项目的助手，他后来作为建筑师在日本取得非凡业绩，并在东方国家和美国开展设计业务。在职业生涯中，雷蒙德一直坚持绘画，他享有几个为自己量身建造的住宅-工作室，以满足生活和设计实践方面的需要。[12] 众所周知，格雷夫斯一直按惯例练习绘画，偶尔还用自己的作品装点他私人的室内空间，特别是那些表现他早期设计项目的作品，他的建筑和绘画作品很大程度上受到勒·柯布西耶设计语言的影响。虽然格雷夫斯经常展示自己的建筑表现图和草图作品，但却从未听说他有过公开展览自己绘画作品的举动；此外，笔者至今也尚未在任何出版物中发现关于他私人建筑的内部空间介绍。

在众多具有"艺术家和建筑师"双重身份者当中，有些曾有建造自己住宅的际遇。在这类住宅的设计和建造过程中，这些人扮演了建筑师角色。在这种情况下，他们不仅是从事绘画创作的艺术家，还是建筑师。由于这类住宅的设计师同时具有主人、使用者和委托人的属性，因此人们自然会期待这些建筑在内部空间所可能具有的独创性表现。

在建筑师的住宅–工作室案例当中，尽管有很多由建筑师本人设计的、能够彰显他们才华的优秀项目，但是我们只能略过这些项目，重点关注那些具有"艺术家和建筑师"双重身份者的工作室。在这些案例当中，体现出工作室空间要求在诸多设计要素中的优先地位。通过这类住宅，我们也许能发现建筑的真实含义，因为这些诚实的"艺术家和建筑师"，他们在塑造空间时都优先考虑了工作和生活需要。也因如此，我们只能将那些非常有趣，而且形态独特的建筑师住宅案例，例如位于莫斯科的梅尔尼科夫（Melnikov）住宅、位于巴西的几座尼迈尔（Niemeyer）住宅，以及位于康涅狄格的菲利普·约翰逊"玻璃住宅"（Glass House），排除在研究范围之外。

我们将重点关注由勒·柯布西耶、阿尔瓦·阿尔托和胡安·奥戈尔曼建造的空间，他们在建筑学及其相关艺术方面进行了长期实践，并都取得了相当卓越的成就。

我们将首先介绍胡安·奥戈尔曼，然后是勒·柯布西耶，并最后介绍阿尔瓦·阿尔托。

胡安·奥戈尔曼

胡安·奥戈尔曼一生中有幸为自己建造了两座风格迥异的住宅。这两座建筑都是用来满足他"艺术家和建筑师"的个人情趣。

奥戈尔曼终身都保持着自己的艺术家和建筑师的双重身份，而且从青少年开始，他就成了非常活跃的画家和壁画家。奥戈尔曼不仅具有高尚的品德和亲和力，且总是以饱满的热情参与到民族性事务中，这也为他赢得了良好的声誉和项目委托。

奥戈尔曼的第一个住宅，是一座国际主义风格的试验品，其可以体现出奥赞方和勒·柯布西耶的"纯粹主义"精神。他的第二个住宅则表现出完全不同的风格，这也是对他晚期作品的整体风格陈述。这座住宅在体量方面表现出某种体块的"流动性"，仿佛出自雕塑家之手，并非是建筑师的常规设计手法。这是一座用火山岩筑成的、如"洞穴"一般的住宅，与奥戈尔曼先前国际风格的作品相比，很难想象是出自同一设计师之手。这种卓尔不群的表现主义手法，源自奥戈尔曼对高迪和弗兰克·劳埃德·赖特的理解。

1951 年，奥戈尔曼在《艺术与建筑》（*Arts and Architecture*）杂志发表的一篇文章中阐明了自己第二个住宅的实验性目的："我尝试建造这样一座建筑：首先，忽略所有功能性法则，从而获得更多的功能。确切地说：建筑应当完美地回应气候特征、生活习俗以及场地条件。建筑设计应当注重地域性使用特征，而不是普适性功能。其次，建筑应当符合大众审美，而不是去迎合那些抽象派

胡安·奥戈尔曼住宅，位于墨西哥城佩德雷加尔圣天使区（Pedregal de San Angel）
左：住宅入口；右：室内楼梯
[图片来源：埃斯特·麦科伊（Esther Mc'Coy），1951年]

精英们的学术品位。"[13]

所有这些理念显然与国际主义风格相对立，而且和他前一个住宅专注功能性的理念形成反差。笔者坚信，在关于某个建筑的所有评论中，设计师本人作出的评价可信度最高。尤其是建筑师通过反思并亲手设计的住宅，他所提出的问题将尤为准确。笔者认为，奥戈尔曼的前一个住宅明显存在一些问题，不仅难以满足他的使用要求，更难表现他的个性。笔者还认为，如果奥戈尔曼在第一座平庸的住宅内过上安逸的生活，那么可能在后来的建筑实践中，他永远不会对国际式风格发起挑战。也许，艺术家的本性提醒奥戈尔曼该住宅并不属于墨西哥建筑，也由此提示他必须探索其他形式。因此，奥戈尔曼极力主张装饰与艺术和壁画相结合，他的最终理想是为自己建造一座具有"墨西哥风格"的住宅－工作室，从而为墨西哥创造他谓之为"墨西哥建筑"的作品。

通过奥戈尔曼那些成熟的文字表达，很难理解这位建筑师－艺术家曾经年轻且精力充沛的墨西哥共产党员形象。奥戈尔曼不仅献身于现代国际主义理想之中，而且极力推崇勒·柯布西耶的建筑风格。

在27岁时，奥戈尔曼创办了公共教育部下属的"建造学院"，从此走向事业发展道路。作为建筑师，奥戈尔曼在早期若干年间都在从事"社会性"事务。当时，墨西哥年轻一代建筑师以饱满的热情全面接受国际主义风格，而奥戈尔曼则对国际主义建筑的投资效率方面产生了极大兴趣。同时期从20世纪30年代初到50年代，大多数青年建筑师都响应了"托尔特克"水泥公司（Tolteca Cement company）的号召，在年轻一代积极推广该公司材料，助力提升企业竞争力。[14]那段时期，奥戈尔曼制定了墨西哥30多所学校的建设计划，并负责协调130多所学校的设计和建造工作。放眼世界，这种起步经历对年轻建筑师来说具有深刻意义。而且,奥戈尔曼很早就养成自我批判的意识,并率先呼吁探索他所理解的"墨西哥建筑"形式。

　　而他自然而然的下一步,便是色彩,那些墨西哥民族大胆运用的绚丽色彩。他曾在自己负责建造的几所学校中,毫不犹豫地使用蓝、红、绿等色彩。而且,他为艺术家迭戈·里维拉和弗里达·卡罗设计的孪生别墅,也成为他尝试创作国际主义色彩建筑中的最佳作品。这座住宅我们已经在之前的章节中进行过介绍,里维拉和卡罗之所以享有一座独特的国际式风格住宅,离不开他们和奥戈尔曼之间的政治友谊,当然也与奥戈尔曼画家和壁画家的身份密切相关。

　　里维拉和卡罗的孪生住宅国际风格的建筑体上色彩以及壁画的应用(里维拉住宅以白色相间的粉红色为主,而卡罗的住宅是完全的蓝色),是这座建筑成功的关键。而且,两座住宅还是壁画与建筑同时也是向着奥戈尔曼在佩德雷加尔(Pedregal)设计的自己最后一个住宅发展的一个过渡。墨西哥城中的墨西哥大学中央图书馆,是奥戈尔曼在建筑中运用壁画作装饰的著名作品,图书馆建筑设计由奥戈尔曼与马丁内斯·德·贝拉斯科(Martinez de Velasco)和古斯塔沃·萨维德拉(Gustavo Saavedra)两位建筑师合作完成。这次合作仍然是奥戈尔曼通往"墨西哥风格"的前期步骤。需要强调的是,在墨西哥建筑师当中,胡安·奥戈尔曼是率先将色彩运用到国际风格建筑创作当中的一位,也是在许多年之后,巴拉甘和莱戈雷塔才开始创作充满诗意的色彩建筑。也许有人会认为,胡安·奥戈尔曼这位"先驱"的过早离世,为路易斯·巴拉甘让出一条通往成名之路。如今,巴拉甘令举世瞩目,而胡安·奥戈尔曼却在几乎被遗忘的星空,默默地注视着我们……

　　随着在建筑师职业方面的成熟,奥戈尔曼通过一步步"阶梯"最终抵达了"表现主义"(idea expressionism)的理想境界。他运用多种手法围合建筑空间,包括采用曲面形态,以及使用诸如火山岩和彩色石块等地方材料,同时还将壁画和具体象征性符号结合并运用到建筑中,使它们成为空间围合的媒介。

　　尽管位于佩德雷加尔的奥戈尔曼住宅,能令人联想到那些热带密林中前哥伦布时期的墨西哥建筑,但它明显与高迪设计的巴塞罗那"古埃尔公园"(Parque Guell)这座奥戈尔曼曾公开赞赏过的建筑的形态存在某种相似之处。正是通过这座位于佩德雷加尔的住宅,奥戈尔曼最终展现出了"艺术家和建筑师"的双重属性。通过在这座住宅中运用曲面墙体和洞穴形态,并结合旋转楼梯、壁画和文字符号等要素,奥戈尔曼创造出具有独特意义的墨西哥建筑艺术形态。住宅中所有空间要素与场地内茂密的植物紧密交织在一起,建筑整体形象类似墨西哥热带丛林中前哥伦布时期遗留的废墟。毫无疑问,该住宅是这位建筑师最值得骄傲的作品,它不仅是奥戈尔曼艺术家兼建筑师的职业生涯巅峰,同时也见证了他后来艰苦的生活状况,以及疾病缠身的痛苦岁月。这座住宅也是奥戈尔曼最后的经济来源，为了筹集治疗疾病的费用，他后来不得不将其出售。

最终，这位艺术家兼建筑师本人和他的标志性作品，都落得悲惨的结局。在与病魔和人间磨难继续抗争 13 年之后，奥戈尔曼于 1982 年 1 月 8 日去世。奥戈尔曼 1969 年卖掉的心爱的"洞穴式"石屋，尽管住宅的新旧主人当时曾约定将它珍惜保存，但是后来还是被买主拆毁。

已故评论家艾斯特·麦科伊（Esther McCoy）曾写过一篇极其感人的文章，除了对海伦·埃斯科贝多（Helen Escobedo）购买住宅时的承诺给予肯定之外，她还提出严厉的指责："……在胡安心目中的墨西哥，任何行为都没有海伦·埃斯科贝多的手段卑鄙、残忍，竟然有人会蓄意毁掉一件具有独特生命力的艺术作品，这种'恶毒而阴险的心态'和 18 世纪史书中所描写的谋杀犯毫无区别。"15

艾斯特·麦科伊自少年时起就非常热爱墨西哥建筑，而奥戈尔曼的私人住所也通过她的文章，以"记忆"的形式化为一座丰碑。一座可以概括这位建筑师对这片土地成熟的关切，以及他对神话、象征符号与人类的追求的思考的丰碑；同时，这座记忆中的建筑是一种告诫，并谴责着那些企图通过毁灭艺术作品来谋求不朽功名的残忍行为。

胡安·奥戈尔曼的住宅案例，让我们再次面对"死亡"这一命题。这方面成为艺术的终极预言，而且是在人类通过艺术对生命和死亡进行冥想的过程中所产生。通过系统分析马列维奇身体处于静止状态时产生的美学意象，诗人阿波利奈尔（Apollinaire）的离去，以及乔治娅·奥基夫为施蒂格利茨棺木缝制白纱的行为、弗里达·卡罗的悲惨结局，还有阻止里普希茨观看自己艺术作品的禁令和胡安·奥戈尔曼住宅被拆毁等现象，所有一切都延续了美学传承链上的某种潜在可能：即创造升华至悲怆极限的可能性。

勒·柯布西耶

人们很难将勒·柯布西耶看作一个悲剧性人物，只有詹克斯持有这种观点。16 人们普遍认为勒·柯布西耶具有非凡的创造力，而且他在所有方面都志得意满。事实上，勒·柯布西耶在许多领域的丰硕成果，源于他旺盛的生命力、他的创作激情以及创新能力。在勒·柯布西耶身上，集中体现了另外一些极致的典型"艺术家／建筑师"特征。勒·柯布西耶尽管是通过建筑作品而闻名于世，但他在绘画和建筑师职业两方面实则都取得了相当高的成就。

在一张表现勒·柯布西耶午餐时的照片中，他正和一位僧侣谈笑风生，这位僧侣可能来自拉图雷特修道院或朗香教堂，照片上还有勒·柯布西耶妻子的背影。这张照片上还附有一段非常暧昧的题词："感激妻子 35 年的亲情奉献，她使我感到身处宁静、祥和与关爱的氛围之中……"17

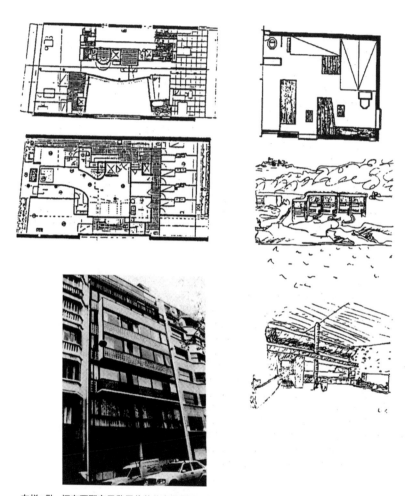

左栏：勒·柯布西耶在巴黎居住的公寓平面图；右上：位于马丁角（Cap Martin）的"小木屋"
右中下：假日工作室综合建筑群（未建成）
（平面和透视图由勒·柯布西耶绘制，照片由笔者拍摄）

　　这张照片中的题词，或许是理解勒·柯布西耶营造自己工作室空间氛围的关键，也是他个人创造力的砖坯。勒·柯布西耶的这段题词令人感到困惑，因为它并没有向我们描述这张特殊的照片，却更像是他在《我的作品》（*My Work*）一书中名为"耐力研究工作室"（*The Studio of Patient Research*）的章节内系列插图的说明。虽然该章节在这部著作中仅占少量篇幅，我们却看到若干张勒·柯布西耶在自己家庭公寓工作室中的照片，这套住宅位于巴黎的南热塞 – 科利大街（rue Nungesser-et-Coli）24 号一座综合公寓大楼的第七层，该建筑由勒·柯布西耶于1933 年设计。与 20 世纪大多数居住公寓的艺术家不同，勒·柯布西耶对自己拥有的一切都非常满意，直到 1965 年去世之前，他一直在这座公寓内生活。在公寓房间内，到处都是他的绘画、雕塑作品和大量藏书，还有一些特制的家具、柜架和桌椅，所有家具没有一件选自"家具样品册"中的定型产品。在这个朴素的空间内，所有物品都像是从遥远的彼岸"漂移"到这个建筑空间当中似的。房间由一面砖石混合砌筑的墙面划分出来，而显然勒·柯布西耶也与之建立了深刻的精神友谊。所有空间要素当中，勒·柯布西耶仅把他的妻子和这片墙面，作为后来追求"静谧感"的基本要素。这是一片他永远也不会在上面钉钉子并悬挂画作的砖石砌筑墙，它类似一件地中海东部石匠的手工艺品，上面没有任何装饰细节。勒·柯布西耶曾写道："工作室的这片大石墙早已成为我的朋友。尽管墙体结构和石块色彩不能产生轻松和舒适感，却对工作室中的每个人都能起到激励作用。"[18] 勒·柯布西耶所追求的舒适感，与他本人的建筑理念高度吻合，那种光线充足的开放式布局理念，与他为多个艺术家所设计的工作室草图中表现的原创性概念毫无区别。他不会预先设计室内用具，而是在实际使用过程中根据需要再亲自设计制作。画架是勒·柯布西耶工作室空间中的重要用具，在他所有公寓的照片中，都能从不同角度观察到画架。这座公寓建筑的七层平面是连续的开放式布局，勒·柯布西耶在这层为自己量身设计了一个特殊的单元空间，并设有一个出口通向露台，那里成为"勒·柯布西耶的辅助空间和休息平台。"[19] 因此，勒·柯布西耶的真正意图，以及他对工作空间基本要求，是在"……追求宁静、爱意和幸福感……"而也正是因为他妻子的存在，公寓空间才产生这种氛围。

值得注意的是，勒·柯布西耶的房间内没有夹层空间。尽管他曾向许多艺术家推荐夹层空间方案，但他自己的家庭房间和工作室却分别设在两个不同楼层，并通过一个雕饰精美的楼梯联系起来。15 年的经验智慧，使他避免在室内出现不同标高和台阶，因此他宁可舍弃自己年轻时代的空间理想，精心设计适应自己生命晚期的居住空间。

1905 年，勒·柯布西耶在蒙特卡洛（Monte Carlo）附近的马丁角（Cap Martin）一块岩石基地上修建了一座可以俯瞰美丽地中海的度假小屋——即"小木屋"（Cabanon）。1965 年，他在小屋附近海域游泳时不幸去世。"小木屋"的平面尺寸只有 12 英尺 ×12 英尺。距离小木屋不远，大约 12 码（1 码为 91.44厘米）处、高于海平面 70 英尺的位置，他又修建了另一座工作小屋，平面尺寸仅有 6.6 英尺 ×13 英尺。[20] 勒·柯布西耶运用他的"模度"体系设计出这两座小木屋，而这种"模度"体系，则是基于理想人体的各部位之间数字比例而建立起来的。7 年之后，勒·柯布西耶在马丁角假日小木屋附近建造最后一个"露宿单元"，并在外立面上绘制了一幅 1∶1 大小的"模度"绘图。显然这两座小木屋只是勒·柯布西耶脑海中另一更大理想的开始，一个为晚年的自己建造一座建筑工作画室的愿望。从一些设计草图中可以发现，他计划建造一座永久性建筑，由一些小房间线型排列组合而成。草图方案中，每个房间都设有直接到达海面的出入口，所有房间都具有相对令人满意的私密性，而砖石材料的分户墙则可以保证良好的隔音性能。对于他的合作伙伴来说，这是一个非常理想的度假和工作居所。只是勒·柯布西耶为自己策划的这套整体建设计划，最终只建成了上述两个"小木屋"和一个"露宿单元"。

　　勒·柯布西耶设计的两个"小木屋"，有许多令人敬佩的方面，尤其是内部空间的经济性和缜密的布局思路，包括尊重场地条件和环境因素的理念。虽然建筑采用木材建造，但从照片中仍然能发现一些特殊的构造设计手法。虽然以上特征源于精致的细部设计，但很大程度上是在包容性理念的指导下而产生的结果。建筑细节成为小木屋的"装饰性"要素，这包括了协调统一的家具风格，通过合理开窗形成的外观形象、流通的通风结构、精简的用具，以及用作内部空间划分的家具和书架。"小木屋"是一个大胆的实验性创作案例，设计手法超出已有的设计规范和常规作法。[21] 这种建筑如果不是建在法国，而是建在一些野蛮行为和官僚主义横行的地区，一定会被地方政府以"违规"为由拆毁。[22] 在现存的照片中显示，小木屋室内墙上悬挂着一些勒·柯布西耶的画作，而桌面显示这位建筑师当时正在忙于写信和撰写著作。我们没有理由相信，勒·柯布西耶会在马丁角放弃了绘画习惯。也许小木屋内部的条件和优美的视野更有利于写作，但他有可能同时也在绘制一些小幅绘画和素描作品。而且小木屋的外部也许就是这位建筑师的室外"工作室"，也是他宽阔的实践场所。如我们所知，勒·柯布西耶从小就乐于亲近大自然，他曾对家乡汝拉（Jura）地区的山峦、岩石和树木进行过研究。他在马丁角发现一块石头并获得灵感，从而创作出许多相关主题的绘画作品。[23] 我们也没有理由相信，勒·柯布西耶在马丁角时会远离绘画和雕塑。对他来说，只需要一支铅笔就能绘制草图，甚至创作大幅作品。

　　勒·柯布西耶最终的幸福感，来自他所设计的苏黎世"勒·柯布西耶艺术中心"。这座建筑由这位"艺术家 / 建筑师"亲自构思设计，它是一个仓储式住宅，也可称之为一座"故居博物馆"，用于收藏他的草图、建筑模型、绘画、雕塑作品以及著作。或许，这座建筑是这位建筑师最后且是"永恒的"居所，是他在对长期积累的理念进行的最后一次检验。这座建筑表现出勒·柯布西耶设计理念发生转变的种种迹象，建筑采用鲜艳的色彩和钢结构形式，概括提炼了古代寺庙形象和风化石材的特征，设计中还借用"雨伞"的概念，创造出极佳的遮阳和通风环境，而且把"凉棚"和"房中房"的空间形态均衡地组织在一起。通过流畅的形体设计语言，勒·柯布西耶将上述特征加以完美的表现，并突出了某些"二元性"特征，诸如稳定与轻盈、理性与非理性等设计手法。这座建筑是苏黎世河畔的经典作品，可谓是无比出色。

迭戈·里维拉曾经强烈希望去世后能拥有一座"永久性故居"，他终生都梦想建造一座私人博物馆，用以保存他收藏的那些前哥伦布时期艺术品。为此，除了作为职业画家和壁画家之外，迭戈·里维拉还尝试担任建筑师角色。在某种程度上，笔者认为里维拉的设计是对 20 世纪"前哥伦布时期"建筑的简单模仿（见第 4 章内容），与他早期的艺术成就无法相提并论。而作为"艺术家／建筑师"的勒·柯布西耶，最终不仅实现了建造"故居"的梦想，而且同时创造出一件艺术和建筑中的经典之作。通过这些方面的思考，令人回想起特里亚德曾对已故希腊画家沙鲁修的忠告。特里亚德是一位著名的艺术评论家，而且是出版商克里斯蒂安·塞沃斯（Christian Zervos）的合伙人。沙鲁修曾经对西奥菲勒斯（Theophilos）"故居"博物馆[位于米蒂利尼（Mytilini）]的选址提出自己的想法，他明确反对建筑师尤格思·扬努莱利斯（Yorgos Yannoulellis）的场地规划方案。这位建筑师将博物馆设在了远离道路的位置，目的是为人们提供良好视野。一位出面协调的画家把建筑师介绍给特里亚德，希望通过协商设法在路径上突出建筑形象（该建筑独立设置在特里亚德的地产内，周围有若干独立建筑和一些高大树木，以及其他丰富的环境因素。《艺术空间（下）》，将提供地产内项目的总平面草图、建筑平面图，以及由笔者拍摄的图片）。讨论过程中，沙鲁修和扬努莱利斯的嗓门都很高，他们之间的争论逐渐达到白热化。当时，特里亚德对沙鲁修说："你是画家，他才是建筑师，必须放手让他作出正确的选择。"[24] 最终，这座建筑建在建筑师选择的位置上，如下面最后一张照片中的情况。

左：特里亚德，巴黎最有影响的艺术评论家、赞助商、收藏家，与马蒂斯交谈照片局部
中：位于米蒂利尼的"特里亚德博物馆"，由已故的建筑师乔戈斯·恰诺莱（Giorgos Gianoulelis）设计
右：位于米蒂利尼的"西奥菲勒斯博物馆"，由扬努莱利斯设计
（照片由笔者拍摄）

几年之后，沙鲁修在晚年亲自酝酿、筹划并组织建造了自己的最后一个住宅——他的"故居博物馆"。然而，这座建筑却最终产生了类似"迭戈·里维拉博物馆"的效果。沙鲁修的最后一个住宅在雅典马罗西（Maroussi）公寓社区当中表现平平，类似一个修复后的中产阶级新古典主义住宅，对那个时代的艺术并未产生任何影响，仅仅是岁月流逝过程中留下的点滴记忆。只有勒·柯布西耶这位"艺术家/建筑师"，直到生命的最后时刻，仍在进行艺术和建筑学方面的创作实践。勒·柯布西耶的苏黎世故居博物馆，不仅是他最优秀的"住宅"设计，也是他最终的艺术作品，是他逝世后奉献出的生命礼赞。

阿尔瓦·阿尔托

阿尔瓦·阿尔托自幼便学习绘画。有一张 14 岁的阿尔托手持"调色板"和"画笔"的照片，背景的墙面上挂着他的一些绘画作品。[25] 直到晚年，阿尔托也一直坚持着绘画的习惯，只是不同时期的作画强度略有变化，"他通常交替进行绘画和建筑创作。"[26] 阿尔托的绘画艺术情结表现在许多方面，他在创作绘画的同时还会发表相关评论，并撰写一些关于绘画和艺术的文章。针对某件作品，如果其他目光短浅的画家发表了不同意见，阿尔托也会毫不犹豫地与他们进行对峙。据记载，阿尔托和阿克塞尔·加伦－卡莱拉（Axel Gallen-Kallela）之间曾发生过一场辩论。卡莱拉是芬兰 19 世纪最有影响力的画家之一，当时"卡莱拉站在绘画的立场，而阿尔托则坚持自己的观点，认为绘画、雕塑、甚至音乐和建筑应当相互融合。"[27] 另外，阿尔托和那些个性极端的建筑师不同，他能够发现绘画艺术中对建筑学的影响因素，并理解其中的丰富内涵。正如我们之前所介绍的，阿尔托相信："一切都始于绘画。"[28]

约兰·希特曾指出，阿尔托和塞尚之间存在某种特殊情缘。[29] 这种观点也许能够证明，在阿尔托建筑空间的创作过程中，他的绘画素养发挥了很大作用。在评论阿尔托 1936 年设计的巴黎世博会"芬兰馆"原始方案时，希尔特通过与其他现代主义建筑师相比较，指出了阿尔托现代空间理念中的与众不同之处。阿尔托曾获得巴黎世博会"芬兰馆"设计竞赛的头两个入围奖，其中一个方案名为"Tsit Tsit Pum"。希尔特对该方案加以详细说明："阿尔托没有采用类似密斯·凡·德·罗和风格派建筑师的设计手法，方案未体现通过几何界面生成的'流动空间'理念，而且内部空间也不同于勒·柯布西耶那种类似'雕塑展厅'的形态特征。在'Tsit Tsit Pum'方案中，集中体现了阿尔托独特的创新思维和空间组织能力，他摆脱设计条件中给定的建筑'几何体量'束缚，不刻意追求明确、完整、统一的形态。而且，方案中表现出某些绘画方面的意境，并极具塞尚作品的特征。通过无形的秩序，阿尔托将建筑的各部分形态与整体形象有机地联系在一起。这些是我们对该方案的基本理解。"希尔特进一步指出："芬兰馆内部空间氛围使人联想到北欧丘陵地带的森林，令人感到被树木环绕，仿佛在树干、岩石和灌木丛中流连忘返。"[30] 将建筑空间比喻为森林环境，也容易联想到其他方面因素对阿尔托产生的影响。他建筑作品的形象不仅表现出自然特征，而且表现出潜在的、芬兰史诗《卡勒瓦拉》（Kalevala）的影响因素，这方面内容笔者在此前《史诗空间》（Epic Space）一书中有过详细论述。在此，我们只关注阿尔托的塞尚情结。希尔特还认为："阿尔托从塞尚的作品中学会画家如何在画面上进行色彩构思，因此他能够基于人们的形象感知力塑造空间形态。"[31]

阿尔托不仅在绘画创作方面投入大量精力，而且对绘画大师也进行过系统研究，这也对他的建筑学理念产生了深刻影响。他于1939年在芬兰《建筑师》（Arkkitehti）杂志介绍"玛利亚别墅"（villa Mairea）的文章中[32]，明确表明了这种观点。马列维奇和蒙德里安不仅对绘画抱有崇高的信仰，而且他们都认为绘画的前卫性是其他艺术（包括建筑在内）所无法超越的，遗憾的是他们两人从未遇到过像阿尔瓦·阿尔托这样的知音。阿尔托曾明确表白："一切都始于绘画。"希尔特关于"阿尔托的画家属性"的分析，不但证明了这位建筑师早期创作具有塞尚风格的静物绘画，是他在塑造空间过程中形成个性观念的根基；而且通过阿尔托建筑作品的整体表现，具体从平面、进深和体量等方面，解释了其中存在着塞尚风景画中笔触特征的影响因素。在未掌握任何关于阿尔托与塞尚之间渊源关系的学术观点之前，笔者通过一项研究阿尔托的课题以及后来对尤哈·利维斯卡建筑作品的观察，发现阿尔托建筑作品中所表现出的类似塞尚绘画的笔触特征，也对利维斯卡的设计产生了一定影响。[33] 目前，约兰·希尔特在阿尔托传记中对这方面已经做出定论。如今可以明确，如果阿尔托不曾与绘画结缘并产生特殊的塞尚情结，或是他并未终生坚持绘画和速写习惯（尽管是阶段性的），或许就不会造就"阿尔托"本人以及"后－阿尔托"时期的芬兰建筑。与阿尔托阶段性绘画的方式完全不同，勒·柯布西耶和胡安·奥戈尔曼两人则是具有经常作画的习惯，同时他们把自己想象为画家和建筑师，在坚持日常作画的同时经常参加艺术展览，并抓住任何时机出售自己的绘画作品。事实上，阿尔托从未想过成为一名真正的画家，但他显然愿意将自己的画作、建筑表现图以及建筑设计作品一同发表。尽管无法证明阿尔托曾经完全放弃绘画习惯，但随着建筑设计项目的日趋增多，我们了解到他作画的时间也相应减少。这种情况发生在1930年之后的十年间，阿尔托虽然没有时间模仿塞尚风格创作绘画作品，但他把建筑创作当成绘画实践的课堂。1940年之后，阿尔托重拾画笔，并尝试绘制"油画"，这种他过去从未接触过的形式。正如希尔特所说："也许是因为在1937年巴黎和1939年纽约世界博览会的观展过程中，阿尔托受到抽象艺术的强烈震撼。"[34]

对于阿尔托来说，绘画艺术具有强烈的感召力，绘画不仅是他学习艺术的渠道，而且是他提升建筑创作能力的训练过程。此外，这一童年时期养成的快乐习惯成为他研究自然的一种方式，也使他可以将自己的理解在画面上用抽象的语言表达出来，同时他还不断在脑中思索可以表现三维空间的各种可能，以及创造建筑的过程。

　　阿尔托的第一个"艺术工作室"是他父亲的测量员办公室，他还在父母的住所和自己的几个住宅内都拥有个人房间，他在这些空间内为亲友绘制肖像。尽管阿尔托曾创作一些大幅油画，能够说明他需要使用画架，但是除了那张表现他少年时手持调色盘的照片，我们尚未发现其他显示阿尔托"艺术家"装扮的图片。我们对阿尔托的绘画技巧知之甚少，也不了解他对画家职业的奥秘掌握到何种程度。关于他用于居住和工作的几座住宅和建筑创作工作室，都有完整的记载和介绍。但是在以上三种类型的房间中，却没有证据能表明哪个是他专门用于绘画的空间。

通过旅行和无数草图，阿尔托建构了自己的建筑学"调色板"
阿尔托 1953 年在奥林匹亚绘制的柱头速写
（图片由约兰·希尔特提供）

　　阿尔托在赫尔辛基曼基尼区（Munksnäs）拥有一个私人住宅。在住宅的 L 形平面布局中，看似联系在一起的两翼工作室区域却保持相对独立。工作室首层地面比生活区高出三级台阶，内部设有三块大画板，其中两块拼置在一起，所有采光均来自左侧的角窗。阿尔托的一些绘画作品，极有可能是在这个房间或者二层大露台上绘制的。通过工作室内独立设置的楼梯可以到达露台，露台不仅能够联系工作室和生活空间，而且为眺望附近的森林提供了良好视野。工作室具有双层高度，并设有一个可以通过连接露台的独立楼梯到达的夹层空间。因此还有一种更大的可能性，那便是阿尔托是在工作室的夹层平面进行绘画活动。

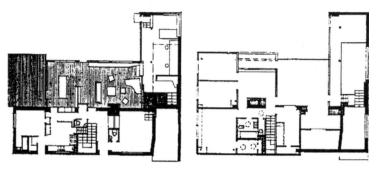

阿尔瓦·阿尔托住宅，位于赫尔辛基曼基尼区

　　这是一座经过精心设计的住宅，内部空间组织不仅贯彻与行为活动相适应的理念，而且对采光性能和墙面的完整性方面也给予了充分考虑。对于建筑师和画家的工作室来讲，这些都是至关重要的因素。住宅的各层平面都未显露任何奢华感，也未表现出类似阿尔托后期作品中的"个性形态特征"——即那种只有阿尔瓦·阿尔托才能完美控制的合理性状态，以及与功能性产生密切关联的特殊形态。除了朴素性特征之外，这座住宅还表现出了独特的个性，以及通过简洁流线形成的耐人寻味的空间组织，甚至地面的标高变化也得到细心关照。在建筑的外观方面，住宅已经开始显现出与塞尚绘画笔触相似的特征。此外，住宅所有墙体布局简明合理，与城堡类型建筑的支撑体系设计有异曲同工之处。正是在这座住宅内，阿尔托创作了一些模仿塞尚风格的绘画作品；而这座住宅，也是阿尔托在建筑设计中借鉴运用塞尚绘画理念的首个作品。

　　1953 年，阿尔托在穆拉萨罗（Muuratsalo）岛上设计建造自己的度假别墅，这座住宅也许更能精确地体现出这位建筑师与塞尚之间的情缘，具体表现在庭院空间环境以及庭院周围墙面的肌理效果方面。从建筑学角度理解，阿尔托似乎在这座住宅上进行了材料使用方面的实验，仔细观察可以发现其中具有更深刻的含义。住宅墙体边缘形态以及表面肌理特征，可以体现出建筑师的潜意识设计理念，阿尔托试图将塞尚的笔触风格运用到建筑当中。住宅外墙面采用不同类型的砖块并以不同方式排列砌筑，如同一幅绘画作品中复杂多变的色彩肌理。别墅室外的趣味庭院空间由两片墙体围合而成，其中一片墙面在中部断开，开口外有一块巨石起到遮挡庭院周围视线的作用；而另一侧墙面上部的开口则形成了一个大景框，框内的竖向格栅令人联想到森林中的树干，时刻在捕捉天空中的浮云。所有这些方面都能够表明，这位建筑师将自己住宅的表面当成画布，并运用塞尚的绘画风格进行伟大的建筑实践。住宅墙面的砖饰部分表现出"实"的特征，而开口则表现出"虚"的形态，两者不断产生意象性变化。也

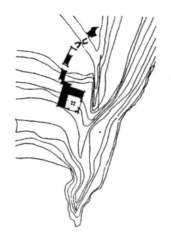
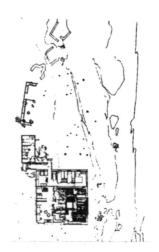

阿尔瓦·阿尔托住宅－工作室，位于穆拉萨罗岛
右上照片：从岩石位置仰视庭院围墙；左上、右下照片：庭院入口；左下照片：从树林接近住宅
（图片由笔者提供）

许，阿尔托晚年在庭院内绘制了一些油画作品。在参加埃莉萨·阿尔托（Elissa Aalto）1985年举办的"阿尔瓦·阿尔托创作研讨会"期间，笔者曾看到迈克尔·格雷夫斯坐在庭院中的一块石头上勾画速写，因此联想到阿尔托也有可能经常坐在那块石头上画草图的情景。当然也不能排除其他可能性，例如阿尔托是在工作室的夹层空间内完成的这些绘画作品。这个夹层空间设有一个窗户并能获得来自图板左侧的北向光线。夹层空间很小，或许更适合作为写作空间，而不是绘画场所。很难想象，身处穆拉萨罗独特的自然环境之中，并拥有精致的庭院空间和不远处湖边桑拿房的阿尔托，会花费大量时间在室内作画或绘制建筑图纸。很有可能他是在室内写作，并在室外作画或画速写。当然无论采用何种方式，可以确认的是，阿尔托在穆拉萨罗生活期间从未间断过绘画的习惯，这也一直持续到他去世之前。阿尔托去世之后，工作室内留下了一幅他未完成的作品，还有一些颜料管和一个调色板。[35]

世人对阿尔托艺术方面的作品并未进行系统研究。而这位建筑师本人对自己的速写和绘画作品也并不十分在意，也因此他的作品并没能全部留存下来。对阿尔托来说，建筑艺术才是他毕生的追求，他把绘画当作是一种训练思维的方式，并将其视为研究空间的手段。绘画和其他艺术形式不仅融入阿尔托的生命当中，也成为造就这位伟大建筑师的重要因素。

由此，可以说阿尔瓦·阿尔托是一位将自己与家人的生活整合并因而取得了成功的典型实例与见证。而且在阿尔托所有住宅和工作室内，都能够发现他关怀妻子和孩子以及满足他们各种需求的种种迹象。而且，所有住宅都体现出家庭成员和谐共处的氛围，他们在享受集体快乐的同时，也都各自享有自己相对私密和宁静的空间。在住宅的平面和剖面设计中，阿尔托不仅充分考虑了上述需求，而且也受到来自绘画和塞尚作品方面的许多影响。

注释 / 参考文献

1. 即詹姆斯·斯图尔特（James Stuart）和尼古拉斯·勒韦（Nicholas Revett）名为《希腊的古物》（*Antiquities of Greece*）的作品集，见詹金斯（Jenkyns），1980 年，第 1-38 页；约翰·索恩（John Soane）爵士及索恩博物馆的相关信息，见米伦森（Millenson），1987 年。

2. 米伦森，1987 年，第 7 页。

3. 关于上述所有提到内容的详细说明，见米伦森，1987 年。

4. 出自索恩自身对住宅兼博物馆的描述（1935 年），米伦森，1987 年，第 107 页。

5. 同上，第 108 页；索恩认为建筑师必须要"像诗人一样思考和感受，像画家一样进行整合和修饰，并像雕塑家一样执行行动"。见米伦森，同上，第 109 页。

6. 见萨菲尔德（Suffield），1994 年，第 20 页。

7. 见与史蒂芬·盖姆斯（Stephen Games）的采访，引于盖姆斯，1986 年，第 82 页。

8. 了解更多关于画家维奥莱 - 勒 - 迪克（Violet-le-Du）的内容，见科尔比（Colby），1993 年，第 6 页。

9. 见勒·柯布西耶（Le Corbusier），1960 年，第 197 页。

10. 同上，第 219 页。

11. 希尔特（Schildt），"早年"（The Early Years），第 153 页。

12. 费里斯（Ferris），1933 年，第 41-45 页；及雷蒙德（Raymond），1973 年。

13. 奥戈尔曼（O'Gorman），1951 年，第 26、46 页。

14. 有关于此的所有内容，见博恩（Born），1937 年；关于迭戈·里维拉（Diego Rivera）住宅的更多信息，见《艺术空间（下）》章节 "Tailored House"。

15. 见麦科伊（McCoy），1982 年，第 36-40 页。

16. 詹克斯（Jencks），1973 年，第 148 页。

17. 勒·柯布西耶（Le Corbusier），1960 年，第 199 页。

18. 伯西格尔（Boesiger），1972 年，第 66 页。

19. 同上。

20. 在几个不同的出版物中，关于作品的尺寸存在着一些不一致的记载：维利·伯西格尔（Willy Boesiger）在他《勒·柯布西耶项目》（*Le Corbusier Project*）编目中（见伯西格尔，1972 年，第 93 页），指明工作室小屋尺寸为 2 米 ×3 米，而在史蒂夫·加德纳（Steven Gardiner）的作品中则注明工作室的尺寸为 2 米 ×2 米 [见加德纳（Gardiner），1972 年，第 97 页]。

21. 勒·柯布西耶，1960 年，第 157 页。

22. 关于这种做法的高峰，见大量的关于 UPEXVED 及相关活动的电视新闻，1994 夏。

23. 加德纳，第 78 页。

24. 扬努利斯（Yannoulis），1986 年，第 101 页。

25. 希尔特的回复，1984 年，第 149 页。

26. 同上。

27. 同上，第 152 页。

28. 同上，第 153 页。

29. 希尔特，1982 年，第 8 页。

30. 希尔特，1986 年，第 131 页。

31. 希尔特，1982 年，第 8 页。

32. 见《建筑师》（*Arkkiteheti*）杂志，1939 年第 9 期；及希尔特，1982 年，第 8 页。

33. 见安东尼亚德斯（Antoniades），1981 年和 1988 年。

34. 希尔特，1982 年，第 16 页。

35. 希尔特，1984 年，第 149 页。

© 安东尼·C. 安东尼亚德斯（**Anthony C. Antoniades**）

9 艺术空间
艺术和艺术家对建筑学的贡献

艺术家的建筑观

第9章 艺术家的建筑观

文艺复兴结束之后，艺术领域迎来专业化时代。从此，艺术家不再是通才，画家专门从事绘画，雕塑家也只创作雕塑作品，而建筑师则专注于建筑学方面的事务。而机器的产生，也进一步促进了艺术领域的专业化进程。在这种形势下，跨领域间合作的现象非常罕见，而且在协同过程中也会面临许多困难。在建筑学领域，这种情况造成只有少量艺术家、石匠和画家零星参与合作项目的局面，而且时常发生冲突现象。到了20世纪，仍有一些建筑师持广义建筑学态度，笔者在《建筑诗学》（*Poetics of Architecture*）[1]一书中将他们称为"包容性建筑师"。这些建筑师憧憬文艺复兴时期优越的创作环境，他们往往身兼数职，集画家、雕塑家和建筑师的职业于一身。其中，弗兰克·劳埃德·赖特、勒·柯布西耶和阿尔瓦·阿尔托等人注重与领域艺术家进行合作，并在设计实践中践行了这种理念。同时，他们本身就是画家、建筑师和艺术家。在另外一方面，格罗皮乌斯和包豪斯学派建筑师们则认为艺术不仅具有独立性特征，而且具有协同关联属性，他们既主张艺术家术有专攻，又提倡相互合作。而且，他们将艺术内容融入建筑教育和培养建筑师的过程当中。在包豪斯学院，诸如克利、康定斯基和拉斯洛·莫霍伊-纳吉等教师，他们的影响力远大于那些建筑师。

画家阿梅代·奥赞方曾是勒·柯布西耶的早期合伙人，他的资历与上述艺术家非常相似。根据阿恩海姆（Arnheim）的观点，奥赞方为勒·柯布西耶打开了通过艺术观察建筑的视野，阿恩海姆还认为奥赞方在这方面的作用类似一个序言，对未来作出全面性预测。此外，奥赞方还著有一部传世著作，即《现代艺术基础》（*Foundations of Modern Art*）[2]。

左：奥赞方的绘画作品；右：勒·柯布西耶的绘画作品，作品署名：查尔斯·爱德华·让纳雷（Ch. Ed. Jeanneret）

（图片来源：奥赞方，1952年）

历史证明，奥赞方可以说是 20 世纪最关键的艺术家。尽管他通过艺术表现个人信仰，并通过艺术去感知世界，但他对每个追求纯粹美学的艺术家都产生了持续性影响，而在他们当中，勒·柯布西耶是首个受益者。然而，艺术家遭到敌视或被冷落的现象时有发生，奥赞方也不能幸免。

纵观历史，能够发现艺术家和建筑师之间经常处于对立状态，而且各种冲突此起彼伏。这种现象在 20 世纪最后 25 年间尤为明显，特别是在与视觉艺术相关的建筑类型（例如博物馆和艺术展览空间类型建筑）的协同设计过程中。历史上，建筑师经常受到指责，而且多数批评观点不无道理，因为建筑师们常常自视清高，他们将建筑当作艺术品对待，却忽视了其中的功能性因素，甚至也忘却了艺术的服务性宗旨。此外，有些矛盾被艺术评论家和经销商加以扩大化，这些人不仅会根据市场需求而树立艺术偶像，甚至还会捧杀任何人的艺术生命。但是，建筑评论家却不能发挥类似作用，更不能为建筑师摇旗呐喊。正如布鲁诺·赛维（Bruno Zevi）的观点，人们从来不把艺术性视为建筑品质中的重要因素，而且艺术性内涵对提升建筑价值以及建筑师的市场竞争力方面并无作用。[3] 在这种形式下，许多建筑师感到完全被排除在艺术领域之外。随着现代化时期的到来，专业之间的分离程度进一步加大，建筑表面完全看不到装饰性特征，而且空间内的绘画和壁画数量也大量减少，而这些都曾是建筑空间内必不可少的构成要素。近代建筑历史上，由画家、壁画家和雕塑家共同参与完成建筑作品的传统，仅延续到 20 世纪 30 年代"新艺术运动"期间。而且，在"新艺术运动"结束之后的 30 余年间，除了始于 30 年代中期由艺术家组织的工会运动之外，艺术家参与建筑事务的现象基本消失。最后，功能主义教条彻底摧毁了将"艺术"融入建筑学的希望。而在这种环境中，那些尚未达到"明星"地位的艺术家，被迫为谋得立锥之地而付出艰苦的努力。

过去，主导艺术发展的是教皇和文艺复兴时期声名显赫的赞助商，以及欧洲工业革命前各国的君主们。而到了现代，决定艺术命脉的势力完全被各种机构所掌控。在苏联，主导艺术事业的权利集中到"国家"级层面；而艺术家也成为规定场所内的"革命"宣传工具，他们甚至还需要在创作中遵从列宁既定的艺术方针。列宁对未来主义艺术采取抵制政策，他武断地将其视为"荒诞的艺术"[4]，认为这种艺术形式缺乏写实性特征和标语式主题，不能旗帜鲜明地宣传苏联革命的意义。他将墙面上刷写的标语视为"壁画"，把尺度夸张的"俄国革命家"巨型石膏塑像当作"纪念碑"。虽然卢那察尔斯基（Lunacharsky）曾经声明："弗拉基米尔·伊里奇（Vladimir Ilyich）从来没有根据自己的审美好恶制定艺术方针"[5]，而事实上是列宁亲自作出艺术方面的所有规定，且牢牢掌握最终决定权。[6] 俄罗斯"后革命"时期的艺术历史，令人感觉像极了一部史无前例的个人表演剧本。在这一特殊历史阶段，艺术家的尊严受到极大考验，他们不得不在美学方面作出妥协。虽然处于一个无偿供给的社会，艺术家们却要付出异常艰苦的努力，他们唯一的愿望便是在公共建筑或大众空间内展示自己的作品，而不是把它们封存在狭小的工作室内。而在美国，艺术家为实现这种愿望经历了数十年的努力。在这一过程当中，除了艺术家的集体努力之外，还有一些艺术家有组织地协助国家建立艺术委员会并制定艺术资助计划，目的是维护艺术家权益并保障他们稳定的经济收入。[7]1935 年，美国公共事业振兴署（Works Progress Administration）发布了 "联邦艺术计划"（Fedral Art Project），旨在广泛征集艺术作品，包括聘请艺术家为公共建筑创作大型壁画，并支持艺术家从事艺术教育工作等。后来，由于战争原因以及其他需要优先发展的事务，该计划被暂时搁置。直到 20 世纪 60 年代，该计划才重新得到重视，并在 20 世纪 70 年代开始全面实施。同时期，美国还设立了 "国家艺术基金"（National Endowment for the Arts），并持续启动了一系列艺术资助项目。[8]

从文艺复兴时期开始，艺术家的角色不断发生变化，此后陆续产生新的艺术形式以及新的创作氛围。"艺术" 由公共艺术转变为占据内部空间的艺术，同时，画家也变成了摄影师、电影或影视制作人等角色，而每个社会成员也都是 "艺术赞助商"。当今社会，人们的 "艺术" 观念便主要受大众媒体和市场的影响。

当代艺术成为 "应用艺术"（applied arts），而且艺术美学也变得放任和多元。在这种背景下，为了在当今社会获得立足之地，画家们开始无所不为。在《斑斓之言》（The Painted Word）一书中，汤姆·沃尔夫（Tom Wolfe）对 20 世纪 60 年代早期的美国艺术和整个艺术界愤愤不已。他对所有近代艺术家——无论知名度高低，都进行了冷嘲热讽。他并非总有确凿的证据，偶尔还掺杂着他错误的想象。此外，他总能在艺术家作品风格变化和形式演变趋势中找到某些驱动因素。他的论据完全超出艺术范畴，更多地从市场、大众传媒，以及艺术家怪癖等方面寻找证据。例如，沃尔夫认为毕加索之所以成名，是因为他利用为俄罗斯 "佳吉列夫芭蕾舞团" 创作舞台背景画的机会，在画面上凸显了自己的名字。[9]甚至，沃尔夫还列数某些艺术家的愚昧举止和放荡行为，其中就有杰克逊·波洛克（Jackson Pollock）酒醉后在佩吉·古根海姆（Peggy Guggenheim）家中壁炉前脱光衣服小便的丑闻[10]，沃尔夫还将此事演绎为波洛克在 20 世纪 60 年代成功步入艺术界的原因之一。沃尔夫最终指出："似乎艺术家本身对基本理论的形成毫无见解"[11]，他还认为理论家对这方面同样也含糊不清。他甚至对巴尼特·纽曼进行含沙射影，针对的是纽曼曾说过的那句名言："美学和艺术的关系，就像鸟类学与鸟的关系一样。"[12]这次，沃尔夫显然有失公正，幸好他谨慎地纠正了自己自命不凡和歪曲事实的言论，否则他将被视为无知透顶。事实上，沃尔夫并未理解巴尼特·纽曼的观点。事后，沃尔夫马上补充道："但是，纽曼无疑是第八大道上最勤奋的艺术理论家之一……"[13]笔者在此说明，巴尼特·纽曼是 20 世纪艺术家中的杰出代表，尽管他公开否认美学的重要性，但他仍然是一位无拘无束的艺术家和美学理论家。他对所有方面都要求完美无瑕，甚至在自己作品最细微的取舍方面，也耗费了大量时间冥思苦想。

巴尼特·纽曼曾与建筑师合作一起设计了得克萨斯州休斯敦"罗斯科小教堂"（Rothco Chapel）的室外场地和泳池。其中，他为自己的雕塑《断碑》（Broken Obelisk）所做的基座设计，成为 20 世纪艺术家介入建筑学事务案例中最成功的作品。尽管在教堂建设过程中始终存在各种争论，但最终成果却成为建筑师和艺术家发挥合作潜力的典范。同时，这个案例也进一步证明，类似合作在 20 世纪会遇到种种障碍。此外，这个案例还阐明了建筑师、艺术家和使用者三方欲在当代项目实施过程中保持合作关系的愿望，而这也需要经受各种冲突和困难的考验。[14] 亨利·马蒂斯（Henri Matisse）也曾参与类似项目，并解决了明显属于建筑学方面的问题。纽曼在合作项目中的表现与马蒂斯的经历非常相像。而纽曼参与完成的项目，尽管建筑内部空间很完美，但总体上却存在许多不足之处，而其原因应当是由于原设计中缺乏整体性思考。此外我们还察觉到，纽曼和亨利·马蒂斯之间还存在其他相似之处。例如，马蒂斯总是会在向艺术家要求作品与成果时，不停地否定自己某些文章中的内容，并否认自己未曾用文字或语言表明的艺术无用论观点。[15] 再以纽曼为例，他虽然在信件和采访中频繁引用德拉克鲁瓦的言论和观点，但却又说自己从未产生过阅读《德拉克鲁瓦日记》的兴趣。[16] 不过无论纽曼是否承认读过《德拉克鲁瓦日记》，或者听说过其中的内容，我们都发现他曾撰写过许多赞扬这位伟大前辈的文章，这也说明他从德拉克鲁瓦本人和其著作中获得了源源不断的创作灵感。显然，包括马蒂斯和纽曼在内的 20 世纪艺术家，都在竭力捍卫自己的艺术，并发自内心地谈论艺术独立性话题。笔者认为，这些艺术家以非常严谨的态度对待艺术，他们极力抵制市场和艺术评论中那些孤芳自赏的倾向，并完全根据艺术中的美学价值，重新确立艺术在人类总体创造性环境中的重要地位。为使"艺术"能够回归到建筑环境当中，做出不懈的努力。

通过为休斯敦"罗斯科小教堂"创作的雕塑作品——《断碑》，巴尼特·纽曼实现了自己的理想。而马蒂斯，则通过零星的项目为这方面作出了贡献，其中包括：莫斯科市内某个大台阶的装饰设计、威尼斯的某座小教堂、费拉角（Cap Ferrat）的"特里亚德别墅"（Tériade's Villa）餐厅，还有梅里昂滨州（Merion Pennsylvania）"巴恩斯画廊"（Barnes Gallery）的屋顶设计项目。[17] 马蒂斯待人彬彬有礼，而且具有非同寻常的表达能力，而巴尼特·纽曼和杰克逊·波洛克两人在表达方面却显得不那么自如，且缺乏感染力。这些艺术家不仅把自己的艺术作品安放在理想场所的中央位置，而且将整体环境提升到抽象境界。通过这些艺术家作品方面的成就，发现他们显然是根据自己的感悟极力在场所中注入某种崇高的意义。马蒂斯和纽曼两人，都在参与建筑学相关事务中获得了丰富经验。因此，他们的言论对于建筑师和美学爱好者具有指导性意义。许多画家都曾对建筑发表直接评论，其中马列维奇和蒙德里安的观点最为精辟，他们的建筑观具有很强的启迪性意义，特别是针对那些迂腐的思想观念。我们此前对马列维奇和蒙德里安已经有所介绍，此后还会结合其他案例对这两位艺术家进行讨论。如前所述，马列维奇对极简主义建筑风格的后续演变做出了杰出贡献，而在建筑美学理论和现代主义形式语言的形成方面，他可能还受到蒙德里安以及他荷兰风格派同事们的极大影响。

在 20 世纪即将结束之时，已故的艺术家唐纳德·贾德（Donald Judd）曾"动手"参与得克萨斯州马尔法小镇的更新设计，该项目在建筑学界产生了深远的影响。唐纳德·贾德终生梦想成为一名建筑师，笔者将在本书最后的章节中介绍他的相关贡献。在此，我们将重点关注那些严格意义上的画家，那些持有独特建筑理念并在参与合作项目中提出犀利见解的艺术家。其中，马蒂斯、巴尼特·纽曼和德拉克鲁瓦这三位艺术家值得每位建筑师关注。

马蒂斯

马蒂斯曾对形成室内空间的基本要素进行过深入研究，并在静物绘画中将室内外空间一起表现。特别在窗户题材的作品中，他采取"室内和室外"二元空间相结合的表现手法。在这种题材的画面中，他不会具体描绘窗框和窗扇，而是表现为一个完整的窗口形态。因此，在室内会同时体验内外两种环境氛围。通过这种方法，马蒂斯设法证明奥尔特加·加塞特（Ortegay Gasset）某些观点的错误。加塞特曾在《艺术的非人性化》（*Dehumanization of Art*）一书中，认为一个人不可能同时关注两种环境。[18]

马蒂斯像，于 1928 年，以及他表现"室内与室外"二元空间画法的典型作品
（图片来源：Bernier, 1991 年）

马蒂斯具有超强的感知能力，他对建筑中蕴含的心理影响因素和动态属性异常敏感，且对建筑环境和限定空间的反应也非常直接。例如，在为费拉角的"特里德娜塔莎别墅"进行装修设计时，他认为餐厅空间太小，于是向出版商业主提出建议："我来帮你把它扩大。"[19] 为了引进自然光线，马蒂斯在餐厅后墙上设计制作了一扇漂亮的彩色玻璃窗，玻璃窗图案的背景是黄色天空，上面绘有一些飞翔的蓝色小鸟。他还在原有的中性白色瓷砖地面上放置了一棵深色植物，从而改

变了餐厅的氛围和空间尺度感。另外，在一些讨论建筑学难题的场合，马蒂斯也以类似的思路提出了有效的解决方案。无论是马蒂斯的绘画作品还是他对建筑方案的评价，都表现出超强的艺术直觉。在解决绘画问题时，马蒂斯经常用建筑做比喻，他还经常引用一位中国先生教导学生的话："当你画一棵树的时候，要从根部开始，并在心里想象爬到树上的感觉。"[20] 在思考绘画题材和选择模特的过程中，马蒂斯也时常思索这句话的内在含义，考虑如何将模特形象转变为画面的有机组成部分，并将这种原理运用到绘画教学中。在建筑要素当中，马蒂斯常把住宅中的楼梯当作比喻对象，将其视为自己正在"攀爬"的树木。在形容在楼梯上雀跃的感觉时，他介绍自己似乎在"……装饰一个通到三层的楼梯。我在想象客人从外部进入室内的过程和感受：一层空间要使人感到宾至如归，应当在这里营造生活氛围……；到了二层空间，应当令人感到已经进入住宅内部，进入到它寂静无垠的氛围当中……最后到达了第三层，最为宁静的空间。"[21] 通过爬楼梯过程的"时空"变换，马蒂斯描述了自己的心理变化，并与中国人用"爬树"过程进行比喻的思维方式相联系。最终，他将这种思维与德拉克鲁瓦的绘画理念结合在一起。德拉克鲁瓦曾经强调："我们应当具备能够将从六层坠落当中的人物画出来的能力。"[22] 马蒂斯认为，速写能够捕捉人的动态特征，而德拉克鲁瓦的话则进一步支持了这种观点。在此，我们可以想象一下毕加索的速写！

马蒂斯一直关注绘画和建筑之间内在联系，他认为这是一种可以强化感知能力的做法。马蒂斯获得过一次检验自己观点的重要机遇，就是饱受争议的宾夕法尼亚州"梅里恩博物馆"项目。该建筑采用石材建造，材料由阿尔伯特·巴恩斯博士（Dr. Albert C. Barnes）从法国中部引进。出于完善室内空间环境的特殊目标，马蒂斯在该项目中提出表现"舞蹈主题"的概念，同时他希望将室内外空间处理成浑然一体的效果。在博物馆展出空间平面布局方面，马蒂斯花费了大量精力，最终效果类似由建筑师在建筑设计阶段做出的统筹方案。设计过程中，马蒂斯从6米高处的三个门窗洞口向外观察后说道："除了长满鲜花和灌木的绿地再看不到其他，甚至连蓝天也看不到。"[23] 他随后又发现，室内顶棚上的三个壁龛形成的阴影，对陈列中的绘画作品会产生严重影响，他还仔细观察了那些巨型窗对面墙上的三个阳台的影响因素，最后才开始精心编排室内所有绘画作品。与此同时，他为自己的作品选择位置，最终将表现天空和舞者们的绘画置于室内那些壁龛的表面。马蒂斯对室内的所有因素都给予了仔细的考虑，包括原有作品的布置以及空间的整体感受。此外，他还为展厅增添了一片"蓝天"，弥补了内部空间长期存在的缺憾。马蒂斯曾表示："我的目标是把绘画融入建筑之中，要让壁画与混凝土和石材和谐共处。"[24]

对这座博物馆原有的外部形象，马蒂斯显然并不喜欢。他认为建筑外观的尺度失调，不仅与环境格格不入，而且令人感到压抑。对此马蒂斯并没有直接向人说明，这体现出他良好的风度。而且，通过他绘制的草图也可以明显地看出，原来的建筑中确实缺少空间活力。在此，联想起马蒂斯的一句话："需要强调，我在做建筑装饰设计时，首先关注的是该项目的重大意义，而后建筑的外表形式便会显得更加具有感染力。"[25] 这句话不仅说明他对任何委托项目都给予高度重视，而且对建筑师来说也是一种深刻的启迪，提醒建筑师重视每个项目的意义，无论初始条件有多不利，都应当竭尽全力加以解决。马蒂斯非常清楚，画家和建筑师之间难以合作。因此，他对能够接受处理已有建筑外表缺憾的挑战性工作倍感自豪，最终在提升建筑外观品质方面作出贡献。在某种程度上，马蒂斯用行动证明在建筑学和绘画领域存在合作的可能性。[26] 对建筑中蕴含的视知觉和情感特征，马蒂斯的理解非常深刻，而通过他的示范性案例，也说明建筑师和画家之间完全有可能在一起合作成功。

马蒂斯待人彬彬有礼。而雷诺阿却相反，他在谈论建筑时从来直言不讳。雷诺阿不仅对维奥莱勒－迪克极度憎恨，对所有建筑师也采取猛烈的攻击，强烈指责他们砍伐林荫大道的树木，毁坏他心爱的巴黎城市景观。虽然雷诺阿的鲜明立场值得尊重，但是他的大多数评论却是消极的。我们没有发现雷诺阿在建筑学方面有何建树，他对建筑师也未产生任何启迪性影响。相对而言，巴尼特·纽曼却在这方面有卓越贡献……

巴尼特·纽曼

巴尼特·纽曼对建筑学的突出贡献，在于他关于尺度的基本概念。他不仅从观赏距离与绘画作品的尺寸关系思考尺度问题，并将环境中各种人们熟悉的事物作为参照要素，类似我们理解的传统建筑尺度概念。[27] 此外，纽曼关于尺度的概念中还具有某种内涵和意义，他认为尺度不仅仅是尺寸之间的比例关系。纽曼曾经研究了历史上的两种不同尺寸的绘画作品，尝试比较并区分两者在尺度感方面的不同之处。一种是过去那些在画架上创作的小幅作品，通常悬挂在中产阶级家庭的壁炉上方，另一种是 20 世纪 60 年代晚期的巨幅画作。结果是，他认为画幅的尺寸并不是重要因素，而关键在于作品对空间尺度产生的影响。他曾经说过："人性化的尺度才是最主要的，也是使作品达到人性尺度的唯一途径。"[28] 有趣的是，纽曼通过研究现代主义建筑，并基于建筑空间需求理念，直接便建立了尺度概念。纽曼曾感慨："在某人的家里，密斯·凡·德·罗设计的椅子随处可见"[29]，可以想象，他对密斯·凡·德·罗设计的空间情有独钟，并希望在类似环境中陈列自己的巨幅画作。纽曼关于"场所感"（sense of place）的理念，和他的尺度概念密切相关。他试图在所有作品中体现这种意义，并使每一件绘画作品都具有独特含义，而这，也导致了他对蒙德里安的全面否定。在纽曼看来，蒙德里安的绘画作品和

巴尼特·纽曼生活照（左），以及他为休斯敦"罗斯科教堂"创作的雕塑——《断碑》
中、右两张图片，明确体现出纽曼关于"尺寸"和"尺度"的概念

[左图来源：奥尔尔（O'Neil），1990 年，乌戈·穆拉斯（Ugo Mulas）拍摄；中、右图来源：巴恩斯·苏珊
（Barnes Susan），1989 年]

构图形式表现出了彻底的教条主义手法，他还将这种手法运用到了所有方面，也不允许场所内体现个性特征和独特情感，只是希望创造普适性环境。通过对蒙德里安的评论，纽曼间接地对现代主义建筑和当时的城市规划进行谴责。关于蒙德里安，以及建筑和场所中的意义，纽曼曾经表示："我从来不认识此人，但根据我的了解，他实际上是生活在一个由他的作品映射和复制出来的环境当中。由此他的作品对建筑学和城镇规划产生了那样的影响，便毫不令人感到意外。因为他本人就是以那种方式生活的。他房间到处是白色，且也不能容忍曲线的存在。他坚持在环境中把自己的那些垂直线条转变成明确的体量。而对于所有教条主义形式，我从根本上持反对态度……对我来说，绘画是为了观察……每个人都应当为人类创造场所感，让人们了解自己的所在之处，进而获得自我的存在感。"纽曼认为，这种环境能够使人们与进行设计的画家进行精神层面的交流，因为画家已经将自己融入场所之中，而画家本人和他的作品也共同成为场所的精神象征。这种互动性观点，表明观察者所获得的个人尺度感，来自绘画作品创出的独特"场所感"。而最终，他相信一旦艺术家得以在场所中注入一种具有特殊意义的"场所感"，就会在观察者与场所设计的艺术家之间建立对接和交流机遇。而在这一瞬间，艺术家也成功地达到了某种意境，某种神秘和超现实的感受。[30]纽曼认为，真正的艺术和建筑并非是通过流行或奇特的样式形象而达成的场所本身，而是可以唤醒人类普世的价值，并增进人与人之间相互交流的精神维度的"场所感"。因此，纽曼认为除非环境可以唤醒人们精神的场所感，否则那些"奇特的"场所便不配作为真正的艺术。[31]

根据巴尼特·纽曼的观点，"内涵、尺度和场所感"是空间构成要素中的重要组成部分。这是纽曼努力尝试在自己绘画作品中达到的理想标准，也是他审视和评价其他艺术家作品的基本准则。在一次参加卢浮宫举办的绘画作品观摩和论坛活动中，通过席里柯、德拉克鲁瓦和库尔贝的作品，纽曼发现了自己正在寻找的一切。他在席里柯的《美杜莎之筏》(*The Raft of Medousa*)之前发出感慨："这是一件非常出色的画作！作品的尺度感超凡脱俗。你能感受到画面之外的宏大场景……画面表现出深邃的空间感，足以将整个人吞噬。"[32] 而作为同行，纽曼最钦佩的画家却是库尔贝，并认为他具有自己无法超越的高贵品德和创作激情。此外，这种认同感对纽曼产生了巨大的激励作用，并将这种品德和激情作为自己最美好的愿望。尽管他非常崇拜席里柯和德拉克鲁瓦，但纽曼认为他们两人属于画家中"不安分的类型"。纽曼当然对他们也十分崇敬，但古斯塔夫·库尔贝则与他的灵魂和个性更相配。[33] 纽曼曾把德拉克鲁瓦视为"狂热分子"[34]，但是这丝毫未影响他对德拉克鲁瓦智慧和品德的仰慕之情。也许由于志趣相投，纽曼和德拉克鲁瓦两人拥有相同的场所意识。他们都能从内涵角度和更广泛的方面去思考艺术命题，并通过语言和文字进行论述。其中，包括我们正在探讨的建筑学主题。在这方面，德拉克鲁瓦的论述具有鲜明的观点，值得我们给予足够重视。

德拉克鲁瓦与建筑

德拉克鲁瓦不仅是一位伟大的画家，他同时也具有开放的意识和崇高的品德。正如波德莱尔(Baudelaire)的评价："……任何具有才华的人，都能得到德拉克鲁瓦的赞赏。他以开放的心态对待各种艺术理念，并表现出兼容并蓄的态度。"[35] 德拉克鲁瓦心胸豁达，从不吝惜对同行的赞誉。至少在当时的画家群体中，这种相互欣赏的美德极为少见。据波德莱尔介绍，在德拉克鲁瓦的葬礼上，到场的作家人数远多于画家，这也进一步证实了德拉克鲁瓦品德的影响力。这种情况的发生存在必然性因素，因为德拉克鲁瓦最喜爱文学艺术，也是艺术史上最喜欢阅读的画家之一。通过与著名作家、诗人和音乐家的交往，德拉克鲁瓦不断从其他艺术中汲取营养。他还与其他领域的艺术家建立起了深厚友谊，其中包括乔治·桑(George Sand)、肖邦(Chopin)、波德莱尔等人。

德拉克鲁瓦对新生事物抱有极大热情，且总是随时准备接受来自各个领域的新奇想法。例如，他就对摄影艺术产生了极大兴趣，虽然在他职业生涯阶段"如此奇妙的发明姗姗来迟"，但他后来还是投入大量精力学习摄影技术，并成为摄影作品的收藏家。[36] 除此之外，德拉克鲁瓦经常用真挚的语言对别人给予应有的赞誉。同时，他能够做到公平与公正，面对自己不满意的作品时，他也能够提出其中的关键性问题。德拉克鲁瓦非常诚实，当感到某位个性艺术家的新作值得肯

欧仁·德拉克鲁瓦，文学修养最高的画家；他的头脑和目光受到交叉领域最高层次的影响，而对于建筑师来说这些方面尤为重要

（左图来源：阿希尔·西劳创作的版画局部；右图来源：《波德莱尔》，1947 年）

定并需要做出正面评价时，他也能够马上转变自己过去的观点，并能放弃前嫌。而这方面的最好例证，就是他对库尔贝看法的转变，甚至能够给予高度评价。最初，德拉克鲁瓦对库尔贝和他作品的批评非常严厉，特别针对是库尔贝创作的——《浴女》（*The Bathers*）。这幅作品曾在当时的画坛掀起轩然大波，德拉克鲁瓦指责库尔贝没有充分表现作品的主题，而画面效果也平淡无奇。德拉克鲁瓦认为库尔贝"无非是在展示一幅放大的习作"，而且认为其中的人物形象好似"后来才添加到画面之上，与周围环境毫无联系。"[37] 这些情况发生在他们两人初次见面不久。两年后，库尔贝委托建筑师伊萨贝修建一个临时展棚，在里面举办个人画展，展出作品包括遭到沙龙会展评委会拒绝的两幅绘画——《奥尔南的葬礼》（*Burial at Ornans*）和《画室》（*The Atelier*）。德拉克鲁瓦亲临展棚观看画展，并当场对库尔贝表示了赞赏。在 1885 年 7 月 16 日的日志中，德拉克鲁瓦这样写道："……我去观看了库尔贝的作品展。他已经把门票降到了 10 美分。我独自在那里待了将近一个小时。在那些被他们（沙龙会展评委会）否定的作品当中，我却发现了一件杰作。他有了巨大的成长，而我也完全被那幅题为《葬礼》（*Burial*）的作品所吸引，心中产生无上的敬意……这幅作品存在的唯一错误，就是他的这幅画传达了一种暧昧不明的意境：画面的中央部分看起来似乎有一片现实的天空。他们竟然会把这个时代最杰出的作品拒之门外！不过，相信像库尔贝这样充满激情的小伙子，并不会因一点小挫折就灰心丧气……"[38]

此外可以体现德拉克鲁瓦伟大胸怀的，便是当看到别人在做正确的事情，无论大小，只要认为比自己做得好，他都会给予适当的赞赏。他习惯真诚地赞美他人，甚至令人感到他"对待那些只擅长做小事的人物，也似乎会表现出嫉妒。"[39]

关于德拉克鲁瓦这方面的品德，波德莱尔曾举例说明："德拉克鲁瓦认为《街垒》（The Barricade）是梅索尼耶最优秀的绘画作品，于是他狂热地收藏这幅作品的构思草图，令人感到这种行为似乎有些过头。而事实上，梅索尼耶用一支普通铅笔所表现的才华，要远胜于他的色彩作品。"[40] 显然，波德莱尔对梅索尼耶的评价并不是很高。

尽管具有贵族血统，但德拉克鲁瓦却极为谦逊，他身上表现出与塞尚相似的、类似乡村小城人的那种谦逊朴素的品质。德拉克鲁瓦在这方面的表现，与其他伟大的艺术家毫无区别。正如罗杰·弗莱（Roger Fry）在谈及塞尚谦逊品德时曾说："谦逊，是人的一种非凡气质，任何艺术家达到最高境界之前，都要通过品德的检验。虽然精湛的技艺足以实现艺术家的精神追求，但是每一位注定达到真理目标的艺术家，首先需要具备极其谦逊的品德，类似伦勃朗、贝拉斯克斯、杜米埃（Daumier）等艺术家身上的那种气质。"[41]

德拉克鲁瓦关于人和艺术方面的所有评论中，有关建筑师和建筑学方面的文字尤为精彩。然而，具有讽刺意味的是，恰恰是因为一些与建筑有关的作品，例如他为几座建筑创作的装饰性绘画 [法国众议院 "波旁宫"（Palais Bourbon）国王大厅（Salon du Roi）壁画、众议院图书馆天顶画，以及圣苏尔皮斯（Saint-Sulpice）天使教堂壁画等]，而使得德拉克鲁瓦在当时受到了严厉的批判。尽管如今人们普遍认为德拉克鲁瓦在描绘建筑时胸有成竹，但在那个时代，他却遭到了强烈指责，尤其是 "圣苏尔皮斯天使教堂" 中的壁画。事实上，除了赞美德拉克鲁瓦的评论，波德莱尔还介绍："……有一些人，有可能是石匠或者是建筑师，他们竟然用'颓废'一词形容他的最后一件作品。"[42] 波德莱尔是那个时代文学领域的核心人物，而且他掌握大量信息，我们没有理由怀疑他的观点正确与否。这些当时遭到来自石匠和建筑师们的指责的作品，如今却可以视为由艺术家、工匠和石匠以及建筑设计师协同创作的创意结晶。[43]

德拉克鲁瓦把建筑视为最完美的艺术，并一直关注建筑学方面的问题。他不仅坚持在日记中记录建筑学方面的内容，还经常分析建筑中表现出的纯粹艺术特征，以及建筑与其他艺术之间的关系。尽管德拉克鲁瓦建筑观的内涵非常丰富，但在文献方面却少有记载，而且他关于建筑学、现代主义和后现代主义运动美学的论述也几乎完全被忽视。相反，在音乐理论方面却经常看到一些文章论述德拉克鲁瓦与音乐艺术的关系。

在建筑历史书籍和文章中，对德拉克鲁瓦在建筑学中的重要地位可以说没有任何相关评论。只有希区柯克、贝内沃洛（Benevolo）和赛维等人，他们偶尔在文章中提及过德拉克鲁瓦的名字，但对这位画家在建筑中创作绘画的实际情况，

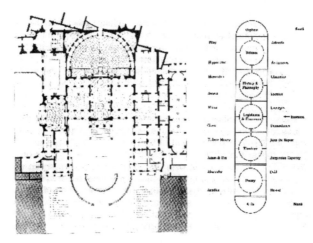

左：法国众议院国王大厅平面图（1840 年）；右：众议院图书馆屋顶平面示意图，德拉克鲁瓦在上面绘制天顶画

（图片来源：Lee Johnson，1989 年）

介绍内容却还是少之又少。[44] 相对而言，音乐家们对德拉克鲁瓦给予了高度评价，包括他所有积极向上的言论和文字。德拉克鲁瓦与肖邦和乔治·桑一直保持亲密的关系。

1852 年 9 月 20 日（星期一），德拉克鲁瓦在他的日记中添加了以下内容：

"论建筑。建筑本身具有完整性的，而当中的所有要素都是被人理想化了。建筑中的直线是由人创造的，而这在自然界中根本不存在。狮子寻找洞穴栖息，狼和野猪也能在丛林深处找到藏身之处。某些动物虽然能自己筑巢，但也只是出于本能的驱使，它们丝毫没有修饰和装扮自己居所的意图。只有人类，在自己的住所模仿洞穴和森林上部穹窿般的形态。当艺术趋于完美的阶段，便会继而产生杰出的建筑。在每个历史时期，当时的欣赏水平和新动向都会引发艺术变革，从而印证审美趣味的自由性特征。

建筑不同于雕塑和绘画，不能直接从自然中获取任何形态特征。这方面，建筑和音乐十分相似。不过，也有人相信，音乐表现的是自然界的声音，而建筑则模仿的是巢穴、洞窟和森林的形态。但是，关于这两门艺术复制自然界具体形态的观点，应当理解为不是直接的模仿。"[45]

在德拉克鲁瓦 1853 年 4 月 20 日（星期三）的日记中，还发现一段他对建筑的理解。他的朋友格兹玛拉（Gzimala）曾认为："肖邦的即兴演奏，比他最终谱写的乐曲更大胆。"德拉克鲁瓦对这位朋友的观点进行思考，并对建筑学进行了类似的分析，过程中他还结合了自己对绘画方面的感受，以及对建筑的观察体验。德拉克鲁瓦在日记中表示，肖邦的即兴演奏"相当于草图在绘画创作中的地位，而草稿与完成的画面也存在区别"。而且，德拉克鲁瓦并不认同某种观点：即作品在完成过程中有可能破坏整体效果。他接着表示："不，一个人决不会在完成创作过程中损伤画面！即使可能在作品的草图构思阶段，确实可能缺少足够的想象空间。同样，一座建筑处于正在建设而且各部分细节尚未显露的阶段，与同最终完工且结束装修工序的形象相比，也会给人以截然不同的印象。建筑遗迹的形象也是如此，由于许多部位已经缺失，而且各部分细节遭到损坏或残缺不全，便显得类似于正在建设中的状态。至于正在建造中的房屋，我们只能看到它的基本骨架，以及通过模具和部分装饰表现出的模糊形象。而一座落成的建筑，却把人的印象限制在一个封闭范围内，而想象力也无法超出这个界限范围。草图画面之所以具有巨大魅力，也许就是因为它能够让每个人凭借自己的情趣想象作品的最终形象。艺术家具有超乎常人的感知力，每当看到一件优秀作品，他们会在赞赏的同时提出评价意见，不仅是作品中存在的具体问题，还包括与自己观点不同的方面。柯勒乔（Correggio）曾经说过的名言："我也是画家"（Anch'io son'pittore），他想通过这句话表示：这是一幅很好的作品，但我还需要在画面补上某些缺少的东西。由此看来，艺术家在完成作品的时候，绝对不会把它弄坏；倒是在舍弃草图中的一些模糊形象的这个过程中，反而能充分挖掘自己的个性，进而将自己的才华表现得淋漓尽致。同时，也会在此过程中暴露出作品的不足之处"。（《德拉克鲁瓦日记》，第261-262页）。对此，德拉克鲁瓦的相关论述很多，而这也能令笔者想起贾科梅蒂，他的草图数量也十分惊人，而且他也总是在永无休止地绘制草图（见《劳德画像》）。此外，这或许也能解释为何勒·柯布西耶的草图中会具有很强的张力，尤其是在与建筑"渲染图"这种以制图软件绘制出来的成品相比较时，这种感觉格外强烈。

尽管德拉克鲁瓦非常热爱建筑和建筑师，但当他看到建筑界出现失控现象时，他也会出面批评。1860年，当巴黎在奥斯曼的主持下进行着如火如荼的城市建设时期，德拉克鲁瓦也表示了强烈的愤慨，甚至不亚于雷诺阿的表现。不同的是，德拉克鲁瓦是经过思考后提出了自己具有建设性的见解。他察觉到那个时期的建筑领域和建筑师身上存在一些错误做法，于是在1860年1月27日的日记中，他写道：

"关于建筑。目前的建筑界已经堕落到全面衰败的程度。这门艺术完全迷失了发展方向。建筑界希望创新，却没有新的创造性人才。大量怪异形态被当作新颖的形式，而受到极大追捧。正是这种缘故，形式新颖且精致的原创性作品极其少见。古人之所以能达到登峰造极的地步，并非是一日之功，他们从不明确要求自己一鸣惊人，而是亦步亦趋，在不知不觉中达到了完美境界。只有借助传统，天才才能获得成功。

当建筑师抛弃了所有传统，他还能获得何种成就呢？据说，人们竟然对希腊建筑产生了厌倦心理。事实上，甚至伟大的罗马人也十分尊重和爱护希腊建筑，他们只不过是将其进行了某些改良，以适应自身的生活习惯。

黑暗的中世纪结束之后，迎来文艺复兴时代。实际上，文艺复兴是一次美学趣味的复苏运动，可以把这种趣味视为良好的感觉，也可以认为是所有艺术中的那些美的形式；同时，文艺复兴使艺术家回归到追求比例完美的创作之路，虽然他们对原创性都自命不凡，但无论如何，艺术都将回归这一毋庸置疑的国度。尽管我们与古人的习惯有很多不同之处，但是现代条件实则更接近我理想中的生活方式。这种理想不仅表现在阳光和空气质量方面，还体现在为多数人群建造居住设施的壮观场面，而这在城市和居住区逐步拓展过程中表现得越来越明显。至于我们的先辈，他们生活在封闭而吵闹的环境之中，而且永远将自己困在家中以防万一，他们常常用警惕的目光从门窗缝隙窥视外面的情况；而那些狭窄的街路，对过去的天才来说，无疑是阻碍他们成长的障碍。我们的先辈需要时刻保持警觉，以应对适应来自社会的各种威胁。

由此产生疑问，由建筑商在巴黎建造的那些15世纪样式的房屋，究竟与我们有何关系呢？这是否意味着，那些所谓的窗子都是观察口，背后时刻有人持枪守候。或者在所有门的后面再装上一个闸门，门扇布满寒气逼人的铆钉，还有令人恐怖的链锁？

建筑师们已经放弃了。他们当中的有些人已经对自己以及同行失去信心，而且坦率承认该领域没有任何发明创新，甚至连创新的可能性都荡然无存。因此，他们认为有必要回到过去，而且根据他们的观点，崇尚古典的时机已经到来。然而，他们却在复兴之路上转而从哥特式风格中寻找灵感。这种风格早已寿终正寝，而他们却因此感到耳目一新。为了表现创新思想，他们开始热衷于设计哥特式建筑。但是，他们创造出了什么样的哥特建筑呢？究竟又有何创新呢？一些人天真地认为应当告别历史，他们对希腊艺术感到厌烦，并认为那个时期艺术中的比例特征单调无趣；他们还认为，在人类处于粗放时期纪念物中显现的那些比例形式，已经失去恢复和保存的意义。然而其实，从那些被埋没的艺术形式中，只要提取利用其中的比例关系，就能为现实的创新增添哪怕是点滴光彩……由于模仿了哥特式风格，他们必然会失去创新能力。"[46]

德拉克鲁瓦是贵族的后裔，传闻说他是著名外交家塔列朗（Talleyrand）之子。他年轻时曾在堂兄家族位于诺曼底瓦尔蒙（Valmont）庄园的住宅中度过几个暑期，那里给他留下了最美好记忆。那座住宅是18世纪建造的修道院建筑，周围保留着旧建筑遗址，例如"瓦尔蒙修道院"，德拉克鲁瓦曾在1831年绘制过该修道院的拱廊。[47] 也许，德拉克鲁瓦正是从瓦尔蒙开始关注的建筑遗址，并对其中蕴含的意义和活力进行了思索。然而尽管维蒙特庄园给德拉克鲁瓦的童年留下了许多美好回忆，但那里毕竟是属于他堂兄的家产。他需要面对自己的生活，向往舒适的环境。德拉克鲁瓦一生都在勤奋工作，且累累硕果。他不仅热爱建筑，而且对建筑学的评论观点也非常精辟。显然，他希望能拥有舒适的生活环境。从德拉克鲁瓦的言论中，我们能够理解他的真正追求，可惜他从来没有实现自己的理想。1853年5月13日（星期五），他和侍奉自己多年的管家珍妮（Jenny）见面之后，在日记中写道：

"我和珍妮沿着林中寺院旁边的小道走了很远，直到一棵大橡树下停下休息。我们曾经去过那座僻静的寺院，当时有部分房屋正在出售。这正是我所喜欢的那种乡间宅院，所谓的花园实际上就是一个小菜园，却格外雅致；园子里依旧生长着许多大树，能为周围居民提供果实。那些多年的树干多枝多节，树枝弯弯曲曲，枝头依然有许多花果。其中有些房舍遭到人为破坏，并非岁月的摧残。面对惨无人道的景象，实在令人伤感。那种愚蠢的残暴行径，恰恰表现出我们这个时代不和谐的方面。推倒！拆毁！烧尽！这些都是自由狂人和宗教狂热分子们惯用的手段，他们毫无约束地轮流进行破坏，宣泄野性的行为永无休止。这些目光短浅的暴民从来都以破坏行动为荣，他们并不了解创造永恒的标志对生命过程具有多么重要的意义。我还注意到，一些永恒的作品之所以留存至今，是因为其中具有延续性基因。这些作品的创作构思基于伟大而永恒的理念，且制作工艺也非常精致。即使是残垣断壁，也给人以苍劲有力的印象，它们的骨骼很难被彻底摧毁。古代的一些团体组织，尤其是寺院中的僧侣们，他们相信生命是永恒的，因此希望建造留存数百年以上的基础设施。但是，后人却在一些古老的墙垣上面，用非常现代而且卑劣的手法增加新的体量，相比之下，这些庸俗的新作令人感到羞耻。与那些我们天天面对的私人建筑相比，那

些遗迹的骨骼比例具有某种巨人的气质。

与此同时，我在想，也许每个天才的作品都具有类似的精神气质。雕塑作品更是如此，不可否认，所有经过修复的作品，拙劣的表面都掩饰不住原作的本真；而绘画作品本身相对脆弱，在上面施加任何手脚都是毁灭性的。尽管如此，通过作品的意境、特征，以及某些无法形容的印象，都能表现出艺术大师的绘画技法和他的创作理念。"[48]

在艺术家当中，没有人能像德拉克鲁瓦那样，清晰地表达自己对建筑和建筑师的理解。有些艺术家，诸如赫尔曼·耶塞柳斯（Hermann Geselius）、阿梅代·奥赞方、克莱斯·奥尔登堡（Claes Oldenburg）和马蒂亚斯·格里茨（Mathias Goeritz）等人，他们也曾对一些建筑师朋友产生过有意义的跨界影响（例如，伊利尔·沙里宁、罗伯特·文丘里、弗兰克·盖里，以及巴拉甘和莱戈雷塔等）。相对而言，德拉克鲁瓦的思想更具有普适意义，他的智慧和理论是全世界建筑师取之不尽的精神财富。

位于弗斯滕伯格大街（Rue Furstenberg）的德拉克鲁瓦私人公寓
公寓楼梯引导人们到达后院工作室，工作室内设有一个大天窗
（照片由笔者提供）

古斯塔夫·库尔贝

古斯塔夫·库尔贝一直希望拥有一个理想的工作室，而他也为此付出了终生的努力。库尔贝的人生经历，从一个普通人开始，他曾扮演过画家、社会活动者和革命家的角色，也担任过"教师"，但是他从未放弃自己的理想，一直在寻找

合适的工作场所和展出空间。最终在作品《画室》（The Atelier）中，库尔贝概括表现了自己的意愿，这幅作品同时具有现实和抽象主义的内涵。库尔贝对举办个展的场地条件极为重视，他是第一个为自己建造画廊的艺术家，并成为欲通过整体策划获得回报的第一人。他精力充沛、个性十足，而且坚信人格的力量。同时，在画家群体中，库尔贝率先关注平民生活，并在绘画中表现了他们的疾苦。库尔贝拥有许多崇拜者，其中包括毕加索和梵·高这两位画家。

古斯塔夫·库尔贝绘画作品《画室》

这种同情心和激情洋溢的个性，刻画出库尔贝复杂的人格特征。他偶尔也会做一些违背自己意愿的事情，不过尽管如此，他最终仍在事业上取得了成功，并在多方面的产出都十分丰硕。尽管对学校和教学工作不感兴趣，但库尔贝曾担任过教师的角色，并采用开放性模式培养艺术家，对后来的艺术教育理念也产生了普遍性影响。库尔贝经营有道，他不仅在生活上衣食无忧，还能够投身到社会性事务当中，成为一个革命家。然而与上述方面比较，库尔贝的理性思维则显得很幼稚。尽管如此，他却能创作出许多发人深省的作品。

德拉克鲁瓦是历史上最理智的画家之一，且文学修养极高。相对而言，库尔贝却讨厌进行理性思考[49]，而且"随着年龄的增长，这方面表现得越发明显……哪怕是看一眼书，他都会勃然大怒"[50]，他只对研究艺术感兴趣[51]。在青年时代，库尔贝就表现出自命不凡的个性，他公然表示："所有学问都极其令人厌烦。"[52]不过尽管如此，他也曾和那个时代最有理智的两位朋友合作共事，他们分别是马克斯·布琼（Max Buchon）和查尔斯·波德莱尔。库尔贝还给这两位文学巨匠的著作和诗集绘制过插图。

通过库尔贝丰富的人生经历，我们可以学到很多东西。他是那个时代即将迎来的最后一位艺术先驱，而当时的整个艺术界却没有任何人认识到这一点。从某种意义上，库尔贝的人格和性情，以及他对绘画和社会方面的整体观念，比他某些杰出绘画作品的意义更加重大。

1819 年 6 月 10 日，古斯塔夫·库尔贝出生在法国弗朗什孔泰（Comté）中部的奥尔南（Ornans）小镇，1877 年 12 月 31 日，他在瑞士沃韦（Vevey）附近的拉图尔 – 德佩勒（La Tour de Peilz）去世。[53] 库尔贝出生在一个富裕家庭，他的父亲是一个农场主 [54]，并从事房屋建造和旧宅改建业务。库尔贝和塞尚的家庭背景非常相像，他们就读的学校也很相似。库尔贝对后来改建的校舍十分不满，称其为"一个巨大而且丑陋无比的现代建筑"。

很有可能，库尔贝患有"阅读恐惧症"。据他的传记作家格斯尔·马克（Gerstle Mack，同时是塞尚的传记作家之一）介绍："也许是出于抵触心态，他甚至不能正确拼写简单的词汇。"

尽管不像塞尚的父亲那样专横，但是库尔贝的父亲还是不顾儿子意愿，坚持把他送进高等专科学校。他后来离开学校，并在经过父亲的同意后，作为走读生住到一座住宅中的一个房间内。也正是在那座住宅里面，维克多·雨果于 1802 年来到人世。也许有人会提出疑问，这种巧合是否会产生某种影响因素，促使库尔贝后来持续关注社会性问题，并将这方面作为自己的研究方向？这座住宅内还居住着一些年轻画家，类似一个艺术家聚集场所。最后，库尔贝转入位于贝桑松（Besancon）的巴黎高等美术学院，在那里与作家马克斯·布琼（Max Buchon）成为朋友。塞尚和左拉之间的友谊非常短暂，而库尔贝和布琼之间却一直保持着友情关系。布琼不仅崇尚社会主义理想，对被压迫的阶层也能给予关心和支持，这种人道主义的态度，对库尔贝产生了深刻影响。[55] 这种跨界影响的效果非常显著，布琼最早的一部著作——《诗词随附》（*Essais Potiques*）中的所有插图，皆由库尔贝绘制。[56]

贝桑松美术学院，库尔贝在此第一次走进绘画课堂
（照片由笔者提供）

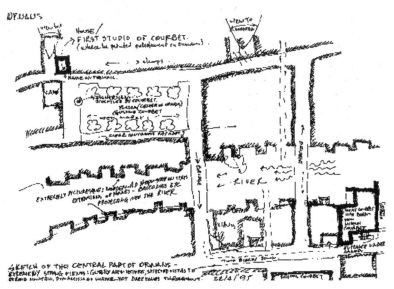

奥尔南（Ornans）镇中心区草图，图中显示库尔贝第一个工作室所处的广场，以及他为城市捐献的雕塑位置

（草图和照片由笔者绘制或提供，1994 年）

库尔贝父母的住宅和他的早期工作室，位于路易河畔（Loue River）
（照片由笔者提供，1994年摄）

许多画家的父母，都曾希望他们的儿子成为律师（例如塞尚和库尔贝、马蒂斯等人的父母）。地方中产阶层梦想自己的后代能够从事法律方面的职业，以确保他们在民众地位阶层化的社会中无后顾之忧。库尔贝起初也忍受过类似的摆布，但他却未选择律师职业。当离开法律学校之后，他便违背父母原本的意愿，踏上了实现画家梦想的长足里程，同时也一直在寻找一个理想的工作场所。

最终，库尔贝在巴黎定居。从此，他一直居住在塞纳河左岸，而且从来没有远离圣日耳曼大道。后来，他在旅馆房间内生活两年之久，客房带有一个阁楼空间，"需要登上104级台阶"才能到达。客房内设有一个天窗，在冬季雪后基本见不到阳光。室内温度很低，而且家具数量非常有限。因此，"库尔贝请求父母给他送去闲置的床垫，以及毛毯和床单等生活用物品"。后来，他搬到一个小教堂内居住，并在里面改造出一间工作室。据马克介绍，那是一个比例完美的工作室，顶棚是拱形的；工作室位于一层，通过一个开向庭院的窗户，室内可获得自然光线。在那里，库尔贝感到拥有了第一个正式的"工作室"。库尔贝在巴黎的第四个居所，仍然设在一座经过改建的教堂内，并也是他最后一个居住场所。这座小教堂是奥古斯丁教会普雷蒙特雷修道院（Premonstratensians）的遗址，后来被改造成私人住宅。由于原有结构限制，工作室只有一个很小的窗户，但却有一个很大的天窗。

工作室的首层是一个"圆形咖啡厅"，占据教堂后部整个半圆形区域。工作室的特色在于内部高耸的空间，以及由屋面结构形成的独特顶部形象。工作室空间内裸露着教堂原有的梁架，也成为内部装饰构成要素，给人以"沧桑"的空间感受。对工作室内部空间，马克曾详细描述："工作室内的家具数量显然不足。只有一个长沙发，上面覆盖着陈旧的棱纹布。室内还有六把旧椅子和一个旧弧面衣柜，以及一张堆放着一些颜料管和几只啤酒杯的小桌子。空间内有许多大大小小的绘画作品，种类非常齐全。有些作品挂在墙上，有些则直接背扣在地板上。房间正中的空闲区域立着一个画架，上面有一幅尚未完成的作品。室内角落堆放着一些大卷画布，好似收起的船帆。工作室朴实无华，甚至

左：库尔贝在巴黎时期的工作室，位于巴黎奥特街 32 号

[版画作者：A.-P. 马夏尔（A.-P.Martial）引身 Comte H.D'Ideville，"古斯塔夫·库尔贝"，于盖斯托·马克
（Gerstle Mack），1951 年]

右：漫画——《观赏库尔贝作品》

[（*Caricatoure of visitors to a Courbet Show*）；图片来源：《幽默杂志》（*Le Journal pour Rire*，1853 年），林赛，
1973 年]

谈不上有最基本的舒适感。在室内一个角落，库尔贝用木板隔出一间封闭的小卧室。唯有通往工作室那个路易十三时期风格的精美楼梯，与室内的简朴氛围形成强烈反差。"该建筑约在 1878 年被拆除，原址上建造了目前的巴黎高等医学院（Ecole de Medecine）。[57]

库尔贝学习艺术的决心，得到他母亲的表姐妹弗朗索瓦－朱利安·乌多（Francois-Julien Oudot）的支持。她鼓励库尔贝申请到冯·施托伊本男爵（Baron von Steuben）创办的艺术学校学习。但是，库尔贝去艺术学校大约不超过四到五次，随后便转到苏塞（Suisse）的工作室，并认为那里更适合自己。苏塞曾经当过模特，他在教学过程中从不进行指导，对学生的习作也不给予任何评论。他只用很少的费用聘请裸体模特，让学生按照自己的兴趣画素描，以及进行绘画技巧练习。这个画室的教学模式，显然适应学生的个性发展，而且这方面的效果有据可查。例如，大约早于库尔贝 20 年之前，德拉克鲁瓦就曾在苏塞的工作室工作过；而在库尔贝离开那里大约 20 年之后，毕沙罗、阿尔芒·吉约曼（Armand Guillaumin）、塞尚等人，也都曾到苏塞工作室画模特。[58] 尽管库尔贝拒绝接受学院派教学模式，但他很快便养成了去卢浮宫观摩的习惯。在观摩过程中，他对那些巨幅绘画作品产生了兴趣。此后，他便也开始创作大尺度作品，有些画幅甚至达到宽 10 英尺、高 8 英尺。不久，他便意识到自己需要一间更大的工作室。

　　库尔贝的一生，无论在成为画家的训练阶段，还是他后来绘画题材的创作时期，都在寻找更大、更合适的工作室，而且从未放弃这种努力。他不停地往返于家乡奥尔南小镇和巴黎之间，并将自己的想象空间进一步扩大。后来，父亲开始同情儿子，并转变了自己最初的保守观念，那时库尔贝已经在艺术界崭露出头角。库尔贝的第一幅绘画作品被来自阿姆斯特丹的艺术经销商购买，从此他的作品便在荷兰和比利时受到极大欢迎，而当时他在法国却默默无闻。在事业上取得初步成功之后，库尔贝便开始了个人旅行生涯。相对而言，毕加索却不喜欢旅行。库尔贝酷爱周游世界，事实上这种爱好也帮助他不断地提升了自己的声誉。与其他伟大艺术家相比较，库尔贝和他们具有许多相似之处，生活方面也是丰富多彩。他从不节食而且喜欢饮酒，他身体魁梧而且情绪饱满，这些特征如同与日俱增的作品数量。库尔贝从不把精力放在与异性交往方面[59]，根据他的观点：“我没有多余的兴致让女人参与到旅行当中。既然知道世上到处都有女性，有个异性陪伴在身边显然很多余。”[60]

“圆亭咖啡馆”和“安德莱啤酒馆”及工作室

　　在艺术家跨界影响的案例中，库尔贝和波德莱尔的关系极其特殊。这位毫无文学修养的画家，却能够和同时期一些著名的文学巨匠共同合作，其中包括布琼和波德莱尔。库尔贝非常了解查尔斯·波德莱尔，他曾为波德莱尔在革命性报纸上发表的文章绘制过一些小插图。这些文章恰恰是波德莱尔在“圆亭咖啡馆”（Café Rotonde）完成的，咖啡馆位于奥特费尔大街库尔贝工作室的正下方。据马克介绍，库尔贝和波德莱尔之间的友谊异乎寻常。因为这位画家不仅讨厌文学，而且不喜欢诗歌和诗人。据说库尔贝曾表白自己的观点：“作诗是一种不诚实的行为”，他还说过：“诗人采用有别于普通人的说话方式，而且他们故意摆出贵族姿态。”然而，库尔贝却能够欣然接受比他年轻 2 岁的波德莱尔，波德莱尔当时经常身无分文，而且居无定所，只能偶尔到这位艺术家工作室的地板上过夜。[61]

　　如果说“圆亭咖啡馆”是库尔贝和波德莱尔之间的关系纽带，那么“安德莱啤酒馆”（Brasserie Andler）则为这位画家的调色板上增添了社会性色彩，而它也是库尔贝跨界行为的桥梁。大约从 1848 年开始，库尔贝频繁出入“安德莱啤酒馆”，而且在超过 15 年的时间内，他把这里当成餐厅、酒吧、俱乐部和“论坛”。尽管当时巴黎拥有 27000 多个咖啡厅和啤酒馆[62]，库尔贝却对“安德莱啤酒馆”情有独钟，毕竟那里距他的工作室只有咫尺之遥。库尔贝的这一习惯，一时间成为某种时尚，许多艺术家纷纷加以效仿。对于巴黎的艺术家们来说，诸如咖啡馆、餐

库尔贝创作的蚀版画：《安德莱啤酒馆》
（图片来源：Schneider，1968 年，引自纽约公共图书馆）

厅、酒吧或啤酒馆等场所内，具有某种特殊氛围，其重要程度不亚于工作室中的光线环境。这类空间并无特别之处，然而其中却具有人性的温暖和交流的氛围，并体现出志同道合的精神。那个时期，许多画家经常在作品中描绘类似的空间环境，尤其是印象派画家，如马内、德加（Degas）、雷诺阿和图卢兹·洛特雷克等人。当然，表现"安德莱啤酒馆"的绘画作品也不少。在库尔贝数量稀少的蚀板画中，就有一幅表现该酒馆的作品。画面显示，后侧凹室内摆放着一张台球桌，室内有一个独立设置的大炉具，还有几个木桌和一些长椅，再没有其他家具。啤酒馆后部区域设有一个天窗，辅助光线缓解了空间的密闭感。马克认为："极有可能，库尔贝是在自己的工作室中萌生的现实主义创作理念……而这种理念在啤酒馆内得到进一步洗涤……显然，啤酒馆是他工作室空间的延伸。当时，人们总是在那里期待他的到来……"[63] 对库尔贝来说，"安德莱啤酒馆"的意义重大，如同红磨坊（Moulin Rouge）之于图卢兹·洛特雷克，"狄多街咖啡馆"之于贾科梅蒂。

巴黎城市和市内啤酒馆场所之所以会产生如磁力般的吸引力，是因为其中具有艺术性氛围，这里不仅聚集着艺术家群体，而且还有大量的文化界人士。尽管巴黎能提供许多场所，但任何空间都不能适应库尔贝的创作要求，而且难以发挥他丰富的艺术表现力。因此，他经常回到奥尔南，不停地沉迷于物色合适自己的工作室。随着他社会意识的觉醒以及作品尺寸的不断增大，库尔贝对工作室规模的要求也不断扩大。

库尔贝曾计划绘制巨幅作品，却一直没有找到合适的创作空间。后来，母亲将自己继承的一栋住宅提供给他使用，才解决了这一难题。这座住宅位于奥尔南的艾尔贝斯区，它也成了库尔贝在奥尔南的第一个工作室，而当时一切看起来都非常完美。住宅内部有一个具有两层高度的宽敞房间，原来被作为了洗衣晾晒空间。与塞尚改造父母住宅的做法类似，库尔贝在房间的南墙凿开一个大窗口。同时，库尔贝"将室内墙面涂成偏绿的黄色，并搭配暗红色。窗间墙部分则涂成白色，顶棚和墙顶四分之一部分为蓝色。他在这些蓝色背景上绘制了一些燕子，目前从遗留的痕迹中依然能看出它们飞翔的姿态。库尔贝在这座住宅内创作的第一幅作品就是《采石工》(*Stone Breakers*)，画幅宽 10 英尺，高度超过 7 英尺。"[64]而根据作品表现的内涵，蒲鲁东（Proudhon）称其为第一幅"社会主义绘画"作品，并将库尔贝视为第一个"社会主义画家"。

这个崭新而又舒适的工作室，不仅对库尔贝创作大幅作品提供了条件，而且对他的绘画创作也产生了显著的积极影响。可以认为，如果没有这个工作室，库尔贝那幅现存于卢浮宫的名作——《奥尔南的葬礼》就不会问世。这幅作品的高度超过 11 英尺，长达 23 英尺，而"他的工作室只比画幅长出 16 英寸，高出约 14 英寸。"[65]为了创作类似大尺度的画作，他仍需要一个更大的空间。马克观察发现，这幅作品在构图方面明显缺乏纵深感，而这方面问题也许是由于空间局促所造成的……由于在狭小的房间内无法容纳成组模特，库尔贝只能一个一个地画。而且，他自己也曾经抱怨："我甚至连退后几步的余地都没有。"[66]在库尔贝前所未有异常高产的创作时期中，工作室尺度方面的问题始终难以解决。如果说梵·高终生都在寻觅一位知己，库尔贝则一生都在物色大空间。而要解决这方面问题，唯一的方法就是养成户外创作的习惯，哪怕是在室外完成作品的某些部分。对库尔贝来说，户外创作是他快乐的习惯之一。与其他艺术家不同，库尔贝在创作过程中对隐私方面并不在意。相对而言，乔治娅·奥基夫在工作时就无法忍受任何人在身边走动。库尔贝性格开朗而且乐于交友，他在作画时从来不担心有人围观。实际上，库尔贝更喜欢"在公众面前进行表演。"[67]按照马克的观点，"库尔贝在进行一场一个人的革命。"这正是毕加索尊重库尔贝的原因，也是许多人都喜欢他的关键之处。

库尔贝之所以选择到户外创作，不仅是出于他对大自然的热爱，和对田间辛勤劳作者的尊重，也是他最终进入最大工作室的过渡阶段。他不仅从大自然中获取了大量意象性感受，而且和后来的许多印象派画家一样，他会回到工作室内完成自己的绘画作品。

最终，在作品《画室》当中，库尔贝充分表达出了他对自然的理解和自己的个性，包括他对空间的期盼心情，以及在与人交往和在社会秩序中养成的人格特征。库尔贝给这幅作品加了一句很长的标题："我的《画室》，是概括总结我 7 年创作生涯的真实寓言。"[68]这句话象征性地解释了库尔贝对社会的情感。这个"画室"象征着一个社会，库尔贝曾说："通过这幅作品，我对工作室中的精神和物质方面进行了历史性总结。"没有哪位艺术家，能像他这样评价和看待自己的工作室[69]，也没有哪个艺术家的工作室，获得过后来者如此之多的评论。在介绍作品时，库尔贝首先诉说了那些感动自己的人物，以及将他们画到画面中的感受，然后介绍工作室中的有形要素。库尔贝明确表明，工作室中所有的抽象性特征和魅力，对于每位画家都具有非凡意义。[70] 对库尔贝来说，艺术并不是抽象性事物。相反，他认为艺术非常真实，并认为艺术来源于生活，而且要服务于人类。尽管库尔贝讨厌学派观点和所有竞争性行为，但他又不得不参加展览活动。他曾表白："我对学术派别的恐惧感，就像面临霍乱一样。而令我最开心的事，就是遇到一些极具个性的人物。"[71]

他一方面想要向观众展示自己的作品，另一方面又对竞争感到恐惧（因为他惧怕评审委员会，也不相信他们的评审结果）。在这两种心态作用下，他成为艺术史上少数被迫建造自己画廊的艺术家之一。库尔贝的两个画廊，实际上都是由他提出的构思并绘制的方案草图，然后由建筑师完成建筑设计。他在获得相关部门的特别许可之后，将画廊面向公众开放，并收取门票。他希望挣钱，但从未如愿。库尔贝于 1855 年建造了自己的第一座画廊，又在 1867 年修建了第二座。[72] 两座画廊都由建筑师伊萨贝负责。

库尔贝 1855 年建造的第一座画廊，墙体两侧为木墙板，中间用空心砖砌筑。画廊室外采用抹灰墙面，室内则贴着灰色壁纸，房门用帆布材料做成。画廊屋面非常坚固，上面覆盖一层镀锌板，还设有几个玻璃天窗。办公室和前厅为松木地板，上面覆有一层柏油纸。画廊造价共计 3500 法郎。[73] 伊萨贝根据库尔贝的草图完成施工图设计，然后由承包商勒格罗（Legros）负责建造。

库尔贝为建筑师伊萨贝提供的画廊草图（1855 年）
[图片来源：Lindsay, 1973 年，《艺术简报》（*Art Bulletin*）第 49 期]

这个 1855 年建造临时画廊，"直接面对举办顶级国际展会的'巴黎工业宫'，与之形成挑战之势"，库尔贝把画廊戏称为："我的工业宫"。尽管库尔贝草图中表现的建筑形象类似马戏团帐篷，但却也准确地表达了该建筑的个性[74]，画廊最终体现出一些工业化特征，而且成为环境文脉中的有机成分。[75] 可能是由于同乡的缘故，库尔贝和建筑师伊萨贝建立了深厚情谊。从库尔贝的信件中，难以确定他所指的伊萨贝是否是同一个人。他在书信中涉及两个"伊萨贝"，一位是 M. 伊萨贝，而另一位是莱昂·伊萨贝（Léon Isabey）。库尔贝曾当过伊萨贝的结婚证人[76]，他也曾聘请某一位伊萨贝，共同设计建造奥尔南地区艾斯贝思（Iles-Basses）小镇的喷泉项目。他在给莱昂·伊萨贝的信中，提到过该喷泉项目。[77] 因此，笔者倾向认为 M. 伊萨贝和莱昂·伊萨贝其实是同一个人。而且据我们了解，莱昂·伊萨贝是库尔贝的贝桑松同乡。

据林赛（Lindsay）介绍，莱昂·伊萨贝出生于 1821 年，"他居住在格兰斯奥古斯丁河滨区 25 号，而且承建过艾斯贝思小镇的一些大型公共建筑，包括幼儿中心、公共浴室、工人住宅等。"显然是出于友情方面的原因，莱昂·伊萨贝才接受画廊这一特殊的项目设计，而且很快便完成了建造方案。这个画廊令库尔贝非常兴奋，因为它正好位于举行大型展会的区域，而且里面能够展出自己的大量绘画作品，毕竟这在官方沙龙展览中绝对不可能实现。[78]

库尔贝邀请自己作品的收藏者将画作送来参展，他率先在画廊中尝试新的展出模式，这种做法后来被一些博物馆采纳。画廊建设和举办展览期间，库尔贝付出了大量精力。他不仅严格挑选建筑工人，而且亲自招聘售票和收银员，以及"手杖和雨伞"等寄存物品的管理人员，并把所有工作人员的名字都告诉了他的家人。[79]

随着时间的推移，库尔贝在奥尔南和巴黎两地都进行着绘画工作，因此他在两地也都设有工作室。在两个工作室建设期间，他喜欢随身携带室内设计图纸，并不断加以完善。

在巴黎奥特弗耶大道的工作室内部，库尔贝加建了一个房间，形成空间中的空间。据他介绍："我将工作室粉刷成白色，并在里面加建了一个房间。"[80] 在装修去往贝桑松路上的工作室期间，他还得到了父母的协助。为了购买室内壁纸，他在 1855 年 12 月 9 日的信中向父母询问工作室的整体面积，包括所有房间、门厅、厨房和顶棚。[81] 然后，他和伊萨贝一起购买了壁纸并寄给父亲，并由父亲独自完成粘贴工作，显然父亲在这些方面帮了他大忙。

后来，库尔贝父亲对奥尔南的住宅和工作室产生情感，并非常热衷于管理呵护这些工作室。库尔贝曾还在一封信中要求父亲："请丈量壁龛中墙板的高宽尺寸，里面要挂布帘，而且要垂到地面。另外，请回信告诉我们到窗之间的墙面长度，我要考虑购买合适的家具；……此外我还需要画室内两个窗口之间的墙壁尺寸，此处要设一面镜子和一个低柜。"[82] 无论到哪里，库尔贝总是把工作室放在心上。

1861 年，库尔贝终于迎来建造自己理想工作室的机遇。他在奥尔南购置了

库尔贝的"理想"工作室，位于奥尔南
（照片由盖斯托·马克拍摄，引自马克，1951 年）

一块土地，计划建造自己的最后一个工作室，希望在里面充分发挥自己多产的个性。[83] 雕塑家马克斯·克洛代（Max Claudet）的相关介绍，能够证实库尔贝的构想。克洛代形容："室内环境毫无秩序感。周围墙角堆放着许多画框，地面到处是报纸和书籍，格架上摆放着浸泡爬行动物的瓶瓶罐罐，还有一些地理学家马尔库（Marcou）赠送的原始武器装备。在隔断墙面上，随意吊挂着颜料箱和衣物等物品。工作室很大，在一个接近顶棚的大墙面上，库尔贝绘制了两幅精湛的壁画，一幅描绘了斯凯尔特河（Scheldt）流入大海的景观；另一幅则是布吉瓦尔流域的塞纳河风景，画面着重表现了河水中倒映的美丽树影。"[84] "这个工作室至今仍然存在，是酒类和谷物经销商马圭尔（M. Marguier）的家产，目前作为仓库使用，里面堆放着一些大葡萄酒桶。"[85] 不难理解，毕加索为何喜欢库尔贝，因为他们两人有许多相似之处。首先，他们的工作环境通常处于杂乱无章的状态，而且两人的生活方式也非常相似；其次，他们都喜欢动物，两人的工作空间类似宠物的天堂。库尔贝除了画人物模特，还利用动物作模特，"由于没有固定的畜舍，库尔贝的工作室内常常能见到牛、马和鸭类动物。他的朋友卡斯塔尼亚里（Castgnary）负责管理工作室各项事务，当 1862 年 2 月 2 日接到业主要求他们腾空房屋的要求时，卡斯塔尼亚里并不感到特别的意外。"[86] 再以毕加索为例，他曾把一头驴带到设在"洗濯船"的工作室，还任由所有小动物在室内自由流窜。库尔贝、罗莎·博纳尔（Rosa Bonheur）、毕加索和安托万·布德尔（Antoine Bourdelle）等人，都极其喜爱动物，而布德尔则是他们当中最为极致的一人。他的工作室内还有一只鹦鹉在随处游荡。所有的这些艺术家，都将动物视为艺术家创作环境中的基本要素。

　　库尔贝设在巴黎的教学工作室内，各种动物应有尽有，而学生们也会将动物

库尔贝设在巴黎的"教学工作室"

[图片来源：《佩皮亚特》(*Pepiatt*)，第 69 页。版画作者：阿尔伯特·普雷沃 (Albert Prévost)]

当作模特进行绘画。而业主也因此提出抗议，抱怨租房的两个月期间房屋受到了严重损害，要求必须恢复室内环境，否则不再考虑出租。对此，"库尔贝未加理会，因此工作室只维持到 4 月份，尚未达到租期就被迫关闭。"[87]

库尔贝始终不减对动物的喜爱之情，但他对培养学生的热情却未能保持到最后，因为他后来意识到教学会影响自己的创作，而且学生们也开始对他自由开放的教学模式产生厌倦。事实证明："从长远来看，库尔贝的教学方法具有某种启迪性意义，他间接地为其他艺术家在工作室采用开放式教学的方式发挥了示范作用，他的做法甚至在某种程度上对传统'布扎艺术'的教学模式也产生一定影响。"[88]尽管如此，库尔贝还是放弃了教学工作，转而单纯从事绘画创作，并把全部精力集中到奥尔南工作室的事务之中。

有必要在此提示，库尔贝曾经加入了"法国公社"，他还担任多年掌管艺术性事务的政府官员。在此期间，他失去了很多朋友，并树立了一些敌人，而且为自己带来许多麻烦。最严重的是，所有人都认为他应当为拆毁旺多姆广场中心纪念柱的事件负主要责任，而事实则证明这种指责毫无根据。不仅如此，政府还勒令没收他的财产，以赔偿柱体破坏的损失。出于无奈，库尔贝只能争取保留住工作室，他表示："无论如何……我都需要保留奥尔南的工作室（在被起诉之前，我已经把它合法抵押了）；我不可能再另建工作室……如果他们企图撕毁抵押合同，我只能被迫放弃绘画。"[89] 由此看来，库尔贝将工作室视为自己的一切……

教育理念

无论是对个人还是集体，库尔贝都表现出热情和尊敬。他曾经提议将所有火车站改造成现代绘画艺术的殿堂，用无数情感对建筑进行包装。基于这种理念，库尔贝对当时《民主与和平》（Democrate Pacifique）杂志最早提出的一些主张抱有支持态度。这本期刊由社会哲学家维克托·孔西代朗（Victor Considerant）主编[90]，而他提出的梦想则在很久后由迭戈·里维拉变为了现实。只要力所能及，库尔贝从来不拒绝人们的请求，全力支持或帮助他们。哪怕自己不情愿做的事情，他也会处理到让人满意为止。他格外坚强而且非常自信，从来无所畏惧。对库尔贝来说，所有事务都具有挑战性。因此，尽管他不喜欢学校的教育模式，面对崇拜自己现实主义绘画的学生们，库尔贝还是接受请求并创办了一间教学工作室，以满足他们前来学习的愿望。库尔贝将经营性业务全部委托给朋友卡斯塔尼亚里管理，后者在香榭丽舍圣母院大街83号找到了合适的教学场所。库尔贝的"教学"理念具有特殊意义，尤其在崇尚"教条""学派"和"形式"至上的时代，充分体现了"艺术和艺术家对建筑学的贡献"这一主题，并能够启迪"教师型建筑师"的教学思维。

在写给学生的信中，库尔贝表达了自己的教学观念："你们请求我开设一间绘画工作室，并希望在此继续自由地接受艺术方面的教育，你们还主动提出按照我的思路开展活动……但是，我不希望我们之间建立师生关系……我没有学生，永远也不会有。我认为每个艺术家都应该成为自己的导师，因此，我不会梦想当一名教授……对一个艺术家而言，我认为艺术与天赋是某种手段，只能用来表现他所处的时代。尤其在绘画方面，艺术之所以存在，是因为艺术家在表现他们所能看到和触摸到的事物……我坚持认为，每个时代的艺术家，都无法从早期或近代作品中模仿复制出绘画的主题……甚至，他们都不应该重复地只做一件事情……所谓艺术的想象力，意味着艺术家知道如何去完整地表现已有的存在，而不是去发明或创造新事物……如果认为'美'是真实可见的，则意味着美的本身就蕴含着艺术表现力。"[91]

这种哲学思想，被库尔贝有效地融入工作室的氛围当中。正如前面介绍，他甚至在工作室把诸如马、牛、鸭子等动物当作模特。这个工作室是一个绝佳案例，内部空间是基于画家关于艺术教育的整体理念而塑造，而且采用某种前所未有的设计思路。笔者认为，它是库尔贝最好的一个工作室。工作室内部空间集中体现了他宏观的社会理念，包括他尊重每一个个体的态度，以及他追求自由的情感。正是这间工作室，为这位艺术家提供了一个自由的创作环境，也是他发挥创造力的理想场所。

　　遗憾的是，毕加索从来没有过教授经历。正是在这种层面上，在库尔贝工作室中体现出他对后世代的责任感，而这也是库尔贝比后来艺术家更加卓越的方面。

注释 / 参考文献

1. 安东尼亚德斯（Antoniades），1990 年。

2. 见奥赞方（Ozenfant），1952 年。

3. 即赛维（Zevi），1974 年，第 226 页。

4. 莱宁（Lenin），1978 年，第 282 页。

5. 卢那察尔斯基（Lunacharsky），引自莱宁，1978 年，第 285 页。

6. 详见莱宁，1978 年，第 281-285 页。

7. 一系列事件的演化如下：1934 年："艺术家联盟"（The Artists Union）创建；1937 年："艺术家联盟"归入工业组织协会 [Congress of Industrial Organizations（CIO）)]，并形成 "Local 60"；详见利勒（Lisle），1990 年，第 117 页。

8. 费城（Philadelphia）通过立法规定将公益项目预算的 2% 用于购买在公共空间展示的艺术作品的方式，成为活动先驱。

9. 见汤姆·沃尔夫（Tom Wolfe），1975 年，第 29-30 页。

10. 同上，第 64 页。

11. 同上，第 60-61 页。

12. 同上。

13. 同上。

14. 罗斯科小教（Rothco Chapel）的相关故事，见 Barnes，1989，第 13 页等。

15. 马蒂斯（Matisse），《给特里亚德的信》（Letter to Teriade），第 283-284 页。

16.《给特里亚德的信》，引自马蒂斯，1990 年，第 283 页。

17. 见马蒂乌（Matiw），1990 年，第 127、131、121 页；关于他对建筑的整体态度，见第 117-129 页。

18. 见奥尔特加（Ortega），1972，第 10 页。

19.M. 卡里亚尼斯（Kalliyanis, M.），给皮埃尔·施奈德（Pierre Schneider）的回信。

20. 马蒂斯写给安德烈·鲁韦尔（Andre Rouveyer）的信，见马蒂斯，1990 年，第 143 页。

21. 来自 "现代绘画趋势"（Tendencies of Modern Paintings）中与 Estienne 的对话，《新闻》（Le Nouvelles）杂志，4 月 12 日号，第 109 页；另见马蒂乌，1990 年，第 45-46 页。

22. 马蒂斯所著，对话雅克·盖纳（（Jacques Guenne），节选自 "与亨利·马蒂斯的对话 "（Conversation with Henri Matisse），《生活的艺术》（L'Art Vivant），第 18 期，1925 年 9 月 15 日；马蒂乌，1990 年，第 63 页。

23. 与多萝西·达德利（Dorothy Dudley）的对话，出自 "马蒂斯在梅里昂的壁画"（The Mattise Fresco in Merion），《猎犬与角》（Hound and Horn），第 7 页，第 2 期，1934 年 1 月刊、3 月刊，马蒂乌，1990 年，第 117 页。

24. 见马蒂乌所著，1990 年，第 118 页。

25. 同上，第 120 页。

26. 同上，第 120 页。

27. 见安东尼亚德斯，1992 年，第 55-65 页。

28. 纽曼（Newman），1992 年，第 307 页，也可参考第 292、301 页。

29. 同上，第 301 页。

30. 同上，第 257 页。

31. 同上，第 288-289 页。

32. 同上，第 300 页。

33. 同上。

34. 同上，第 296 页。

35. 波德莱尔（Baudelaire），1947 年，第 16 页。

36. 见纽霍尔（Newhall），1952 年，第 300 页。

37. 见《德拉克鲁瓦日志》（Delacroix Journal），1853 年 4 月 15 日，星期五，第 292-293 页。

38. 见《德拉克鲁瓦日志》，第 479-480 页。

39. 波德莱尔，1947 年，第 78 页。

40. 同上。

41. 弗莱（Fry），1970 年，第 29 页。

42. 波德莱尔，1957 年，第 34 页。

43. 见普里多（Prideau），1966 年，第 150 页。

44. 极少的几则德拉克鲁瓦与建筑相关的文献：见希区柯克（Hitchcock），1963 年，第 51、285 页；贝内沃洛（Benevolo），1977 年，V. I，第 143 页，赛维，1974 年，第 226 页。

45. 《德拉克鲁瓦日志》，1852 年 9 月 20 日，第 276-277 页。

46. 《德拉克鲁瓦日志》，1853 年，第 656-657 页。

47. 见普里多（Prideaux），1966 年，第 42-43 页。

48. 《德拉克鲁瓦日志》，1853 年 5 月 13 日全篇。

49. 马克（Mack），1951 年，第 12 页。

50. 同上，第 10、12 页。

51. 同上，第 13 页。

52. 同上，第 15 页。

53. 关于库贝尔（Courbet）自传的概述，见尼科尔森（Nicolson），1973 年，无页码。

54. 所有关于库贝尔的讨论和信息，全部来自马克，1951 年，第 4、9、10、11、14、16、18、19、20、24、25 页；无特殊注脚被给出。

55. 马克，同上，第 21-22 页。

56. 见布琼（Buchon），1839 年；及马克，同上，第 22 页。

57. 马克，同上，第 25-26 页。

58. 同上，第 27 页。

59. 同上，第 39 页。

60. 同上，第 122 页。

61. 同上。

62. 见雷弗（Reff），1982 年，第 73 页。

63. 同上，第 58 页。

64. 同上，第 69 页。

65. 同上，第 79 页。

66. 同上，第 80 页。

67. 同上，第 92 页。

68. 马克，同上，第 127 页。

69. 同上，第 128 页。

70. 关于对他《画室》（Atelier）的分析，见尼科尔森，1973 年；该书整本都是对此幅绘画的分析。对于与艺术家工作室相关的，关于《画室》的描述，见 Lacambre，1991 年，第 9 页；有关艺术家自己对该绘画的描述，见其给尚弗勒里（Champfleury）的信 [于奥尔南（Ornans），1854 年 11 月-12 月]，1992 年，第 131 页。

71. 马克，第 98-99 页。

72. 见林（Lindsay），1973 年，第 137、220 页。

73. 见马克所著，引前，第 134-135 页。

74. 展馆草图见：《艺术简报》（Art Bullerin），第 49 期，另见林赛，1973 年，无页码。

75. 来自编辑的建议，引自彼得拉·坦恩（Petra Ten），1992 年，第 144 页。

76. 见 "寄往巴黎的信"（Letter Paris），1855 年 12 月 9 日，第 148 页：引自伊萨贝（Isabey）；另见彼得拉·坦恩："Doesschate Chu"，1992 年，第 206、227、234、235、305、309 页。

77. 见 "给伊萨贝的信"（Letter to Leon Isabey），于奥尔南，1863 年 12 月。

78. 见林赛，1973 年，第 137 页。

79. 见他给家人的信，1855 年 5 月中旬，1855 年，彼得拉·坦恩，第 142-143 页。

80. 同上，第 143 页。

81. 彼得拉·坦恩，1992 年，第 206 页。

82. 见彼得拉·坦恩，1992 年，第 234 页；出自库尔贝给父亲的信，当中提到了他在去贝桑松市（Besancon）的旅程在奥尔南的工作室。

83. 马克，引前，第 153 页：另见 "给阿尔弗雷德·布吕亚的信"（Letter to Alfred Bruyas），于奥尔南，

1854 年 11-12 月，彼得拉·坦恩，1992 年，第 130 页。

84. 马克，同上，第 154 页。

85. 同上。

86. 同上，第 163 页。

87. 同上，第 162 页。

88. 同上，第 163 页。

89. 同上，第 340 页。

90. 同上，第 165-166 页。

91. 同上，第 162 页。

© 安东尼·C. 安东尼亚德斯（**Anthony C. Antoniades**）